普通高等学校“十三五”数字化建设规划教材

高等数学（上）

主　编　　赵立军　宋　杰　黄端山

副主编　　吴奇峰　孙宇锋　黄优良

　　　　　呙立丹　郭树敏

内 容 简 介

本教材是在适应国家教育教学改革的要求下，根据编者多年的教学实践经验和研究成果，结合应用型高等学校本科层次的教学要求编写而成的.

本书共有 12 章，分上、下两册. 上册内容包括函数、极限与连续、导数与微分、微分中值定理与导数的应用、一元函数的积分、微分方程与差分方程；下册内容包括向量与空间解析几何、多元函数微分学、微分法的应用及方向导数、多元函数的积分、曲线积分与曲面积分、无穷级数. 本书包含传统高等数学的内容，并增加了 Matlab 软件操作及数学实验的相关内容. 上册书末附有 Matlab 软件简介、初等数学常用公式、积分表和常用曲线，上、下册书末均附有习题参考答案.

本书可作为应用型高等学校本科非数学专业“高等数学”或“微积分”课程的教材，也可作为部分专科同类课程的教材.

前　言

随着教育改革的不断深入和高校规模的快速扩大,高等学校的层次加快分化,各学校学生的水平也存在明显差异,加之不同层次学校对学生的培养目标不同,使得原来一种或几种教材就能满足需要的时代早已不复存在,对于数学教材来说更是如此.正是在这种形势下,我们根据当前应用型高等学校本科非数学专业的人才培养方案和所开设的"高等数学"或"微积分"等课程的实际情况,参照教育部所规定教学内容的深度和广度,组织有关院校的专家学者,特别是工作在数学教学第一线的教学经验丰富的骨干教师,共同编写了这套适合应用型高等学校本科非数学专业学生使用的教材.希望这能够在一定程度上解决数学教学过程中教材针对性差、与学生情况不相适应的问题,从而更好地达到因材施教的目的.

本书的主要特点是:保证知识的科学性、系统性、严密性;坚持直观理解与严密逻辑的结合,深入浅出;力求以实例引入概念,淡化纯数学的抽象,侧重于计算及应用.本书根据应用型高等学校的特点,突出实用,通俗易懂,既注重培养学生解决实际问题的能力,又注意拓宽学生的知识面.

本书的编写分工如下:赵立军编写第1,2,3,4,7,8章,吴奇峰编写第5,6章,宋杰编写第9,10章,黄端山编写第11,12章.孙宇锋、黄优良、呙立丹、郭树敏等老师对本书的编写提出了许多宝贵建议,参加讨论编写的人员还有陈忠、罗静、盛维林、朱春娟、徐文锋、李萃萃、谢瑞芳、祝文康、祖力.苏文华、赵子平构思并设计了全书在线课程教学资源的结构与配置;吴浪、谷任盟编辑了教学资源内容,并编写了相关动画文字材料;余燕、贾华参与了动画制作及教学资源的信息化实现;袁晓辉、范军怀审查了全书配套在线课程的教学资源;苏文春、陈平、朱顺春提供了版式和装帧设计方案.在此一并表示感谢.

由于水平有限,书中难免有疏漏与错误之处,希望广大教师和学生多提宝贵建议.

编　者

2019年3月

目　录

第1章 函数

§1.1 变量与函数

一、变量与区间

在自然现象或工程技术中,会遇到各种量.有一类量,在某一过程中是不断变化的,这种量叫作**变量**.另一类量,在某一过程中保持不变,它取相同的值.我们把这一类量叫作**常量**.变量的变化有离散的和连续的.例如,自然数从小到大的变化是离散的;实数从小到大的变化是连续的、稠密的.我们回顾中学数学中学过的几个特殊数集的记号:自然数集 $\mathbf{N}$,整数集 $\mathbf{Z}$,有理数集 $\mathbf{Q}$,实数集 $\mathbf{R}$.这些数集的关系如下:

$$\mathbf{N} \subset \mathbf{Z} \subset \mathbf{Q} \subset \mathbf{R}.$$

变化是连续的、稠密的变量的取值范围经常用**区间**来表示.区间是高等数学中经常用的实数集的子集,主要有以下几种类型的区间:

$$[a,b] = \{x \mid a \leqslant x \leqslant b, x \in \mathbf{R}\};$$
$$(a,b] = \{x \mid a < x \leqslant b, x \in \mathbf{R}\};$$
$$[a,b) = \{x \mid a \leqslant x < b, x \in \mathbf{R}\};$$
$$(a,b) = \{x \mid a < x < b, x \in \mathbf{R}\};$$
$$(-\infty, +\infty) = \{x \mid -\infty < x < +\infty\} = \mathbf{R};$$
$$(-\infty, b] = \{x \mid -\infty < x \leqslant b, x \in \mathbf{R}\};$$
$$(-\infty, b) = \{x \mid -\infty < x < b, x \in \mathbf{R}\};$$
$$[a, +\infty) = \{x \mid a \leqslant x < +\infty, x \in \mathbf{R}\};$$
$$(a, +\infty) = \{x \mid a < x < +\infty, x \in \mathbf{R}\}.$$

二、邻域

定义 1 设 x_0 与 δ 是实数,且 $\delta > 0$,称数集 $\{x \mid x_0 - \delta < x < x_0 + \delta\}$ 为点 x_0 的 **δ 邻域**,记为

$$U(x_0, \delta) = \{x \mid x_0 - \delta < x < x_0 + \delta\}$$

或

$$U(x_0, \delta) = \{x \mid |x - x_0| < \delta\},$$

其中点 x_0 称为**该邻域的中心**，δ 称为**该邻域的半径**.

若仅把邻域 $U(x_0,\delta)$ 的中心点 x_0 去掉，则称所得到的集合为点 x_0 的**去心 δ 邻域**，记为 $\mathring{U}(x_0,\delta)$，即

$$\mathring{U}(x_0,\delta)=\{x\mid 0<|x-x_0|<\delta\}=(x_0-\delta,x_0)\cup(x_0,x_0+\delta).$$

当不考虑邻域半径 δ 的大小时，可把点 x_0 的 δ 邻域简记为 $U(x_0)$. 下面两个数集分别称为点 x_0 的**左邻域**和**右邻域**：

$$\mathring{U}(x_0^-)=\{x\mid x_0-\delta<x<x_0\},$$
$$\mathring{U}(x_0^+)=\{x\mid x_0<x<x_0+\delta\}.$$

三、绝对值

绝对值及其运算主要有下列性质：

(1) $\sqrt{x^2}=|x|=\begin{cases}x, & x\geqslant 0,\\ -x, & x<0;\end{cases}$

(2) $-|x|\leqslant x\leqslant |x|$；

(3) 如果 $a>0$，则下面两个集合相等：

$$\{x\mid |x|<a\}=\{x\mid -a<x<a\};$$

(4) 如果 $a>0$，则下面两个集合相等：

$$\{x\mid |x|>a\}=\{x\mid x<-a\}\cup\{x\mid x>a\};$$

(5) $|x|-|y|\leqslant |x\pm y|\leqslant |x|+|y|$；

(6) $|xy|=|x||y|$；

(7) $\left|\dfrac{x}{y}\right|=\dfrac{|x|}{|y|}$.

四、函数

1. 函数的定义

定义 2 设 A,B 是两个非空数集. 如果有某一法则 f，使得对于任意数 $x\in A$，都有唯一确定的数 $y\in B$ 与之对应，则称 f 是从 A 到 B 的**函数**，也称 y 是 x 的函数，记作

$$y=f(x)\quad (x\in A),$$

其中 x 称为**自变量**，y 称为**因变量**，$f(x)$ 表示函数 f 在 x 处的**函数值**. 数集 A 称为函数 f 的**定义域**，记为 $D(f)$；数集

$$f(A)=\{y\mid y=f(x),x\in A\}$$

称为函数 f 的**值域**，记为 $R(f)$.

例如，函数

$$y=f(x)=\sqrt{1-x^2}$$

的定义域为 $D(f)=[-1,1]$，值域为 $R(f)=[0,1]$.

函数的定义域和对应法则称为函数的两个**要素**. 两个函数相等的充要条件是：它们的定义域和对应法则都相同.

2. 函数的图形

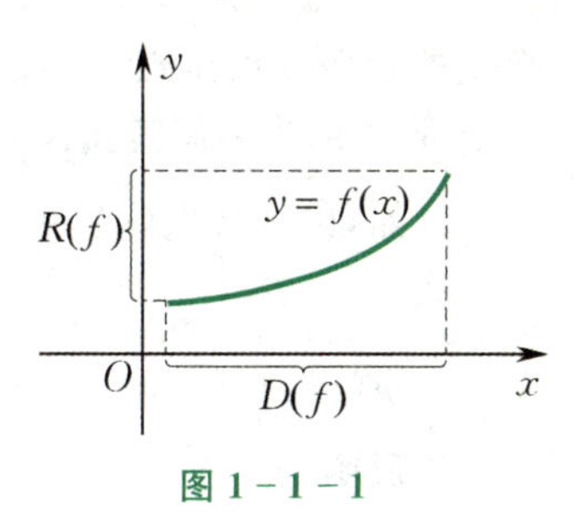

图 1-1-1

在平面直角坐标系中,称点的集合

$$\{(x,y)\mid y=f(x),x\in D(f)\}$$

为函数 $y=f(x)$ 的**图形**(见图 1-1-1).

3. 函数的常用表示法

(1) **公式法**(**解析法**):将自变量和因变量之间的对应关系用数学表达式来表示的方法.

(2) **图像法**:在坐标系中用图形来表示函数的方法.

(3) **表格法**:将自变量的值和对应因变量的值列成表格的方法.

4. 显函数、隐函数和分段函数

(1) **显函数**:因变量 y 由自变量 x 的解析表达式直接表示,例如 $y=2x^3+1$.

(2) **隐函数**:自变量 x 与因变量 y 之间的对应关系由方程 $F(x,y)=0$ 来确定,例如 $e^{xy}+1=\sin y$,即方程 $F(x,y)=e^{xy}+1-\sin y=0$ 所确定的函数 $y=y(x)$ 是隐函数.

(3) **分段函数**:函数在其定义域的不同范围内具有不同的解析表达式,例如 $y=|x-1|$.

例 1　**符号函数**(分段函数)

$$y=\operatorname{sgn}x=\begin{cases}1, & x>0,\\ 0, & x=0,\\ -1, & x<0\end{cases}$$

的定义域为 $D(f)=(-\infty,+\infty)$,值域为 $R(f)=\{-1,0,1\}$,其图形如图 1-1-2 所示.

例 2　**取整函数** $y=[x]$ 的图形如图 1-1-3 所示,其中$[x]$表示不超过 x 的最大整数,例如$[\sqrt{2}]=1$,$[-2.13]=-3$,$[\pi]=3$.

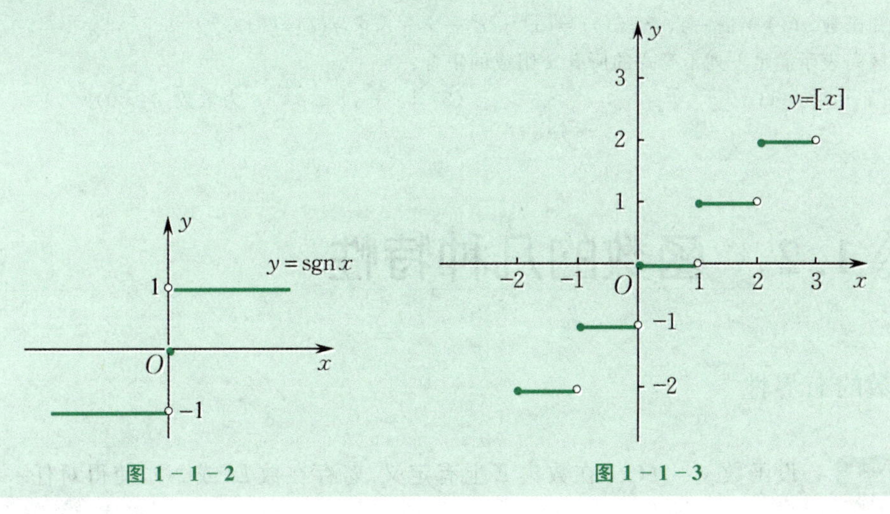

图 1-1-2　　图 1-1-3

5. 复合函数

定义 3　设函数 $y=g(u)$ 的定义域为 $D(g)$,函数 $u=f(x)$ 的定义域为 A,值域为 $R(f)$,且 $R(f)\cap D(g)\neq\varnothing$,则称由

$$y=g(f(x))\quad(x\in\{x\mid f(x)\in D(g)\})$$

确定的函数为由函数 $y=g(u)$ 与函数 $u=f(x)$ 构成的**复合函数**,其中 x 称为自变量,y 称为因变量,u 称为**中间变量**.

例如,由 $y=g(u)=\sqrt{u}$ 和 $u=f(x)=1-x^2$ 可以构成复合函数

$$y=g(f(x))=\sqrt{1-x^2}\quad(x\in[-1,1]).$$

而 $y=g(u)=\sqrt{u}$ 和 $u=f(x)=-1-x^2$ 不可以构成复合函数.

6. 反函数

定义 4 设函数 $y=f(x)$ 的定义域为 $D(f)$,值域为 $R(f)$. 如果对任一 $y\in R(f)$,都有唯一确定的 $x\in D(f)$,使 x 与 y 对应,且满足 $y=f(x)$,这样就确定了一个定义在 $R(f)$ 上的函数,称之为 $y=f(x)$ 的**反函数**,记作 $x=f^{-1}(y)$.

习惯上,把 x 看作自变量,y 看作因变量,交换 x 与 y 的位置得 $y=f^{-1}(x)$,故我们通常把 $y=f(x)$ 的反函数记作 $y=f^{-1}(x)$.

注:函数 $y=f(x)$ 和 $y=f^{-1}(x)$ 的图形关于直线 $y=x$ 对称,但函数 $y=f(x)$ 与 $x=f^{-1}(y)$ 的图形相同.

1. 求下列函数的定义域:

(1) $y=\dfrac{1}{\sqrt{x-1}}+\sqrt{9-x^2}$;　　(2) $y=\arcsin(x-1)$;

(3) $y=\dfrac{\ln(2-x)}{|x|-1}$;　　(4) $y=\log_{x-1}(4-x^2)$.

2. 判断下列各组函数是否相等,为什么?

(1) $y=|x|,y=\sqrt{x^2}$;　　(2) $f(x)=x+1,g(x)=\dfrac{x^2-1}{x-1}$.

3. 已知函数 $\varphi(x)=x-1,f(\varphi(x))=x^3+x^2+x+1$,求 $f(1),f(x)$.

4. 用区间表示满足下列不等式的所有 x 组成的集合:

(1) $|x-2|>1$;　　(2) $|x-a|<\delta$　(a 为常数,$\delta>0$).

§1.2　函数的几种特性

一、函数的有界性

定义 1 设函数 $y=f(x)$ 在数集 E 上有定义. 若存在数 L(或 N),使得对任一 $x\in E$,都有

$$f(x)\leqslant L\quad(\text{或 } f(x)\geqslant N),$$

则称 $y=f(x)$ 在数集 E 上有**上界**(或**下界**). 若函数 $y=f(x)$ 在数集 E 上既有上界又有下界,则称 $y=f(x)$ 在数集 E 上**有界**. 若 $y=f(x)$ 在其定义域 $D(f)$ 上有界,则称 $y=f(x)$ 是**有界函数**.

显然,$y=f(x)$ 在数集 D 上有界的充要条件是:存在常数 $M>0$,使得对于任一 $x\in D$,都有

$$|f(x)|\leqslant M.$$

例如,函数 $y=\sin x$ 在其定义域 $\mathbf{R}$ 上是有界函数;函数 $y=\frac{1}{x^2}$ 在区间 $(0,1)$ 内有下界,但无上界.

二、函数的单调性

定义 2 设函数 $y=f(x)$ 在数集 E 上有定义.对任意的 $x_1,x_2\in E$,如果当 $x_1<x_2$ 时,恒有

$$f(x_1)\leqslant f(x_2)\quad(\text{或 } f(x_1)\geqslant f(x_2)),$$

则称函数 $y=f(x)$ 在数集 E 上是**单调增加**(或**单调减少**)的;如果当 $x_1<x_2$ 时,恒有

$$f(x_1)<f(x_2)\quad(\text{或 } f(x_1)>f(x_2)),$$

则称函数 $y=f(x)$ 在数集 E 上是**严格单调增加**(或**严格单调减少**)的.

例如,函数 $y=x^2$ 在 $(0,+\infty)$ 上是严格单调增加的,在 $(-\infty,0)$ 上是严格单调减少的.

三、函数的奇偶性

定义 3 设函数 $y=f(x)$ 的定义域 $D(f)$ 关于原点对称.如果对任意的 $x\in D(f)$,都有

$$f(-x)=-f(x)\quad(\text{或 } f(-x)=f(x)),$$

则称函数 $y=f(x)$ 是**奇函数**(或**偶函数**).

奇函数的图形关于坐标原点对称,偶函数的图形关于 y 轴对称.

例如,$y=x^3$,$y=\sin x$ 都是奇函数,而 $y=x^6-3x^2$,$y=\cos x$,$y=|x|$ 都是偶函数.

例 1 讨论下列函数的奇偶性:

(1) $f(x)=\ln(x+\sqrt{1+x^2})$; (2) $g(x)=\dfrac{e^x+e^{-x}}{2}$.

解 (1) 因为函数 $f(x)$ 的定义域 $(-\infty,+\infty)$ 关于原点对称,且

$$\begin{aligned}f(-x)&=\ln(-x+\sqrt{1+x^2})=\ln\frac{(-x+\sqrt{1+x^2})(x+\sqrt{1+x^2})}{x+\sqrt{1+x^2}}\\&=\ln\frac{1}{x+\sqrt{1+x^2}}=\ln(x+\sqrt{1+x^2})^{-1}\\&=-\ln(x+\sqrt{1+x^2})=-f(x),\end{aligned}$$

所以函数 $f(x)$ 是奇函数.

(2) 因为函数 $g(x)$ 的定义域 $(-\infty,+\infty)$ 关于原点对称,且

$$g(-x)=\frac{e^{-x}+e^x}{2}=g(x),$$

所以函数 $g(x)$ 是偶函数.

四、函数的周期性

定义 4 设函数 $f(x)$ 的定义域为 $D(f)$. 如果存在常数 $T>0$,使得对一切 $x\in D(f)$,都有 $x\pm T\in D(f)$,且

$$f(x+T)=f(x),$$

则称 $f(x)$ 为**周期函数**,其中 T 称为 $f(x)$ 的**周期**.

例如,$\sin x,\cos x$ 都是以 2π 为周期的周期函数;$\tan x,\cot x$ 都是以 π 为周期的周期函数.

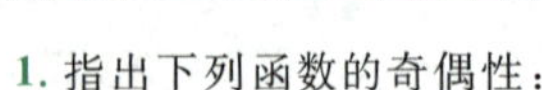

1. 指出下列函数的奇偶性:

(1) $y=x\sin x$; (2) $y=x\cos x$;

(3) $y=x^2-2x+1$; (4) $y=\dfrac{e^x-1}{e^x+1}$.

2. 指出下列函数中哪些在给定区间上有界:

(1) $y=\dfrac{1}{x},x\in(0,1)$; (2) $y=x^2-1,x\in[0,2]$;

(3) $y=\tan x,x\in\left[0,\dfrac{\pi}{2}\right)$; (4) $y=\cos^2 x,x\in\mathbf{R}$.

3. 指出函数 $y=|\sin x|$ 的周期.

§1.3 初等函数

一、基本初等函数

1. 常数函数

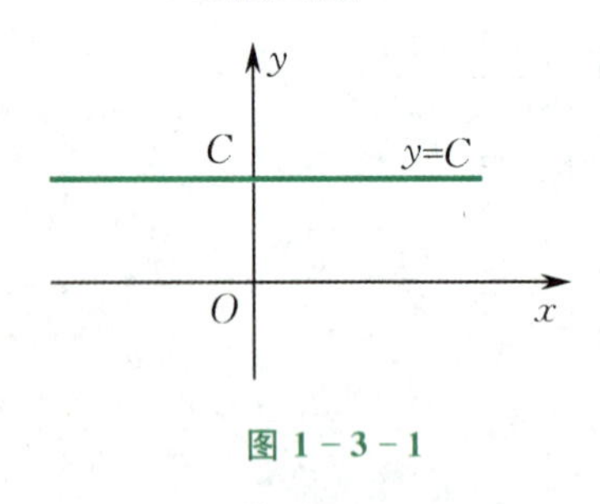

图 1-3-1

常数函数 $y=C$(C是常数)的定义域为$(-\infty,+\infty)$,值域为$\{C\}$,其图形如图 1-3-1 所示.

2. 幂函数

幂函数 $y=x^\mu$(μ 是常数)的定义域和值域与 μ 的取值有关. 当 $\mu=1,2,\dfrac{1}{2},-\dfrac{1}{2},-1,-2$ 时,幂函数在第一象限的图形分别如图 1-3-2(a) 和图 1-3-2(b) 所示.

3. 指数函数

指数函数 $y=a^x$(a 是常数且 $a>0,a\neq 1$) 的定义域为$(-\infty,+\infty)$,值域为$(0,+\infty)$,其图形如图 1-3-3 所示.

4. 对数函数

对数函数 $y=\log_a x$(a 是常数且 $a>0,a\neq 1$) 的定义域为$(0,+\infty)$,值域为$(-\infty,+\infty)$,其图形如图 1-3-4 所示.

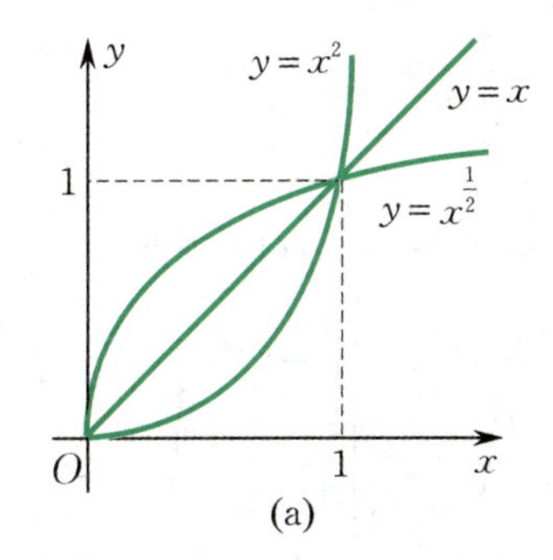

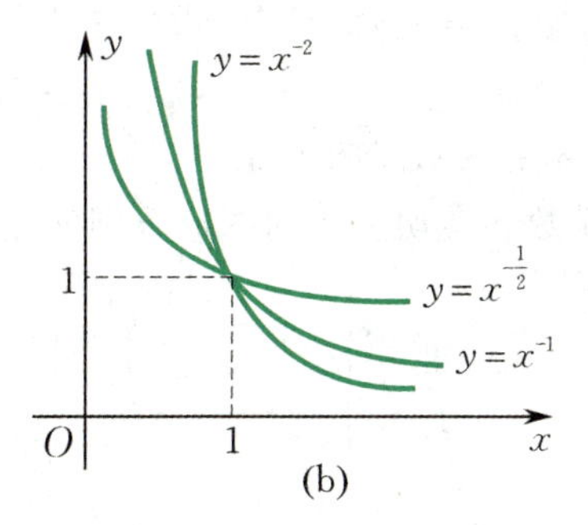

图 1-3-2

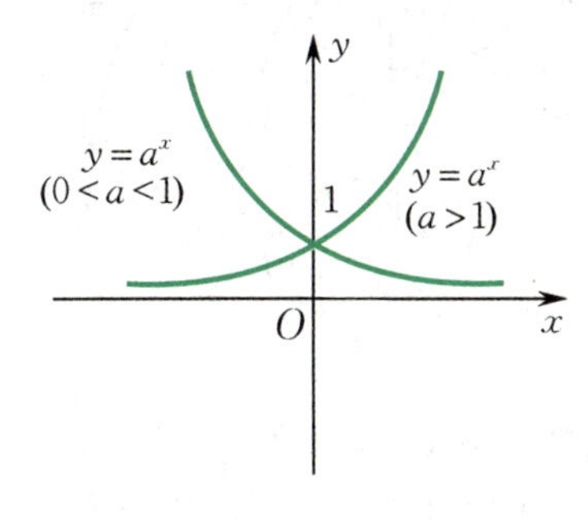

图 1-3-3

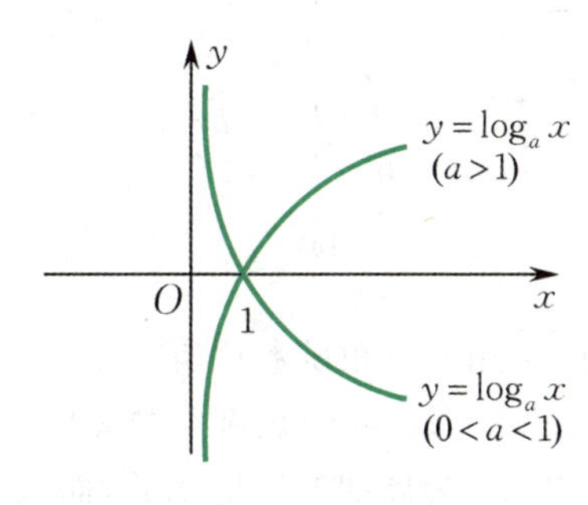

图 1-3-4

5. 三角函数

常用的三角函数有

$$y=\sin x,\quad y=\cos x,\quad y=\tan x,\quad y=\cot x.$$

正弦函数 $y=\sin x$ 和**余弦函数** $y=\cos x$ 的定义域均为$(-\infty,+\infty)$，值域均为$[-1,1]$，周期均为 2π. 但正弦函数是奇函数，余弦函数是偶函数，它们的图形分别如图1-3-5 和图 1-3-6 所示.

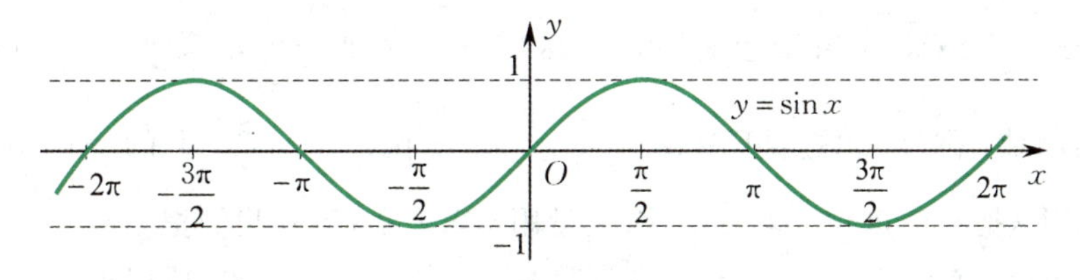

图 1-3-5

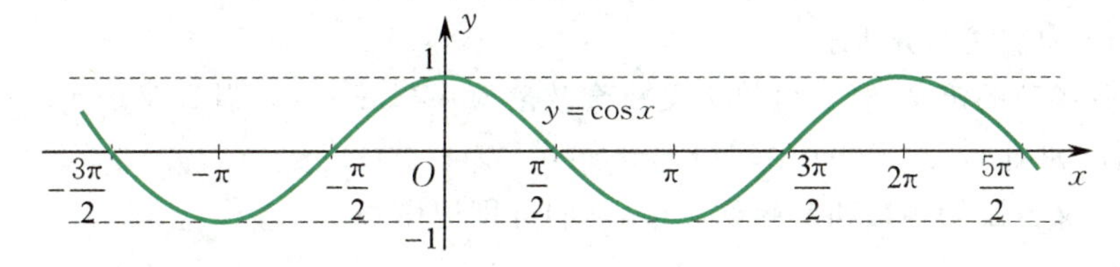

图 1-3-6

正切函数 $y=\tan x$ 是奇函数，它的定义域为

$$\left\{x\,\middle|\,x\in\mathbf{R},x\neq\frac{\pi}{2}+k\pi,k\in\mathbf{Z}\right\},$$

值域为$(-\infty,+\infty)$，周期为 π.

余切函数 $y=\cot x$ 是奇函数,它的定义域为

$$\{x\mid x\in\mathbf{R}, x\neq k\pi, k\in\mathbf{Z}\},$$

值域为$(-\infty,+\infty)$,周期为 π.

正切函数和余切函数的图形分别如图 1-3-7(a) 和图 1-3-7(b) 所示.

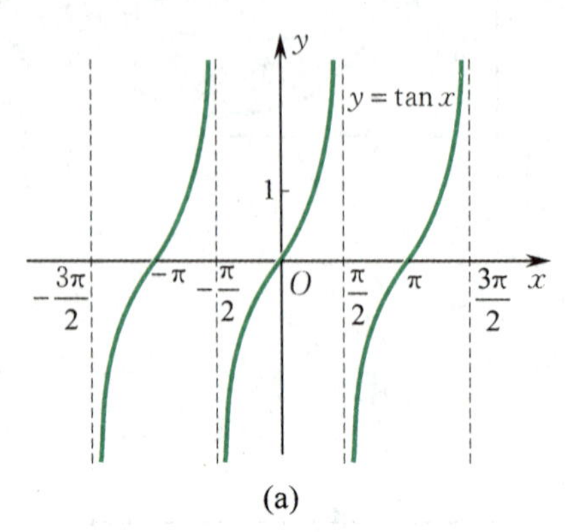

(a)

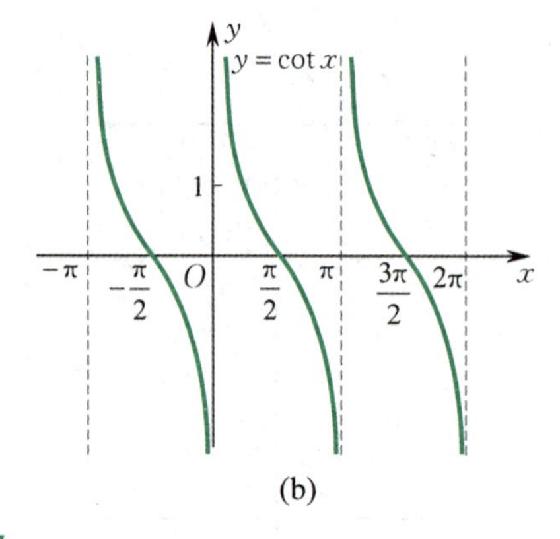

(b)

图 1-3-7

另外,常用的三角函数还有

$$\text{正割函数 } y=\sec x,\quad \text{余割函数 } y=\csc x,$$

它们都是以 2π 为周期的周期函数,而且有下面的关系式成立:

$$\sec x=\frac{1}{\cos x},\quad \csc x=\frac{1}{\sin x}.$$

6. 反三角函数

对于正弦函数 $y=\sin x$,因为在其值域$[-1,1]$上任取一个数 y_0,都有无数个 $x_0\in(-\infty,+\infty)$,满足 $y_0=\sin x_0$,所以 $y=\sin x$ 在其定义域$(-\infty,+\infty)$上不存在反函数. 但若把正弦函数的定义域限制在$\left[-\frac{\pi}{2},\frac{\pi}{2}\right]$上,则 $y=\sin x$ 存在反函数,即对任一 $y\in[-1,1]$,都存在唯一的 $x\in\left[-\frac{\pi}{2},\frac{\pi}{2}\right]$,满足 $y=\sin x$. 这样就定义了一个定义域为$[-1,1]$,值域为$\left[-\frac{\pi}{2},\frac{\pi}{2}\right]$的函数,称该函数为正弦函数 $y=\sin x$ 在$\left[-\frac{\pi}{2},\frac{\pi}{2}\right]$上的反函数,记作 $x=\arcsin y$. 习惯上,把自变量用 x 来表示,因变量用 y 来表示,于是我们把 $y=\arcsin x$ 称为**反正弦函数**. 因为 $y=\sin x$ 与 $y=\arcsin x$ 的图形关于直线 $y=x$ 对称,所以把 $y=\sin x$ 的图形沿直线 $y=x$ 翻转 180°,再把 x 和 y 轴的标示互换,即得反正弦函数 $y=\arcsin x$ 的图形,如图 1-3-8(a) 中实线部分所示.

与反正弦函数的定义类似,可以定义**反余弦函数** $y=\arccos x$,其定义域为$[-1,1]$,值域为$[0,\pi]$,图形如图 1-3-8(b) 中实线部分所示.

还可以定义**反正切函数**和**反余切函数**,它们分别记作

$$y=\arctan x\quad \text{和}\quad y=\operatorname{arccot} x.$$

反正切函数 $y=\arctan x$ 的定义域为$(-\infty,+\infty)$,值域为$\left(-\frac{\pi}{2},\frac{\pi}{2}\right)$. 反余切函数 $y=\operatorname{arccot} x$ 的定义域为$(-\infty,+\infty)$,值域为$(0,\pi)$. 它们的图形分别如图1-3-9(a) 和图 1-3-9(b) 中实线部分所示.

函数 $y=\arcsin x, y=\arccos x, y=\arctan x, y=\operatorname{arccot} x$ 是 4 种常见的反三角函数.

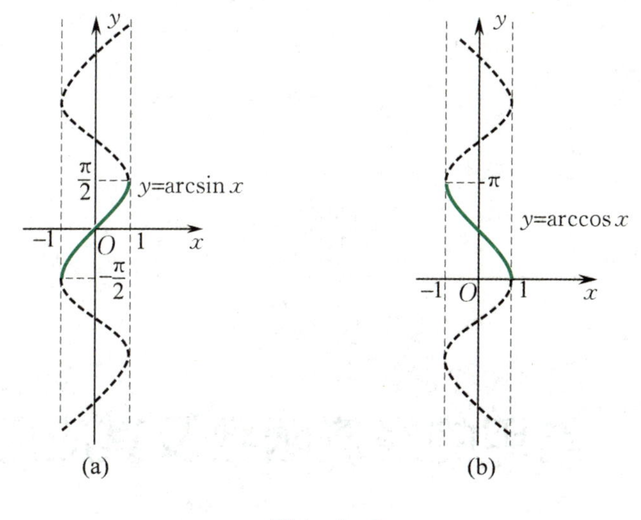

图 1-3-8

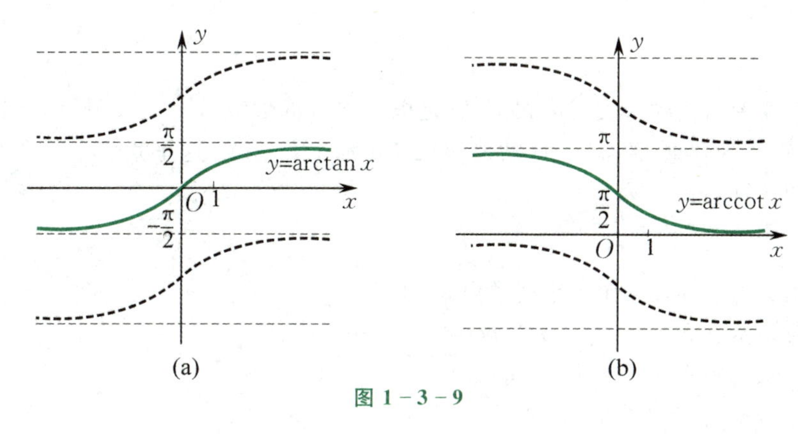

图 1-3-9

以上6种函数(常数函数、幂函数、指数函数、对数函数、三角函数、反三角函数)统称为**基本初等函数**.

二、初等函数

由基本初等函数经有限次四则运算和复合运算得到,并且能用一个式子表示的函数,称为**初等函数**.

例如,$y=\frac{x^2+\arcsin x}{e^x-\ln x}$,$y=1+\sin(\sin x)$都是初等函数.有些分段函数也可能是初等函数,例如

$$f(x)=|x|=\sqrt{x^2}=\begin{cases}x, & x\geqslant 0,\\ -x, & x<0\end{cases}$$

是初等函数.

练习 1.3

1. 下列函数中哪些不是基本初等函数?若不是,指出其是由哪些基本初等函数构成的.

(1) $y=\left(\frac{1}{2}\right)^{x}$;　　(2) $y=\ln\frac{1}{x^{2}}$;

(3) $y=\arcsin\sqrt{x}$;　　(4) $y=\sqrt{\tan e^{x}}$.

2. 设函数

$$f(x)=\begin{cases}-1, & x<0,\\ 0, & x=0,\\ 1, & x>0,\end{cases}$$

求 $f(x-1)$.

§1.4　常用的经济函数及其应用

一、单利与复利

利息是借款者向贷款者支付的报酬,它是根据本金的数额按一定比例计算出来的.利息又有存款利息、贷款利息、债券利息、贴现利息等几种主要形式.这里我们主要介绍单利与复利下本利和的计算公式.

1. 单利

设初始本金为 p(单位:元),年利率为 r,则

第 1 年年末本利和为　$s_1=p+rp=p(1+r)$;

第 2 年年末本利和为　$s_2=p(1+r)+rp=p(1+2r)$;

……

第 n 年年末本利和为　$s_n=p(1+nr)$.

2. 复利

设初始本金为 p(单位:元),年利率为 r,则

第 1 年年末本利和为　$s_1=p+rp=p(1+r)$;

第 2 年年末本利和为　$s_2=p(1+r)+rp(1+r)=p(1+r)^2$;

……

第 n 年年末本利和为　$s_n=p(1+r)^n$.

例 1　现有初始本金 100 元,若银行年储蓄利率为 5%,问:

(1) 按单利计算,第 3 年年末本利和为多少?

(2) 按复利计算,第 3 年年末本利和为多少?

(3) 按复利计算,需多少年才能使本利和超过初始本金的一倍?

解　(1) $s_3=p(1+3r)=100(1+3\times 0.05)=115$(单位:元),
即按单利计算,第 3 年年末本利和为 115 元.

(2) $s_3=p(1+r)^3=100(1+0.05)^3=115.7625$(单位:元),
即按复利计算,第 3 年年末本利和为 115.762 5 元.

(3) 若第 n 年年末本利和超过初始本金的一倍,则有

$$p(1+r)^n > 2p, \quad 即 \quad 100 \times (1.05)^n > 200,$$

解得

$$n > \frac{\ln 2}{\ln 1.05} \approx 14.2.$$

所以需 15 年才能使本利和超过初始本金的一倍.

二、需求函数、供给函数与市场均衡

1. 需求函数

需求函数是指在某一特定时期内,市场上某种商品的各种可能的需求量和决定这些需求量的诸因素之间的数量关系.

假定其他因素(如消费者的货币收入、偏好和相关商品的价格等)不变,则决定某种商品需求量的因素就是这种商品的价格.此时,需求函数表示的就是商品需求量 Q_d 和价格 P 这两个经济量之间的数量关系:

$$Q_d = f(P).$$

在不混淆的情况下,也用 Q 表示需求量.

一般地,当商品涨价时,需求量会减少;当商品降价时,需求量会增加.因此需求函数为单调减少函数.下面类型的函数都可作为需求函数:

(1) 线性函数　　$Q = b - aP \quad (a,b > 0)$;

(2) 反比例函数　　$Q = \dfrac{a}{P+c} - b \quad (a,b > 0)$;

(3) 指数函数　　$Q = a\mathrm{e}^{-bP} \quad (a,b > 0)$.

可以根据实际问题的需要找出比较贴切的函数类型来拟合需求函数.

需求函数的反函数 $P = f^{-1}(Q)$ 称为**价格函数**.习惯上,也将价格函数称为需求函数.

2. 供给函数

供给函数是指在某一特定时期内,市场上某种商品的各种可能的供给量和决定这些供给量的诸因素之间的数量关系.一般地,若 Q_s 表示供给量,P 表示价格,则供给函数可表示为

$$Q_s = f(P).$$

一般说来,当商品价格提高时,供给量将会相应增加;当商品价格降低时,供给量将会相应减少.因此供给函数是关于价格的单调增加函数.

3. 市场均衡

对一种商品而言,如果需求量等于供给量,则称这种商品达到**市场均衡**.以线性需求函数和线性供给函数为例,令 $Q_d = Q_s$,即

$$b - aP = d + cP \quad (a,b,c,d > 0),$$

解得

$$P = \frac{b-d}{a+c} \triangleq P_0.$$

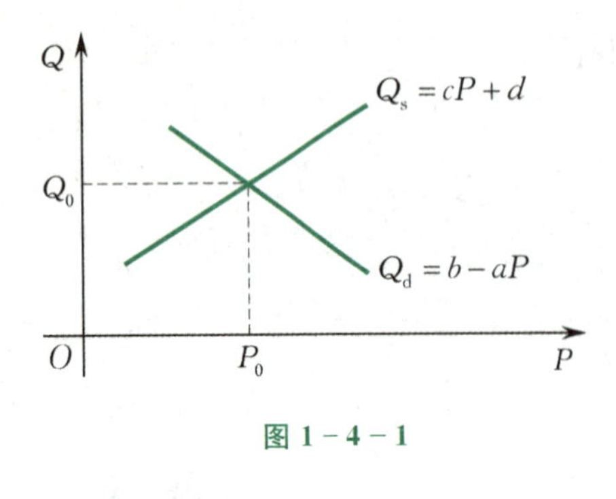

图 1-4-1

我们称价格 P_0 为该商品的**市场均衡价格**(见图 1-4-1).

市场均衡价格就是需求函数和供给函数所表示的两条直线的交点的横坐标. 当市场价格高于均衡价格时,将会出现供过于求的现象;当市场价格低于均衡价格时,将会出现供不应求的现象. 当市场均衡时,有

$$Q_d = Q_s \triangleq Q_0.$$

称 Q_0 为**市场均衡数量**.

例 2 设某商品的需求函数和供给函数分别为

$$Q_d = 190 - 5P, \quad Q_s = 25P - 20,$$

求该商品的市场均衡价格和市场均衡数量.

解 由均衡条件 $Q_d = Q_s$,得

$$190 - 5P = 25P - 20,$$

解得 $P = 7$. 因此,该商品的市场均衡价格为 $P_0 = 7$;市场均衡数量为

$$Q_0 = 25P_0 - 20 = 155.$$

例 3 某批发商每次以 120 元/件的价格将 100 件衣服批发给零售商,在这个基础上,如果零售商每次多进 20 件衣服,则批发价相应降低 2 元. 已知批发商最大批发量为每次 200 件,试将衣服的批发价格 P(单位:元/件) 表示为批发量 x(单位:件) 的函数,并求零售商每次进 180 件衣服时的批发价格.

解 由题意知,所求函数的定义域为[100,200],且每次多进 20 件,价格减少 2 元. 设每次的批发量为 x,则每次批发价减少$\frac{2}{20}(x-100)$(单位:元/件),于是所求函数为

$$P = 120 - \frac{2}{20}(x-100) = 130 - \frac{x}{10}, \quad x \in [100,200].$$

当 $x = 180$ 件时,$P = 130 - \frac{180}{10} = 112$(单位:元/件),即零售商每次进 180 件衣服时的批发价格为 112 元/件.

三、成本函数、收益函数与利润函数

1. 成本函数

产品成本是以货币形式表现的企业生产和销售产品的全部费用支出,成本函数表示费用总额与产量(或销售量) 之间的依赖关系. 产品成本可分为固定成本和可变成本两部分. 所谓**固定成本**,是指在一定时期内不随产量变化的那部分成本,如厂房及设备折旧费等;所谓**可变成本**,是指随产量变化而变化的那部分成本,如材料费、燃料费等. 一般地,以货币计值的(总) 成本 C 是产量 x 的函数,即

$$C = C(x) \quad (x \geqslant 0),$$

称其为**成本函数**. 当产量 $x = 0$ 时,对应的成本函数值 $C(0)$ 就是产品的固定成本.

成本函数是单调增加函数,其图形称为**成本曲线**.

在讨论总成本的基础上,还要进一步讨论均摊在单位产量上的成本.均摊在单位产量上的成本称为**平均单位成本**.设 $C(x)$ 为成本函数,则称

$$\overline{C}=\frac{C(x)}{x}\quad(x>0)$$

为**平均单位成本函数**(简称**平均成本函数**).

2. 收益函数与利润函数

销售某种产品的收益 R 等于该产品的单位价格 P 乘以销售量 x,即

$$R=Px,$$

称其为**收益函数**.

销售利润 L 等于收益 R 减去总成本 C,即

$$L=R-C,$$

称其为**利润函数**.

当 $L=R-C>0$ 时,生产者盈利;

当 $L=R-C<0$ 时,生产者亏损;

当 $L=R-C=0$ 时,生产者盈亏平衡,其中使 $L(x)=0$ 的点 x_0 称为**盈亏平衡点**(或**保本点**).

例 4 设某产品的成本函数(单位:元)为

$$C=C(x)=100+\frac{x^2}{4},$$

其中 x(单位:台)为产量,求该产品的固定成本及当 $x=10$ 台时的总成本和平均单位成本.

解 该产品的固定成本为 $C(0)=100$ 元.

当 $x=10$ 台时,总成本为 $C=C(10)=100+\frac{10^2}{4}=125$(单位:元).因为

$$\overline{C}=\frac{C(x)}{x}=\frac{100}{x}+\frac{x}{4},$$

所以当产量 $x=10$ 台时的平均单位成本为

$$\overline{C}=\frac{100}{10}+\frac{10}{4}=12.5(\text{单位:元/台}).$$

练习 1.4

1. 现有初始本金 100 元,若银行的年储蓄利率为 7%,问:

(1) 按单利计算,第 3 年年末的本利和为多少?

(2) 按复利计算,第 3 年年末的本利和为多少?

(3) 按复利计算,需多少年能使本利和超过初始本金的一倍?

2. 某种商品的供给函数和需求函数分别为

$$Q_s=25P-10,\quad Q_d=200-5P,$$

求该商品的市场均衡价格和市场均衡数量.

3. 某工厂生产某产品,每日最多生产 200 单位,它的日固定成本为 150 元,生产一个单位产品的可变成本为 16 元.求该厂日成本函数及平均成本函数.

习 题 1

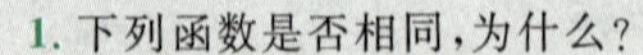

1. 下列函数是否相同,为什么?

(1) $y=\ln x^2$ 与 $y=2\ln x$;

(2) $y=\sin(x+1)$ 与 $s=\sin(t+1)$;

(3) $y=x$ 与 $y=\dfrac{x^2}{x}$;

(4) $y=x+1$ 与 $y=\begin{cases}\dfrac{x^2-1}{x-1}, & x\neq 1,\\ 2, & x=1.\end{cases}$

2. 求下列函数的定义域:

(1) $y=\arccos\dfrac{x-1}{2}$;

(2) $y=\dfrac{1}{1-x^2}+\sqrt{2-x}$;

(3) $y=\sqrt{\ln\dfrac{5x-x^2}{4}}$;

(4) $y=\dfrac{\arcsin\dfrac{2x-1}{7}}{\sqrt{x^2-x-6}}$.

3. 已知 $f(x)=x^2-3x+2$,求 $f(2)$,$f(-x)$,$f\left(\dfrac{1}{x}\right)$,$f(x+1)$.

4. 判断下列函数中哪些是奇函数,哪些是偶函数,哪些是非奇非偶函数:

(1) $y=x+\tan 2x$;

(2) $y=x^3\sin x\cos x$;

(3) $y=x^2+x+1$;

(4) $y=\ln\dfrac{1-x}{1+x}$;

(5) $F(x)=f(x)-f(-x)$;

(6) $F(x)=f(x)+f(-x)$.

5. 指出下列函数中哪些是初等函数:

(1) $f(x)=\dfrac{x^2-1}{x-1}$;

(2) $f(x)=\begin{cases}\dfrac{x^2-1}{x-1}, & x\neq 1,\\ -1, & x=1;\end{cases}$

(3) $f(x)=\dfrac{e^x-\arcsin x}{1+\ln(1+x^2)}$;

(4) $f(x)=\sqrt{-3+\sin x}$.

6. 已知 $f(\cos x)=1-\cos 2x$,求 $f(\sin x)$.

7. 已知 $f(x)=\ln(x-1)$,$f(g(x))=x$,求 $g(x)$.

8. 已知 $f\left(\dfrac{x+1}{x-1}\right)=3f(x)-2x$,求 $f(x)$.

第2章 极限与连续

极限概念是微积分的理论基础，极限方法是微积分的基本分析方法. 以后我们将知道：导数、定积分、级数收敛等概念都是通过极限来给出定义的. 因此，掌握好极限方法是学好微积分的关键. 函数的连续性也是微积分的一个重要概念. 本章将介绍极限与连续的基本知识及性质.

§2.1 数列的极限

一、数列的定义

定义 1 数列是定义在正整数集 $\mathbf{N}^*$ 上的函数，记为

$$x_n = f(n) \quad (n = 1,2,3,\cdots).$$

当自变量 n 按 $1,2,3,\cdots$ 次序取值时，函数值 $f(n)$ 就按相应的顺序排列成**数列**：

$$x_1, x_2, \cdots, x_n, \cdots,$$

可以将该数列简记为 $\{x_n\}$. 数列中的每个数称为该数列的**项**，其中 x_n 称为该数列的**一般项**或**通项**.

例如，有下面的数列：

(1) $1,2,3,\cdots,n,\cdots$;

(2) $1,0,1,\cdots,\dfrac{1+(-1)^{n-1}}{2},\cdots$;

(3) $1,1,1,\cdots,1,\cdots$;

(4) $\dfrac{1}{2},\dfrac{1}{4},\dfrac{1}{8},\cdots,\dfrac{1}{2^n},\cdots$;

(5) $2,\dfrac{1}{2},\dfrac{4}{3},\dfrac{3}{4},\cdots,1+\dfrac{(-1)^{n-1}}{n},\cdots$.

二、数列的极限

不难看出，当 n 无限增大时，数列 $\left\{\dfrac{1}{2^n}\right\}$ 在数轴上的对应点从原点的右侧无限接近于 0；当 n 无限增大时，数列 $\left\{1+\dfrac{(-1)^{n-1}}{n}\right\}$ 在数轴上的对应点从 $x=1$ 的两侧无限接近于 1. 一般地，可以给出下面的定义：

定义 2 对于数列$\{x_n\}$，如果当n无限增大时，其一般项x_n的值无限接近于一个确定的常数A，则称常数A为数列$\{x_n\}$当n趋于无穷大($n\to\infty$)时的**极限**，记为

$$\lim_{n\to\infty} x_n = A \quad 或 \quad x_n \to A\ (n\to\infty).$$

此时，也称**数列$\{x_n\}$收敛于A**，而称$\{x_n\}$为**收敛数列**. 如果数列$\{x_n\}$的极限不存在，则称$\{x_n\}$为**发散数列**.

例如，数列$\left\{\frac{1}{2^n}\right\}$，$\left\{1+\frac{(-1)^{n-1}}{n}\right\}$是收敛数列，且

$$\lim_{n\to\infty}\frac{1}{2^n}=0, \quad \lim_{n\to\infty}\left[1+\frac{(-1)^{n-1}}{n}\right]=1,$$

而$\left\{\frac{1+(-1)^n}{2}\right\}$是发散数列.

定义 2 是数列极限的直观定义，下面我们用精确、定量化的数学语言来给出数列极限的定义.

现在考察数列$\{x_n\}=\left\{1+\frac{(-1)^{n-1}}{n}\right\}$的变化趋势. 由于$|x_n-1|=\frac{1}{n}$，因此当项数$n$充分大时，$|x_n-1|$可任意小. 例如，取很小的正数$\varepsilon=\frac{1}{100}$，若要使$|x_n-1|=\frac{1}{n}<\frac{1}{100}=\varepsilon$，则只要$n>100$即可. 这意味着：数列$\left\{1+\frac{(-1)^{n-1}}{n}\right\}$的第 101 项$x_{101}$及后面所有的项$x_{102}$，$x_{103}$，… 都满足不等式$|x_n-1|<\frac{1}{100}$.

同样，取很小的正数$\varepsilon=\frac{1}{1\,000}$，若要使$|x_n-1|=\frac{1}{n}<\frac{1}{1\,000}=\varepsilon$，则只要$n>1\,000$即可. 这意味着：数列的第 1 001 项$x_{1\,001}$及后面所有的项$x_{1\,002}$，$x_{1\,003}$，… 都满足不等式$|x_n-1|<\frac{1}{1\,000}$.

由此可见，无论给定的正数ε多么小，要使$|x_n-1|=\frac{1}{n}<\varepsilon$成立，只要$n>\frac{1}{\varepsilon}$即可. 事实上，如果取正整数$N\geqslant\frac{1}{\varepsilon}$，则对数列中满足$n>N$的一切项$x_n$，不等式$|x_n-1|=\frac{1}{n}<\varepsilon$都成立.

定义 3(数列极限的精确定义) 如果对于任意给定的正数ε(无论多么小)，总存在正整数N，使得对于满足$n>N$的一切项x_n，都有不等式

$$|x_n-A|<\varepsilon$$

成立，则称常数A为数列$\{x_n\}$当$n\to\infty$时的**极限**，也称**数列$\{x_n\}$收敛于A**，记为

$$\lim_{n\to\infty} x_n = A \quad 或 \quad x_n \to A\ (n\to\infty).$$

注：定义 3 中用ε刻画x_n与A的接近程度，用N刻画总有那么一个时刻(刻画n充分大的程度)能满足所需结论. 这里ε是任意给定的正数，N是根据ε来确定的.

为了以后叙述方便，这里介绍几个证明极限时常用的符号：

(1) 符号“$\forall$”表示“任意给定的”；

(2) 符号“$\exists$”表示“存在”；

(3) 符号“$\max\{a_1,a_2,\cdots,a_n\}$”表示数$a_1,a_2,\cdots,a_n$中的最大数，符号“$\min\{a_1,a_2,\cdots,a_n\}$”表

示数 $a_1, a_2, \cdots, a_n$ 中的最小数.

下面给出数列极限的几何意义.

将数列 $\{x_n\}$ 中的每一项 $x_1, x_2, \cdots$ 都用数轴上的对应点来表示. 若数列 $\{x_n\}$ 的极限为 A，则对于任意给定的正数 ε，总存在正整数 N，使数列从第 $N+1$ 项开始，后面所有的项 x_n 都满足不等式 $|x_n - A| < \varepsilon$，即 $A - \varepsilon < x_n < A + \varepsilon$. 因此，数列在数轴上的对应点中有无穷多个点 $x_{N+1}, x_{N+2}, \cdots$ 都落在开区间 $(A-\varepsilon, A+\varepsilon)$ 内，而在该开区间以外，至多只有有限个点 $x_1, x_2, \cdots, x_N$（见图 2-1-1）.

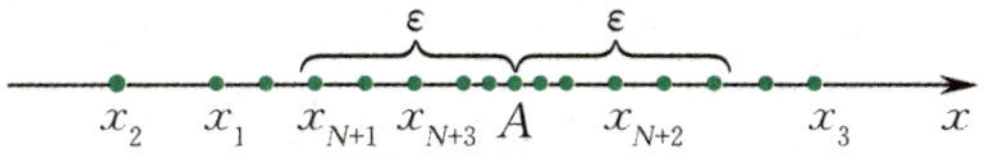

ε ε
x_2 x_1 x_{N+1} x_{N+3} A x_{N+2} x_3 x

图 2-1-1

例 1　证明：$\lim\limits_{n\to\infty} \dfrac{3n+2}{n} = 3$.

证　对于任意给定的正数 ε，要使 $|x_n - 3| = \left|\dfrac{3n+2}{n} - 3\right| = \dfrac{2}{n} < \varepsilon$，只要 $n > \dfrac{2}{\varepsilon}$ 即可，所以可取正整数 $N \geqslant \dfrac{2}{\varepsilon}$.

因此，对 $\forall \varepsilon > 0$，$\exists N$，当 $n > N$ 时，总有 $\left|\dfrac{3n+2}{n} - 3\right| < \varepsilon$，故

$$\lim_{n\to\infty} \frac{3n+2}{n} = 3.$$

例 2　证明：$\lim\limits_{n\to\infty} \dfrac{1}{3^n} = 0$.

证　对于任意给定的正数 $\varepsilon < 1$，要使 $|x_n - 0| = \left|\dfrac{1}{3^n} - 0\right| = \dfrac{1}{3^n} < \varepsilon$，即 $3^n > \dfrac{1}{\varepsilon}$，只要 $n > \log_3 \dfrac{1}{\varepsilon}$ 即可，所以可取正整数 $N \geqslant \log_3 \dfrac{1}{\varepsilon}$. 当 $n > N$ 时，总有

$$\left|\frac{1}{3^n} - 0\right| < \varepsilon,$$

所以

$$\lim_{n\to\infty} \frac{1}{3^n} = 0.$$

下面是几个应记住的常用数列的极限：

(1) $\lim\limits_{n\to\infty} C = C$　（C 为常数）；

(2) $\lim\limits_{n\to\infty} \dfrac{1}{n^\alpha} = 0$　$(\alpha > 0)$；

(3) $\lim\limits_{n\to\infty} q^n = 0$　$(|q| < 1)$.

三、收敛数列的性质

定理 1（唯一性）　**若数列 $\{x_n\}$ 收敛，则其极限唯一.**

证 反证法.设$\lim\limits_{n\to\infty}x_n=a$且$\lim\limits_{n\to\infty}x_n=b$,而$a\neq b$,不妨设$a<b$,则$\varepsilon=\dfrac{b-a}{2}>0$.由$\lim\limits_{n\to\infty}x_n=a$,根据数列极限的定义,存在正整数$N_1$,使得当$n>N_1$时,有

$$|x_n-a|<\varepsilon=\frac{b-a}{2}.$$

解此不等式可得$x_n<\dfrac{a+b}{2}$,即当$n>N_1$时,有$x_n<\dfrac{a+b}{2}$.

又由$\lim\limits_{n\to\infty}x_n=b$,根据数列极限的定义,存在正整数$N_2$,使得当$n>N_2$时,有

$$|x_n-b|<\varepsilon=\frac{b-a}{2}.$$

解此不等式可得$x_n>\dfrac{a+b}{2}$,即当$n>N_2$时,有$x_n>\dfrac{a+b}{2}$.

取$N=\max\{N_1,N_2\}$,则当$n>N$时,不等式$x_n<\dfrac{a+b}{2}$与$x_n>\dfrac{a+b}{2}$同时成立,得出矛盾.故$a=b$,即极限是唯一的.

定义 4 设有数列$\{x_n\}$.若$\exists M>0$,使对一切$n=1,2,\cdots$,均有

$$|x_n|\leqslant M,$$

则称数列$\{x_n\}$是**有界**的;否则,称它是**无界**的.

例如,数列$\left\{\dfrac{1}{n+1}\right\}$,$\{\sin n\}$有界;数列$\{2n\}$无界.

定理 2(有界性) **若数列$\{x_n\}$收敛,则数列$\{x_n\}$有界.**

证 设$\lim\limits_{n\to\infty}x_n=a$,则根据数列极限的定义,对于$\varepsilon=1$,$\exists$正整数$N$,当$n>N$时,$|x_n-a|<\varepsilon=1$,从而$|x_n|=|(x_n-a)+a|\leqslant|x_n-a|+|a|<1+|a|$.取

$$M=\max\{1+|a|,|x_1|,|x_2|,\cdots,|x_N|\},$$

则$|x_n|\leqslant M$对一切$n=1,2,\cdots$都成立,即$\{x_n\}$有界.

定理2的逆命题不成立.例如,数列$\{(-1)^{n-1}\}$有界,但它不收敛.

在数列$\{x_n\}$中任意抽取无限多项并保持这些项在原数列$\{x_n\}$中的先后次序,这样得到的一个数列称为原数列$\{x_n\}$的一个**子数列**.例如,数列

$$1,\frac{1}{2},\frac{1}{3},\cdots,\frac{1}{n},\cdots;$$

$$\frac{1}{2},\frac{1}{4},\cdots,\frac{1}{2n},\cdots;$$

$$1,\frac{1}{3},\frac{1}{5},\cdots,\frac{1}{2n-1},\cdots$$

都是数列$1,\dfrac{1}{2},\dfrac{1}{3},\cdots,\dfrac{1}{n},\cdots$的子数列.

定理 3 **数列$\{x_n\}$收敛于a的充要条件是:$\{x_n\}$的任何子数列都收敛于a.**

证明从略.

定理3用来判别某些数列发散非常方便.例如,数列$\{(-1)^{n-1}\}$的一个子数列$1,1,1,\cdots$收敛于1,但$\{(-1)^{n-1}\}$的另一个子数列$-1,-1,-1,\cdots$收敛于-1,故由定理3知数列$\{(-1)^{n-1}\}$发散.

练习 2.1

1. 考察下列以 x_n 为一般项的数列的变化趋势，对于有极限的数列，给出它的极限：

(1) $x_n = \frac{1}{2^n}$；　(2) $x_n = (-1)^{n-1}\frac{1}{n}$；

(3) $x_n = (-2)^n$；　(4) $x_n = \frac{n-1}{n+1}$；

(5) $x_n = \sin\frac{n\pi}{2}$；　(6) $x_n = \frac{1}{1\cdot 2} + \frac{1}{2\cdot 3} + \cdots + \frac{1}{n(1+n)}$.

2. 判断下列说法是否正确：

(1) 有界数列一定收敛；

(2) 在数列 $\{x_n\}$ 中任意增加或去掉有限项，不影响 $\{x_n\}$ 的收敛或发散性；

(3) 无界数列一定发散；

(4) 极限值大于 0 的数列的各项也一定大于 0.

*3. 用数列极限的精确定义证明下列极限：

(1) $\lim\limits_{n\to\infty}\frac{1}{n^2} = 0$；　(2) $\lim\limits_{n\to\infty}\frac{\sin n}{n} = 0$；

(3) $\lim\limits_{n\to\infty}\frac{2n-1}{3n+1} = \frac{2}{3}$.

§2.2　函数的极限

一、自变量趋向于无穷大时函数的极限

自变量趋向于无穷大(记为 $x\to\infty$)是指 $|x|$ 无限增大，它包含两方面：一是 $x>0$ 且 $|x|$ 无限增大(记为 $x\to+\infty$)，二是 $x<0$ 且 $|x|$ 无限增大(记为 $x\to-\infty$).

当 $x\to\infty$ 时，考察函数 $f(x) = 1+\frac{1}{x}$ 的变化趋势. 可以看出，当 $x\to\infty$ 时，对应的函数 $f(x) = 1+\frac{1}{x}$ 的值无限接近于常数 1. 故称常数 1 为函数 $f(x) = 1+\frac{1}{x}$ 当 $x\to\infty$ 时的极限.

定义 1　若当 $x\to\infty$ 时，函数 $f(x)$ 的值无限接近于一个常数 A，则称常数 A 为**函数 $f(x)$ 当 $x\to\infty$ 时的极限**，记作

$$\lim_{x\to\infty} f(x) = A \quad 或 \quad f(x)\to A\ (x\to\infty).$$

对一般函数 $y=f(x)$ 而言，当自变量无限增大时，函数值无限接近于一个常数的情形与数列极限类似. 它们所不同的是：在函数极限中，自变量的变化可以是连续的. 用精确的“$\varepsilon - X$”数学语言定义 $f(x)\to A(x\to\infty)$ 如下：

定义 1′(函数极限的精确定义)　设函数 $f(x)$ 当 $|x|$ 大于某一正数时有定义，A 为一常数. 若对 $\forall\varepsilon>0$，$\exists X>0$，使得当 $|x|>X$ 时，都有不等式

$$|f(x)-A|<\varepsilon$$

成立，则称常数 A 为**函数 $f(x)$ 当 $x\to\infty$ 时的极限**，记作

$$\lim_{x \to \infty} f(x) = A \quad 或 \quad f(x) \to A \ (x \to \infty).$$

下面给出$\lim\limits_{x \to \infty} f(x) = A$的几何意义.

对于任意给定的正数ε,存在正数X,当点$(x, f(x))$的横坐标x落入区间$(-\infty, -X)$或$(X, +\infty)$内时,纵坐标$f(x)$必定落入区间$(A-\varepsilon, A+\varepsilon)$内.此时,函数$y = f(x)$的图形就介于两条平行直线$y = A - \varepsilon$与$y = A + \varepsilon$之间(见图2-2-1).

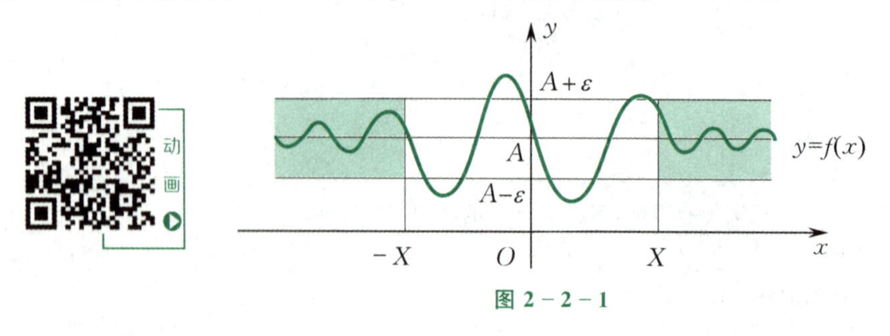

图2-2-1

例1 证明:$\lim\limits_{x \to \infty} \dfrac{2}{x} = 0$.

证 对$\forall \varepsilon > 0$,要使$\left|\dfrac{2}{x} - 0\right| = \left|\dfrac{2}{x}\right| = \dfrac{2}{|x|} < \varepsilon$,只要$|x| > \dfrac{2}{\varepsilon}$即可.因此,对$\forall \varepsilon > 0$,取$X = \dfrac{2}{\varepsilon}$,当$|x| > X$时,都有$\left|\dfrac{2}{x} - 0\right| < \varepsilon$,从而

$$\lim_{x \to \infty} \frac{2}{x} = 0.$$

下面分别给出当$x \to +\infty$与$x \to -\infty$时,函数$f(x)$极限的定义.这时,只要将定义1中的$x \to \infty$分别改为$x \to +\infty$与$x \to -\infty$即可.

定义2 若当$x \to +\infty$时,函数$f(x)$的值无限接近于一个常数B,则称常数B为**函数$f(x)$当$x \to +\infty$时的极限**,记作

$$\lim_{x \to +\infty} f(x) = B \quad 或 \quad f(x) \to B \ (x \to +\infty).$$

定义3 若当$x \to -\infty$时,函数$f(x)$的值无限接近于一个常数C,则称常数C为**函数$f(x)$当$x \to -\infty$时的极限**,记作

$$\lim_{x \to -\infty} f(x) = C \quad 或 \quad f(x) \to C \ (x \to -\infty).$$

极限$\lim\limits_{x \to +\infty} f(x) = B$与$\lim\limits_{x \to -\infty} f(x) = C$称为**单侧极限**.

读者可以尝试用精确的"$\varepsilon - X$"数学语言给出$\lim\limits_{x \to +\infty} f(x) = B$和$\lim\limits_{x \to -\infty} f(x) = C$的定义.

例2 考察下列极限是否存在:

(1) $\lim\limits_{x \to +\infty} \arctan x$; (2) $\lim\limits_{x \to -\infty} \arctan x$;

(3) $\lim\limits_{x \to \infty} \arctan x$.

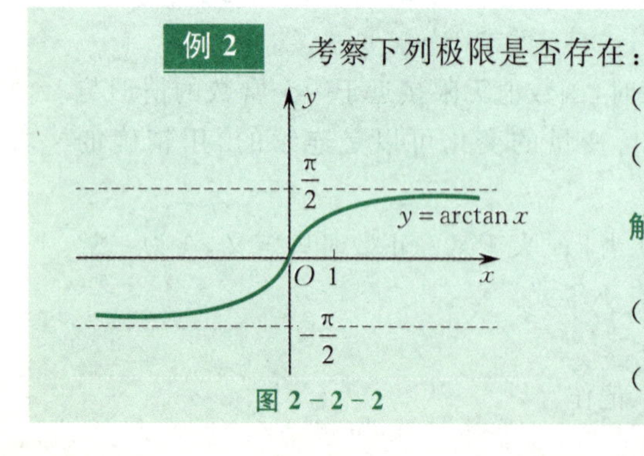

图2-2-2

解 (1) $\lim\limits_{x \to +\infty} \arctan x = \dfrac{\pi}{2}$;

(2) $\lim\limits_{x \to -\infty} \arctan x = -\dfrac{\pi}{2}$;

(3) $\lim\limits_{x \to \infty} \arctan x$不存在(见图2-2-2).

我们有下面的定理:

定理 1　$\lim\limits_{x\to\infty}f(x)=A$ **的充要条件是**:$\lim\limits_{x\to+\infty}f(x)=\lim\limits_{x\to-\infty}f(x)=A$.

二、自变量趋向于某一常数时函数的极限

1. 当 $x\to x_0$ 时,函数 $f(x)$ 的极限

现讨论当 $x\to x_0$ 时函数 $f(x)$ 的极限问题.考察当 $x\to 1$ 时,函数 $f(x)=\dfrac{2x^2-2}{x-1}$ 的变化趋势.因为当 $x\neq 1$ 时,函数 $f(x)=\dfrac{2x^2-2}{x-1}=2(x+1)$,所以当 $x\neq 1$ 且 $x\to 1$ 时,$f(x)$ 的值无限接近于常数 4(见图 2-2-3).我们称常数 4 为函数 $f(x)=\dfrac{2x^2-2}{x-1}$ 当 $x\to 1$ 时的极限.

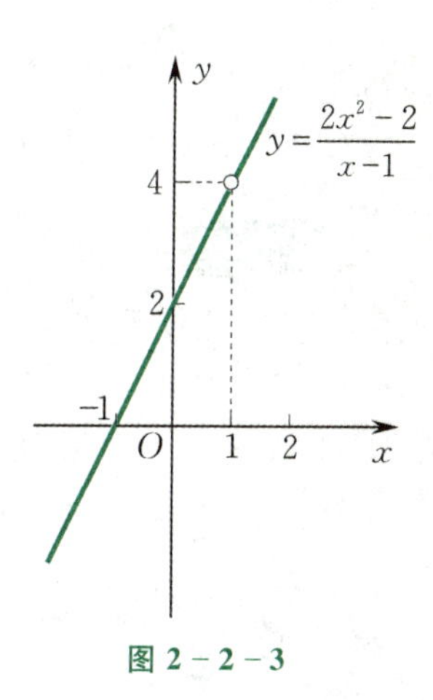

图 2-2-3

对上面的例子再做进一步的分析.要使 $|f(x)-4|$ 任意小,也就是说,对于任意给定的正数 ε(无论多么小),当 $x\neq 1$ 时,要使

$$\begin{aligned}|f(x)-4|&=\left|\frac{2x^2-2}{x-1}-4\right|=|2(x+1)-4|\\&=2|x-1|<\varepsilon,\end{aligned}$$

只要 $|x-1|<\dfrac{\varepsilon}{2}$ 即可.取 $\delta=\dfrac{\varepsilon}{2}$,则对于满足不等式 $0<|x-1|<\delta$ 的一切 x,总有不等式 $|f(x)-4|<\varepsilon$ 成立.

定义 4　设函数 $f(x)$ 在点 x_0 的某一去心邻域内有定义.若对 $\forall\varepsilon>0$,$\exists\delta>0$,使得当 $0<|x-x_0|<\delta$(即 $x\in\mathring{U}(x_0,\delta)$)时,都有不等式

$$|f(x)-A|<\varepsilon$$

成立,则称常数 A 为**函数 $f(x)$ 当 $x\to x_0$ 时的极限**,记为

$$\lim_{x\to x_0}f(x)=A\quad 或\quad f(x)\to A\ (x\to x_0).$$

注:(1) 定义 4 中用 ε 刻画 $f(x)$ 与常数 A 的接近程度,用 δ 刻画 x 与 x_0 的接近程度.这里 ε 是任意给定的,δ 是根据 ε 来确定的.

(2) 定义 4 中的 $0<|x-x_0|<\delta$ 表示 $x\neq x_0$ 且 x 与 x_0 的距离小于 δ,即

$$x\in\mathring{U}(x_0,\delta)=(x_0-\delta,x_0)\cup(x_0,x_0+\delta).$$

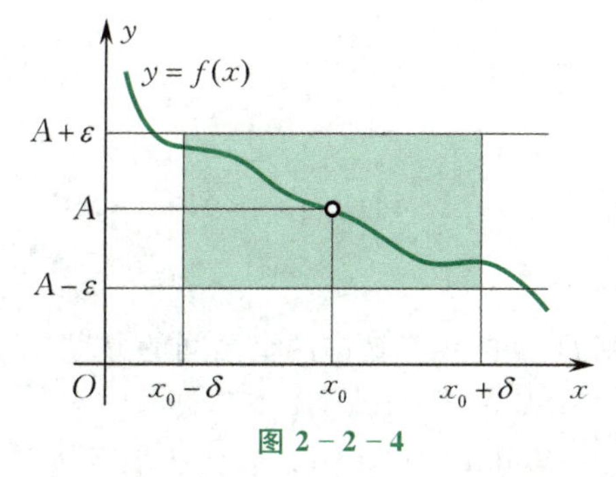

图 2-2-4

下面给出 $\lim\limits_{x\to x_0}f(x)=A$ 的几何意义.

对于任意给定的正数 ε(无论多么小),总存在正数 δ,当点 $(x,f(x))$ 的横坐标 x 落入点 x_0 的去心 δ 邻域 $(x_0-\delta,x_0)\cup(x_0,x_0+\delta)$ 内时,纵坐标 $f(x)$ 必落入区间 $(A-\varepsilon,A+\varepsilon)$ 内.此时,曲线 $y=f(x)$ 必然介于两条平行直线 $y=A-\varepsilon$ 与 $y=A+\varepsilon$ 之间(见图 2-2-4).

例 3　证明：$\lim\limits_{x\to 1}(3x-1)=2$.

证　令 $f(x)=3x-1$. 对于任意给定的正数 ε，要使

$$|f(x)-2|=|(3x-1)-2|=3|x-1|<\varepsilon,$$

只要 $|x-1|<\frac{\varepsilon}{3}$ 即可，故取 $\delta=\frac{\varepsilon}{3}$. 所以，对任意 $\varepsilon>0$，存在 $\delta=\frac{\varepsilon}{3}>0$，当 $0<|x-1|<\delta$ 时，都有不等式

$$|f(x)-2|<\varepsilon$$

成立. 故

$$\lim_{x\to 1}(3x-1)=2.$$

例 4　证明：$\lim\limits_{x\to x_0}x=x_0$.

证　设函数 $f(x)=x$，则对于任意给定的正数 ε，要使

$$|f(x)-x_0|=|x-x_0|<\varepsilon,$$

只要 $|x-x_0|<\varepsilon$ 即可，故取 $\delta=\varepsilon$. 所以，对任意 $\varepsilon>0$，存在 $\delta=\varepsilon>0$，当 $0<|x-x_0|<\delta$ 时，都有不等式

$$|f(x)-x_0|<\varepsilon$$

成立. 故

$$\lim_{x\to x_0}x=x_0.$$

2. 函数 $f(x)$ 在 x_0 处的左、右极限

在定义 4 中，$x\to x_0$ 是指 x 从 x_0 的两侧趋向于 x_0. 但有些问题只需要考虑当 x 从 x_0 的一侧趋向于 x_0 时，函数 $f(x)$ 的变化趋势，因此引入下面的函数左、右极限的概念.

定义 5　如果当 x 从 x_0 的左侧趋向于 x_0（记作 $x\to x_0^-$）时，对应的函数值 $f(x)$ 无限接近于一个常数 A，则称 A 为函数 $f(x)$ 当 $x\to x_0$ 时的**左极限**，记为

$$\lim_{x\to x_0^-}f(x)=A\quad 或\quad f(x_0-0)=A;$$

如果当 x 从 x_0 的右侧趋向于 x_0（记作 $x\to x_0^+$）时，对应的函数值 $f(x)$ 无限接近于一个常数 B，则称 B 为函数 $f(x)$ 当 $x\to x_0$ 时的**右极限**，记为

$$\lim_{x\to x_0^+}f(x)=B\quad 或\quad f(x_0+0)=B.$$

读者可以尝试用精确的“$\varepsilon-\delta$”数学语言给出 $\lim\limits_{x\to x_0^-}f(x)=A$ 和 $\lim\limits_{x\to x_0^+}f(x)=B$ 的定义.

定理 2　$\lim\limits_{x\to x_0}f(x)=A$ 的充要条件是：$\lim\limits_{x\to x_0^-}f(x)=\lim\limits_{x\to x_0^+}f(x)=A$.

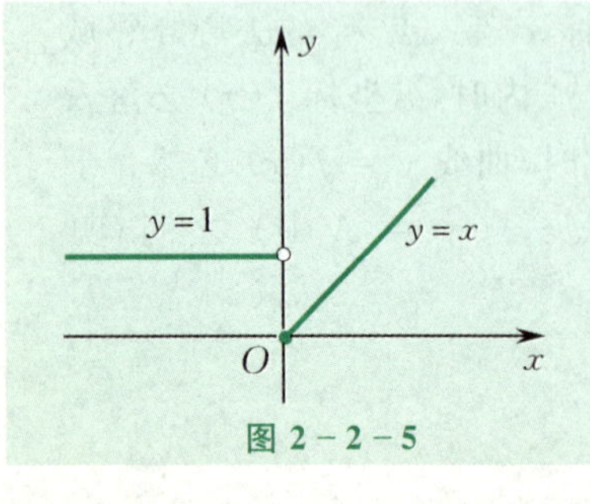

图 2-2-5

例 5　设 $f(x)=\begin{cases}x, & x\geqslant 0,\\ 1, & x<0,\end{cases}$ 讨论当 $x\to 0$ 时，$f(x)$ 的极限是否存在.

解　因为 $x=0$ 是函数 $f(x)$ 的定义域中两个区间的分界点，且

$$\lim_{x\to 0^-}f(x)=\lim_{x\to 0^-}1=1,\quad \lim_{x\to 0^+}f(x)=\lim_{x\to 0^+}x=0,$$

即有

$$\lim_{x\to 0^-} f(x) \neq \lim_{x\to 0^+} f(x),$$

所以$\lim\limits_{x\to 0} f(x)$不存在(见图 2-2-5).

例 6　设 $f(x) = |x-1|$,讨论当 $x \to 1$ 时,$f(x)$ 的极限是否存在.

解　因为$\lim\limits_{x\to 1^-} f(x) = \lim\limits_{x\to 1^-}(1-x) = 0$,$\lim\limits_{x\to 1^+} f(x) = \lim\limits_{x\to 1^+}(x-1) = 0$,即有

$$\lim_{x\to 1^-} f(x) = \lim_{x\to 1^+} f(x) = 0,$$

所以当 $x \to 1$ 时,$f(x)$ 的极限存在,且$\lim\limits_{x\to 1} f(x) = 0$.

三、函数极限的性质

下面仅以 $x \to x_0$ 的极限形式为代表给出函数极限的一些性质,至于其他形式极限的性质,只需做些修改即可.根据函数极限的定义,可以证明函数的极限具有如下几个性质:

性质 1(唯一性)　若极限$\lim\limits_{x\to x_0} f(x)$存在,则该极限是唯一的.

性质 2(局部有界性)　若$\lim\limits_{x\to x_0} f(x) = A$,则存在常数 $M > 0$ 和 $\delta > 0$,使得当 $x \in \mathring{U}(x_0,\delta) = (x_0-\delta,x_0) \cup (x_0,x_0+\delta)$(即 $0 < |x-x_0| < \delta$)时,有

$$|f(x)| \leqslant M.$$

注:性质 2 的逆命题不成立.例如,$f(x) = \begin{cases} 1, & x \geqslant 0, \\ -1, & x < 0 \end{cases}$是有界函数,但$\lim\limits_{x\to 0} f(x)$不存在.

性质 3(局部保号性)　若$\lim\limits_{x\to x_0} f(x) = A$,且 $A > 0$(或 $A < 0$),则存在点 x_0 的某一去心 δ 邻域 $\mathring{U}(x_0,\delta) = (x_0-\delta,x_0) \cup (x_0,x_0+\delta)$,使得当 x 属于该邻域时,有 $f(x) > 0$(或 $f(x) < 0$).

推论 1　若$\lim\limits_{x\to x_0} f(x) = A$,且在点 x_0 的某一去心 δ 邻域 $\mathring{U}(x_0,\delta)$ 内有 $f(x) \geqslant 0$(或 $f(x) \leqslant 0$),则 $A \geqslant 0$(或 $A \leqslant 0$).

练习 2.2

1. 利用函数的图形,考察下列函数的变化趋势,若极限存在,则写出该极限:

(1) $\lim\limits_{x\to\infty} \dfrac{1}{x^2}$;　　(2) $\lim\limits_{x\to\frac{\pi}{2}^-} \tan x$;

(3) $\lim\limits_{x\to+\infty} \mathrm{e}^{-x}$;　　(4) $\lim\limits_{x\to-\infty} \operatorname{arccot} x$;

(5) $\lim\limits_{x\to 1} \dfrac{x-1}{|x-1|}$;　　(6) $\lim\limits_{x\to\pi} \cos x$.

2. 判断下列命题是否正确,对错误的请举出反例:

(1) 若$\lim\limits_{x\to x_0} f(x) = A$,则 $f(x_0) = A$;

(2) 若函数 $f(x)$ 在 $x = x_0$ 处的值不存在,则极限$\lim\limits_{x\to x_0} f(x)$不存在;

(3) 若$\lim\limits_{x\to x_0^-} f(x)$与$\lim\limits_{x\to x_0^+} f(x)$都存在,则$\lim\limits_{x\to x_0} f(x)$存在;

(4) $\lim\limits_{x\to x_0} f(x)=0$ 当且仅当 $\lim\limits_{x\to x_0}|f(x)|=0$.

3. 设 a,b 为常数,且

$$f(x)=\begin{cases} e^x, & x\geqslant 0, \\ ax+b, & x<0. \end{cases}$$

(1) 求 $\lim\limits_{x\to 0^-} f(x)$, $\lim\limits_{x\to 0^+} f(x)$;

(2) 若 $\lim\limits_{x\to 0} f(x)$ 存在,求 b 的值.

4. 讨论函数 $f(x)=\dfrac{|x|}{x}$ 当 $x\to 0$ 时的极限是否存在.

***5.** 用极限的精确定义证明下列极限:

(1) $\lim\limits_{x\to\infty}\dfrac{\sin x}{x}=0$; (2) $\lim\limits_{x\to 1} x^2=1$;

(3) $\lim\limits_{x\to 0} x\sin\dfrac{1}{x}=0$.

***6.** 证明:若 $\lim\limits_{x\to x_0} f(x)=A$,且 $A>0$,则存在点 x_0 的某一去心 δ 邻域 $\mathring{U}(x_0,\delta)=(x_0-\delta,x_0)\cup(x_0,x_0+\delta)$,使得当 x 属于该邻域时,有 $f(x)>0$.

§2.3 无穷小量与无穷大量

为了叙述方便,今后将用符号 X 代替 $x_0,x_0^-,x_0^+,\infty,-\infty,+\infty$ 中的任何一个.

一、无穷小量

定义 1 若 $\lim\limits_{x\to X}\alpha(x)=0$,则称 $\alpha(x)$ 为当 $x\to X$ 时的**无穷小量**,简称**无穷小**.

例如:

(1) 当 $x\to 0$ 时,函数 $\sin x$ 是无穷小量;

(2) 当 $x\to\infty$ 时,函数 $\dfrac{1}{x}$ 是无穷小量;

(3) 当 $x\to-\infty$ 时,函数 e^x 是无穷小量.

无穷小量就是以 0 为极限的量.

注: 除 0 以外,其他任何常数都不是无穷小量.

下面的定理说明了无穷小量与函数极限的关系.

定理 1 **$\lim\limits_{x\to X} f(x)=A$ 的充要条件是:$f(x)=A+\alpha(x)$,其中当 $x\to X$ 时,$\alpha(x)$ 是无穷小量,即 $\lim\limits_{x\to X}\alpha(x)=0$.**

证 这里仅对 $x\to x_0$ 的情形证明.

必要性 设 $\lim\limits_{x\to x_0} f(x)=A$,则对 $\forall\varepsilon>0$, $\exists\delta>0$,当 $0<|x-x_0|<\delta$ 时,有

$$|f(x)-A|<\varepsilon.$$

令 $\alpha(x)=f(x)-A$,则 $|\alpha(x)|=|\alpha(x)-0|<\varepsilon$. 故由极限的定义可知

$$\lim_{x \to x_0} \alpha(x) = 0,$$

即 $\alpha(x)$ 是当 $x \to x_0$ 时的无穷小量，且

$$f(x) = A + \alpha(x).$$

充分性　若当 $x \to x_0$ 时，$\alpha(x)$ 是无穷小量，且 $f(x) = A + \alpha(x)$，则对 $\forall \varepsilon > 0$，$\exists \delta > 0$，当 $0 < |x - x_0| < \delta$ 时，有

$$|\alpha(x) - 0| < \varepsilon, \quad 即 \quad |f(x) - A| < \varepsilon.$$

故由极限的定义可知 $\lim\limits_{x \to x_0} f(x) = A$.

例如，对于函数 $f(x) = x^2 + 1$，$\lim\limits_{x \to 0} f(x) = \lim\limits_{x \to 0}(x^2 + 1) = 1$，可以看出 $\alpha(x) = f(x) - 1 = x^2$，而且 $\alpha(x) = x^2$ 当 $x \to 0$ 时是无穷小量.

二、无穷小量的性质

性质 1　有限个无穷小量的和仍为无穷小量.

证　只需对两个无穷小量的和的情形证明即可. 设 $\alpha(x)$ 及 $\beta(x)$ 都是当 $x \to x_0$ 时的无穷小量，ε 为任意给定的一正数.

由 $\lim\limits_{x \to x_0} \alpha(x) = 0$ 知，$\exists \delta_1 > 0$，当 $0 < |x - x_0| < \delta_1$ 时，有 $|\alpha(x)| < \dfrac{\varepsilon}{2}$.

由 $\lim\limits_{x \to x_0} \beta(x) = 0$ 知，$\exists \delta_2 > 0$，当 $0 < |x - x_0| < \delta_2$ 时，有 $|\beta(x)| < \dfrac{\varepsilon}{2}$.

取 $\delta = \min\{\delta_1, \delta_2\}$，于是当 $0 < |x - x_0| < \delta$ 时，有

$$|\alpha(x) + \beta(x) - 0| \leqslant |\alpha(x)| + |\beta(x)| < \frac{\varepsilon}{2} + \frac{\varepsilon}{2} = \varepsilon.$$

故 $\lim\limits_{x \to x_0}(\alpha(x) + \beta(x)) = 0$，即当 $x \to x_0$ 时，$\alpha(x) + \beta(x)$ 是无穷小量.

性质 2　有界量与无穷小量的乘积是无穷小量.

证　这里只证 $x \to x_0$ 的情形. 设当 $x \to x_0$ 时，$f(x)$ 是有界量，$\alpha(x)$ 是无穷小量，ε 为任意给定的一正数.

由 $f(x)$ 是有界量知，$\exists M > 0$ 和 $\delta_1 > 0$，当 $0 < |x - x_0| < \delta_1$ 时，有 $|f(x)| \leqslant M$.

由 $\lim\limits_{x \to x_0} \alpha(x) = 0$ 知，对于 $\dfrac{\varepsilon}{M}$ 来说，$\exists \delta_2 > 0$，当 $0 < |x - x_0| < \delta_2$ 时，有 $|\alpha(x)| < \dfrac{\varepsilon}{M}$.

取 $\delta = \min\{\delta_1, \delta_2\}$，于是当 $0 < |x - x_0| < \delta$ 时，有

$$|f(x) \cdot \alpha(x) - 0| = |f(x)| \cdot |\alpha(x)| < M \cdot \frac{\varepsilon}{M} = \varepsilon.$$

这就证明了当 $x \to x_0$ 时，$f(x) \cdot \alpha(x)$ 是无穷小量.

对于 $x \to X(x_0^-, x_0^+, \infty, -\infty, +\infty)$ 的情形，性质 1 和性质 2 的结论仍然正确.

例 1　证明：$\lim\limits_{x \to \infty} \dfrac{1}{x} \sin x = 0$.

证　因为当 $x \to \infty$ 时，$\sin x$ 是有界量，$\dfrac{1}{x}$ 是无穷小量，所以

$$\lim_{x\to\infty}\frac{1}{x}\sin x=0.$$

由性质 2 可以推出下面的结论:

推论 1 常数与无穷小量的乘积为无穷小量.

推论 2 有限个无穷小量的乘积为无穷小量.

三、无穷大量

定义 2 若当 $x\to X$ 时,$|f(x)|$ 无限增大,则称函数 $f(x)$ 为当 $x\to X$ 时的**无穷大量**(简称**无穷大**),记作

$$\lim_{x\to X}f(x)=\infty.$$

无穷大量包括**正无穷大量**和**负无穷大量**. 分别将当 $x\to X$ 时的无穷大量、正无穷大量、负无穷大量记作

$$\lim_{x\to X}f(x)=\infty,\quad \lim_{x\to X}f(x)=+\infty,\quad \lim_{x\to X}f(x)=-\infty.$$

注:无穷大量是一个变量,这里用 $\lim\limits_{x\to X}f(x)=\infty$ 表示 $f(x)$ 是一个无穷大量,并不意味着 $f(x)$ 的极限存在. 恰恰相反,$\lim\limits_{x\to X}f(x)=\infty$ 意味着当 $x\to X$ 时,$f(x)$ 的极限不存在.

例如:

(1) $\lim\limits_{x\to 0}\dfrac{1}{x}=\infty$,即当 $x\to 0$ 时,$\dfrac{1}{x}$ 是无穷大量;

(2) $\lim\limits_{x\to 0^+}\ln x=-\infty$,即当 $x\to 0^+$ 时,$\ln x$ 是负无穷大量;

(3) $\lim\limits_{x\to \frac{\pi}{2}^-}\tan x=+\infty$,即当 $x\to \dfrac{\pi}{2}^-$ 时,$\tan x$ 是正无穷大量.

注:称一个函数为无穷大量时,必须明确地指出其自变量的变化趋势. 对于一个函数,自变量的趋向不同会导致函数值的趋向不同.

例如函数 $y=\dfrac{1}{(x-1)^2}$,当 $x\to 1$ 时,它是一个无穷大量;当 $x\to\infty$ 时,它是一个无穷小量.

四、无穷大量与无穷小量的关系

定理 2 若当 $x\to X$ 时,$f(x)$ 为无穷大量,则当 $x\to X$ 时,$\dfrac{1}{f(x)}$ 为无穷小量;若当 $x\to X$ 时,$f(x)$ 为无穷小量,且 $f(x)\neq 0$,则当 $x\to X$ 时,$\dfrac{1}{f(x)}$ 为无穷大量.

定理 2 说明,无穷大量与无穷小量之间的关系类似于倒数关系.

例 2 求 $\lim\limits_{x\to 0^+}\dfrac{1}{\cot x}$.

解 因为 $\lim\limits_{x\to 0^+}\cot x=+\infty$,所以 $\lim\limits_{x\to 0^+}\dfrac{1}{\cot x}=0$.

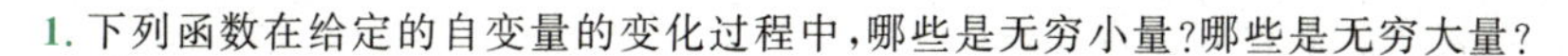

练习2.3

1. 下列函数在给定的自变量的变化过程中，哪些是无穷小量?哪些是无穷大量?

(1) $\dfrac{x+1}{(x-1)^2}$　$(x\to 1)$；　(2) e^x　$(x\to -\infty)$；

(3) $\dfrac{x^5}{x^2+1}$　$(x\to\infty)$；　(4) $\dfrac{1+\cos x}{\sin x}$　$(x\to 0)$.

2. 指出下列函数的极限：

(1) $\lim\limits_{x\to 0} x\sin\dfrac{1}{x^2}$；　(2) $\lim\limits_{x\to\infty}\dfrac{\operatorname{arccot}x}{x^2}$；

(3) $\lim\limits_{n\to\infty}\dfrac{1+(-1)^n}{n}$　(n 为正整数).

3. 判断下列极限是否存在;若存在,写出极限值：

(1) $\lim\limits_{x\to\infty} e^{1/x}$；　(2) $\lim\limits_{x\to 0^-} e^{1/x}$；

(3) $\lim\limits_{x\to 0^+} e^{1/x}$.

§2.4　函数极限的运算法则

本节主要介绍极限的四则运算法则.利用无穷小量的性质及无穷小量与函数极限的关系,可得极限的四则运算法则.记号"lim"下面没有标明自变量的变化过程,是指 x 趋于 x_0，x_0^-，x_0^+，∞，$-\infty$，$+\infty$ 中的任何一个.

一、极限的四则运算法则

定理1　若 $\lim f(x)=A$，$\lim g(x)=B$，则有

(1) $\lim(f(x)\pm g(x))=A\pm B=\lim f(x)\pm\lim g(x)$；

(2) $\lim(f(x)\cdot g(x))=A\cdot B=\lim f(x)\cdot\lim g(x)$；

(3) $\lim\dfrac{f(x)}{g(x)}=\dfrac{A}{B}=\dfrac{\lim f(x)}{\lim g(x)}$　$(B\neq 0)$.

证　只证(2),(1)和(3)略.

因为 $\lim f(x)=A$，$\lim g(x)=B$，所以由函数极限与无穷小量之间的关系得

$$f(x)=A+\alpha(x),\quad g(x)=B+\beta(x),$$

其中 $\lim\alpha(x)=0$，$\lim\beta(x)=0$，从而

$$\begin{aligned}f(x)\cdot g(x)&=(A+\alpha(x))(B+\beta(x))\\&=A\cdot B+A\cdot\beta(x)+B\cdot\alpha(x)+\alpha(x)\cdot\beta(x).\end{aligned}$$

又因为

$$\lim(A\cdot\beta(x))=0,\quad\lim(B\cdot\alpha(x))=0,\quad\lim(\alpha(x)\cdot\beta(x))=0,$$

所以

$$\lim(f(x)\cdot g(x))=A\cdot B=\lim f(x)\cdot\lim g(x).$$

推论 1 若 $\lim f(x)=A$，C 为常数，则

$$\lim(Cf(x))=CA=C\lim f(x),$$

即求极限时，常数因子可提到极限符号外面.

推论 2 若 $\lim f(x)$ 存在，$n\in\mathbf{N}^*$，则

$$\lim(f(x))^n=(\lim f(x))^n.$$

注：由于数列也是函数，因此函数极限的四则运算法则对数列极限也适用.

例 1 设 $f(x)=3x^2-2x+1$，求 $\lim\limits_{x\to 2}f(x)$.

解
$$\begin{aligned}\lim_{x\to 2}f(x)&=\lim_{x\to 2}(3x^2-2x+1)=3\lim_{x\to 2}x^2-2\lim_{x\to 2}x+\lim_{x\to 2}1\\&=3\times 2^2-2\times 2+1=9=f(2).\end{aligned}$$

一般地，设多项式为

$$f(x)=a_nx^n+a_{n-1}x^{n-1}+\cdots+a_1x+a_0,$$

则有

$$\lim_{x\to x_0}f(x)=f(x_0).$$

例 2 求 $\lim\limits_{x\to 1}\dfrac{2x^2-1}{3x+1}$.

解
$$\lim_{x\to 1}\frac{2x^2-1}{3x+1}=\frac{\lim\limits_{x\to 1}(2x^2-1)}{\lim\limits_{x\to 1}(3x+1)}=\frac{2\lim\limits_{x\to 1}x^2-1}{3\lim\limits_{x\to 1}x+1}=\frac{2\times 1^2-1}{3\times 1+1}=\frac{1}{4}.$$

例 3 求 $\lim\limits_{x\to 1}\dfrac{x-1}{x^2-1}$.

解 当 $x\to 1$ 时，由于分子、分母的极限均为零$\left(\text{这种情形称为“}\dfrac{0}{0}\text{”型}\right)$，因此对此情形不能直接运用极限的四则运算法则，通常应设法去掉分母中的“零因子”.

因为

$$\frac{x-1}{x^2-1}=\frac{x-1}{(x+1)(x-1)}=\frac{1}{x+1}\quad(x\neq 1),$$

所以

$$\lim_{x\to 1}\frac{x-1}{x^2-1}=\lim_{x\to 1}\frac{1}{x+1}=\frac{1}{2}.$$

例 4 求 $\lim\limits_{x\to 4}\dfrac{\sqrt{x}-2}{x-4}$.

解 此极限仍属于“$\dfrac{0}{0}$”型，可采用把根式有理化的办法去掉分母中的“零因子”.

$$\begin{aligned}\lim_{x\to 4}\frac{\sqrt{x}-2}{x-4}&=\lim_{x\to 4}\frac{(\sqrt{x}-2)(\sqrt{x}+2)}{(x-4)(\sqrt{x}+2)}=\lim_{x\to 4}\frac{x-4}{(x-4)(\sqrt{x}+2)}\\&=\lim_{x\to 4}\frac{1}{\sqrt{x}+2}=\frac{1}{4}.\end{aligned}$$

例5 求$\lim\limits_{x\to\infty}\dfrac{5x^2-2x+1}{6x^2+3x+2}$.

解 当$x\to\infty$时,因为其分子、分母的极限均为无穷大$\left(这种情形称为“\dfrac{\infty}{\infty}”型\right)$,所以对此情形不能运用商的极限运算法则.设分子和分母中自变量x的最高指数为n,通常的做法是:分子和分母同时除以x^n.本题是分子和分母同时除以x^2,得

$$\lim_{x\to\infty}\frac{5x^2-2x+1}{6x^2+3x+2}=\lim_{x\to\infty}\frac{5-\dfrac{2}{x}+\dfrac{1}{x^2}}{6+\dfrac{3}{x}+\dfrac{2}{x^2}}=\frac{\lim\limits_{x\to\infty}\left(5-\dfrac{2}{x}+\dfrac{1}{x^2}\right)}{\lim\limits_{x\to\infty}\left(6+\dfrac{3}{x}+\dfrac{2}{x^2}\right)}=\frac{5}{6}.$$

例6 求$\lim\limits_{x\to\infty}\dfrac{2x+1}{5x^2-2}$.

解 当$x\to\infty$时,分子、分母均趋向于∞,于是把分子、分母同除以分子和分母中自变量的最高次幂x^2,得

$$\lim_{x\to\infty}\frac{2x+1}{5x^2-2}=\lim_{x\to\infty}\frac{\dfrac{2}{x}+\dfrac{1}{x^2}}{5-\dfrac{2}{x^2}}=\frac{0+0}{5-0}=0.$$

例7 求$\lim\limits_{x\to\infty}\dfrac{2x^2-1}{x+1}$.

解 因为

$$\lim_{x\to\infty}\frac{x+1}{2x^2-1}=\lim_{x\to\infty}\frac{\dfrac{1}{x}+\dfrac{1}{x^2}}{2-\dfrac{1}{x^2}}=\frac{0}{2}=0,$$

所以

$$\lim_{x\to\infty}\frac{2x^2-1}{x+1}=\infty.$$

一般地,设$a_m\neq 0,b_n\neq 0,m,n$为正整数,则

$$\lim_{x\to\infty}\frac{a_mx^m+a_{m-1}x^{m-1}+\cdots+a_1x+a_0}{b_nx^n+b_{n-1}x^{n-1}+\cdots+b_1x+b_0}=\begin{cases}\dfrac{a_m}{b_n}, & m=n,\\ 0, & m<n,\\ \infty, & m>n.\end{cases}$$

例8 求$\lim\limits_{n\to\infty}\left(\dfrac{1}{n^2}+\dfrac{2}{n^2}+\cdots+\dfrac{n-1}{n^2}\right)$.

解 因为有无穷多项,所以不能用和的极限运算法则.但可以经过变形再求出极限:

$$\begin{aligned}\lim_{n\to\infty}\left(\frac{1}{n^2}+\frac{2}{n^2}+\cdots+\frac{n-1}{n^2}\right)&=\lim_{n\to\infty}\frac{1+2+\cdots+(n-1)}{n^2}\\&=\lim_{n\to\infty}\frac{[1+(n-1)](n-1)}{2n^2}\\&=\lim_{n\to\infty}\left(\frac{1}{2}-\frac{1}{2n}\right)=\frac{1}{2}.\end{aligned}$$

二、复合函数的极限运算法则

定理 2（复合函数的极限运算法则） 设函数 $u=\varphi(x)$ 在点 x_0 的某一邻域内有定义，$\varphi(x)\neq a$，且

$$\lim_{x\to x_0}\varphi(x)=a,$$

而函数 $y=f(u)$ 在点 a 处的极限存在，且

$$\lim_{u\to a}f(u)=A,$$

则复合函数 $y=f(\varphi(x))$ 在点 x_0 处的极限存在，且

$$\lim_{x\to x_0}f(\varphi(x))=\lim_{u\to a}f(u)=A.$$

证明从略.

定理 2 说明，若函数 $y=f(u)$ 和 $u=\varphi(x)$ 满足定理的条件，那么做变量替换 $u=\varphi(x)$，可把求极限 $\lim\limits_{x\to x_0}f(\varphi(x))$ 转化为求极限 $\lim\limits_{u\to a}f(u)$.

练习 2.4

1. 判断下列运算过程是否正确，为什么？

(1) $\lim\limits_{n\to\infty}\left(\frac{1}{n^2}+\frac{2}{n^2}+\cdots+\frac{n}{n^2}\right)=\lim\limits_{n\to\infty}\frac{1}{n^2}+\lim\limits_{n\to\infty}\frac{2}{n^2}+\cdots+\lim\limits_{n\to\infty}\frac{n}{n^2}=0$；

(2) $\lim\limits_{x\to\infty}\left(\frac{1}{x}\cdot\sin x\right)=\lim\limits_{x\to\infty}\frac{1}{x}\cdot\lim\limits_{x\to\infty}\sin x=0\cdot\lim\limits_{x\to\infty}\sin x=0$；

(3) $\lim\limits_{x\to 1}\frac{x+1}{x-1}=\frac{\lim\limits_{x\to 1}(x+1)}{\lim\limits_{x\to 1}(x-1)}=\infty$.

2. 求下列极限：

(1) $\lim\limits_{x\to -1}\frac{2x+5}{x^2+1}$；

(2) $\lim\limits_{x\to 1}\frac{x^2-1}{x^2+2x-3}$；

(3) $\lim\limits_{x\to\infty}\frac{2x^3-3x^2+1}{5x^3+x+1}$；

(4) $\lim\limits_{x\to\infty}\frac{100x}{x^2+1}$；

(5) $\lim\limits_{x\to 1}\left(\frac{1}{1-x}-\frac{3}{1-x^3}\right)$；

(6) $\lim\limits_{x\to+\infty}(\sqrt{x^2+x}-\sqrt{x^2-x})$；

(7) $\lim\limits_{x\to\infty}\frac{(2x-1)^{10}(x+2)^{20}}{(3x+5)^{30}}$；

(8) $\lim\limits_{n\to\infty}\frac{2^n+3^n}{2^{n+1}+3^{n+1}}$.

3. 若 $\lim\limits_{x\to 2}\frac{x^2-x+k}{x-2}=3$，求 k 的值.

§2.5 极限存在准则，两个重要极限

一、函数极限与数列极限的关系

定理 1 $\lim\limits_{x\to x_0}f(x)=A$ 的充要条件是：对任意数列 $\{x_n\}$，$x_n\in D(f)$ 且 $x_n\neq x_0$

$(n=1,2,\cdots)$，当 $x_n \to x_0(n\to\infty)$ 时，都有 $\lim\limits_{n\to\infty} f(x_n)=A$.

证明从略.

定理1经常用于证明某些极限不存在.

例1 证明：$\lim\limits_{x\to 0}\sin\dfrac{1}{x}$ 不存在.

证 取 $x_n=\dfrac{1}{2n\pi}$，$x'_n=\dfrac{1}{2n\pi+\dfrac{\pi}{2}}$，显然 $\lim\limits_{n\to\infty} x_n=\lim\limits_{n\to\infty} x'_n=0$. 而

$$\lim_{n\to\infty}\sin\frac{1}{x_n}=\lim_{n\to\infty}\sin 2n\pi=0,$$

$$\lim_{n\to\infty}\sin\frac{1}{x'_n}=\lim_{n\to\infty}\sin\left(2n\pi+\frac{\pi}{2}\right)=1,$$

即 $\lim\limits_{n\to\infty}\sin\dfrac{1}{x_n}\neq\lim\limits_{n\to\infty}\sin\dfrac{1}{x'_n}$，故由定理1知 $\lim\limits_{x\to 0}\sin\dfrac{1}{x}$ 不存在.

二、极限存在准则

有些函数的极限不能直接应用极限的运算法则求得，而需要先判定其极限存在，然后用近似计算方法求得. 下面介绍几个判定函数极限存在的定理.

定理2（两边夹法则） **若函数 $g(x)$，$f(x)$ 及 $h(x)$ 在自变量 x 的变化范围内均满足：**

(1) $g(x)\leqslant f(x)\leqslant h(x)$；

(2) $\lim g(x)=\lim h(x)=A$，

则有

$$\lim f(x)=A.$$

证明从略.

我们已经知道，收敛数列一定有界，而有界数列不一定收敛. 但如果数列有界，再加上单调增加或单调减少的条件，就可以保证其收敛.

定理3（收敛准则Ⅰ） **单调增加且有上界的数列必有极限.**

定理4（收敛准则Ⅱ） **单调减少且有下界的数列必有极限.**

证明从略.

例2 已知数列 $\{x_n\}$ 满足：$x_1=\sqrt{2}$，$x_n=\sqrt{2+x_{n-1}}\,(n=2,3,\cdots)$. 证明：数列 $\{x_n\}$ 收敛.

证 先用数学归纳法证明 $x_n\leqslant 2(n=1,2,\cdots)$，即数列 $\{x_n\}$ 有上界.

(1) 当 $n=1$ 时，$x_1=\sqrt{2}<2$，结论成立；

(2) 设当 $n=k$ 时，$x_k\leqslant 2$，则

$$x_{k+1}=\sqrt{2+x_k}\leqslant\sqrt{2+2}=2.$$

故由数学归纳法知 $x_n\leqslant 2(n=1,2,\cdots)$，即数列 $\{x_n\}$ 有上界.

再证明数列$\{x_n\}$单调增加. 由 $x_n \leqslant 2(n=1,2,\cdots)$，得

$$\frac{1}{x_n} \geqslant \frac{1}{2}, \quad \frac{1}{x_n^2} \geqslant \frac{1}{4} \quad (n=1,2,\cdots),$$

故有

$$\frac{x_{n+1}}{x_n} = \frac{\sqrt{2+x_n}}{x_n} = \sqrt{2 \cdot \frac{1}{x_n^2} + \frac{1}{x_n}} \geqslant \sqrt{2 \times \frac{1}{4} + \frac{1}{2}} = 1 \quad (n=1,2,\cdots),$$

所以 $x_n \leqslant x_{n+1}(n=1,2,\cdots)$.

综上，由定理 3 知数列$\{x_n\}$收敛.

三、两个重要极限

利用上述极限存在准则，可得两个非常重要的极限.

1. $\lim\limits_{x \to 0} \dfrac{\sin x}{x} = 1$

证 首先证明 $\lim\limits_{x \to 0^+} \dfrac{\sin x}{x} = 1$. 因为 $x \to 0^+$，可设 $0 < x < \dfrac{\pi}{2}$. 如图 2-5-1 所示，设单位圆与 x 轴、y 轴分别交于 B，E 两点，$\angle AOB = x$，则

$$|OA| = |OB| = 1, \quad |DB| = \tan x, \quad |AC| = \sin x.$$

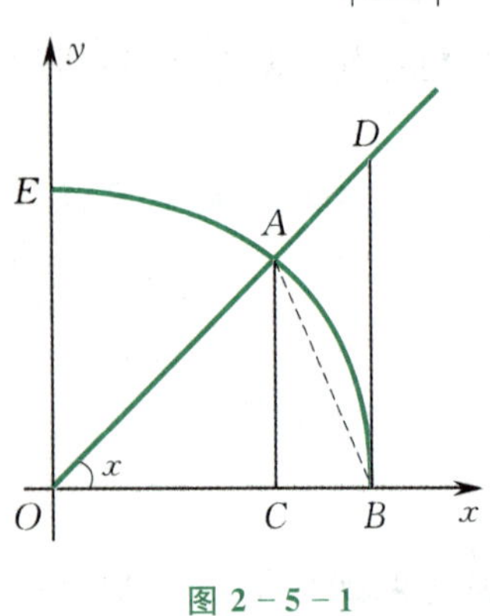

图 2-5-1

又因为

$$\triangle AOB \text{ 的面积} < \text{扇形 } OAB \text{ 的面积} < \triangle DOB \text{ 的面积},$$

所以

$$\frac{1}{2}\sin x < \frac{1}{2}x < \frac{1}{2}\tan x.$$

由于 $\cos x > 0$，$\sin x > 0$，因此由上面的不等式可推得

$$1 < \frac{x}{\sin x} < \frac{1}{\cos x}, \quad \text{即} \quad \cos x < \frac{\sin x}{x} < 1.$$

因 $\lim\limits_{x \to 0^+} \cos x = 1$，$\lim\limits_{x \to 0^+} 1 = 1$，故运用两边夹法则得

$$\lim_{x \to 0^+} \frac{\sin x}{x} = 1.$$

再证明 $\lim\limits_{x \to 0^-} \dfrac{\sin x}{x} = 1$. 由于 $\dfrac{\sin x}{x}$ 是偶函数，因此有

$$\lim_{x \to 0^-} \frac{\sin x}{x} = \lim_{x \to 0^-} \frac{\sin(-x)}{-x} = \lim_{t \to 0^+} \frac{\sin t}{t} = 1 \quad (t = -x).$$

综上，有

$$\lim_{x \to 0} \frac{\sin x}{x} = 1.$$

为了方便求函数的极限，请记住下列结果：

若 $\lim \alpha(x) = 0$，则

(1) $\lim \cos \alpha(x) = 1$；

(2) $\lim \dfrac{\sin \alpha(x)}{\alpha(x)} = 1$.

例 3　求$\lim\limits_{x\to 0}\dfrac{\tan x}{x}$.

解　$\lim\limits_{x\to 0}\dfrac{\tan x}{x}=\lim\limits_{x\to 0}\left(\dfrac{1}{\cos x}\cdot\dfrac{\sin x}{x}\right)=\lim\limits_{x\to 0}\dfrac{1}{\cos x}\cdot\lim\limits_{x\to 0}\dfrac{\sin x}{x}=1\times 1=1.$

例 4　求$\lim\limits_{x\to 0}\dfrac{\sin 2x}{x}$.

解　设 $2x=t$,则当 $x\to 0$ 时,有 $t\to 0$. 于是

$$\lim_{x\to 0}\frac{\sin 2x}{x}=\lim_{t\to 0}\frac{\sin t}{\frac{1}{2}t}=2\lim_{t\to 0}\frac{\sin t}{t}=2\times 1=2.$$

例 5　求$\lim\limits_{x\to 0}\dfrac{2(1-\cos x)}{x^2}$.

解　$\lim\limits_{x\to 0}\dfrac{2(1-\cos x)}{x^2}=\lim\limits_{x\to 0}\dfrac{2\cdot 2\sin^2\dfrac{x}{2}}{x^2}=\lim\limits_{x\to 0}\dfrac{\sin^2\dfrac{x}{2}}{\left(\dfrac{x}{2}\right)^2}$

$$=\left[\lim_{x\to 0}\frac{\sin\dfrac{x}{2}}{\dfrac{x}{2}}\right]^2=1.$$

2. $\lim\limits_{x\to\infty}\left(1+\dfrac{1}{x}\right)^x=\mathrm{e}$

极限$\lim\limits_{x\to\infty}\left(1+\dfrac{1}{x}\right)^x=\mathrm{e}$的证明从略. 我们可以通过给出函数 $y=\left(1+\dfrac{1}{x}\right)^x$ 的部分取值,列表(见表 2-5-1)来考察该函数的变化趋势.

表 2-5-1

x	10	100	1 000	10 000	100 000	…
y	2.594	2.705	2.716 9	2.718 15	2.718 27	…
x	−10	−100	−1 000	−10 000	−100 000	…
y	2.88	2.732	2.720	2.718 3	2.718 28	…

从表 2-5-1 可以看到,当 $x\to\infty$ 时,$y=\left(1+\dfrac{1}{x}\right)^x$ 的值无限接近于一个常数,记为 e(可证明 e = 2.718 281 828 459 045 … 为无理数). 故$\lim\limits_{x\to\infty}\left(1+\dfrac{1}{x}\right)^x=\mathrm{e}$.

如果令 $t=\dfrac{1}{x}$,则当 $x\to\infty$ 时,有 $t\to 0$. 于是

$$\lim_{x\to\infty}\left(1+\frac{1}{x}\right)^x=\lim_{t\to 0}(1+t)^{\frac{1}{t}}=\mathrm{e}.$$

为了方便求函数的极限,请记住下列结果:

(1) 若 $\lim\alpha(x)=0$,则

$$\lim(1+\alpha(x))^{\frac{1}{\alpha(x)}}=\mathrm{e};$$

(2) 若 $\lim f(x)=A>0,\lim g(x)=B$,则

$$\lim f(x)^{g(x)}=A^B.$$

利用§2.4中定理2的结论,上述结论(2)的证明如下:

$$\lim f(x)^{g(x)}=\lim \mathrm{e}^{g(x)\ln f(x)}=\mathrm{e}^{B\ln A}=\mathrm{e}^{\ln A^B}=A^B.$$

凡是遇到底数趋向于1,而指数趋向于∞的形式的函数极限,可以尝试用上述结论(1)的结果;如果该结论不能解决,再尝试其他方法.

例6 求 $\lim\limits_{x\to\infty}\left(1+\dfrac{3}{x}\right)^x$.

解 $\lim\limits_{x\to\infty}\left(1+\dfrac{3}{x}\right)^x=\lim\limits_{x\to\infty}\left[\left(1+\dfrac{3}{x}\right)^{\frac{x}{3}}\right]^3$.

令 $\alpha(x)=\dfrac{3}{x}$,则当 $x\to\infty$ 时,有 $\alpha(x)\to0$. 于是

$$\lim_{x\to\infty}\left(1+\frac{3}{x}\right)^x=\lim_{x\to\infty}\left[\left(1+\frac{3}{x}\right)^{\frac{x}{3}}\right]^3=\lim_{\alpha(x)\to0}\left[(1+\alpha(x))^{\frac{1}{\alpha(x)}}\right]^3=\mathrm{e}^3.$$

例7 求 $\lim\limits_{x\to\infty}\left(\dfrac{x-1}{x+1}\right)^x$.

解 $\lim\limits_{x\to\infty}\left(\dfrac{x-1}{x+1}\right)^x=\lim\limits_{x\to\infty}\left[1+\left(\dfrac{x-1}{x+1}-1\right)\right]^x=\lim\limits_{x\to\infty}\left(1+\dfrac{-2}{x+1}\right)^x$

$$=\lim_{x\to\infty}\left[\left(1+\frac{-2}{x+1}\right)^{\frac{x+1}{-2}}\right]^{\frac{-2x}{x+1}}.$$

令 $\alpha(x)=\dfrac{-2}{x+1}$,则当 $x\to\infty$ 时,有 $\alpha(x)\to0$. 由于

$$\lim_{x\to\infty}\frac{-2x}{x+1}=\lim_{x\to\infty}\frac{-2}{1+\frac{1}{x}}=-2,$$

而

$$\lim_{x\to\infty}\left(1+\frac{-2}{x+1}\right)^{\frac{x+1}{-2}}=\lim_{\alpha(x)\to0}(1+\alpha(x))^{\frac{1}{\alpha(x)}}=\mathrm{e},$$

因此

$$\lim_{x\to\infty}\left(\frac{x-1}{x+1}\right)^x=\lim_{x\to\infty}\left[\left(1+\frac{-2}{x+1}\right)^{\frac{x+1}{-2}}\right]^{\frac{-2x}{x+1}}=\mathrm{e}^{-2}.$$

四、连续复利

设初始本金为 p(单位:元),年利率为 r,按复利付息. 若一年分 m 次付息,银行每次按利率 $\dfrac{r}{m}$ 结算,则第 t 年年末的本利和为

$$s_t=p\left(1+\frac{r}{m}\right)^{mt}.$$

由二项展开式 $(1+x)^m=\mathrm{C}_m^0x^0+\mathrm{C}_m^1x+\mathrm{C}_m^2x^2+\cdots+\mathrm{C}_m^mx^m$,得

$$(1+x)^m > 1+mx \quad (x>0).$$

将 $x=\frac{r}{m}$ 代入上述不等式，得

$$\left(1+\frac{r}{m}\right)^m > 1+r,\quad 即\quad \left(1+\frac{r}{m}\right)^{mt} > (1+r)^t,$$

从而

$$p\left(1+\frac{r}{m}\right)^{mt} > p(1+r)^t.$$

所以，一年计算 m 次复利的本利和比一年计算一次复利的本利和大. 但也不会无限大，这是因为

$$s_t=\lim_{m\to\infty} p\left(1+\frac{r}{m}\right)^{mt} = p\lim_{m\to\infty}\left[\left(1+\frac{r}{m}\right)^{\frac{m}{r}}\right]^{rt} = pe^{rt}.$$

如果利息按连续复利计算，即计算复利的次数 m 趋向于无穷大，则第 t 年年末的本利和可按如下公式计算：

$$s_t = pe^{rt}.$$

连续复利的计算公式在其他许多问题中也常用到，如细胞分裂、树木增长等问题.

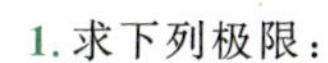

练习 2.5

1. 求下列极限：

(1) $\lim\limits_{x\to 0}\dfrac{\tan 2x}{x}$；　(2) $\lim\limits_{x\to \pi}\dfrac{\sin x}{\pi - x}$；

(3) $\lim\limits_{x\to 0}\dfrac{1-\cos 2x}{x^2}$；　(4) $\lim\limits_{x\to 0}\dfrac{\arcsin x}{x}$；

(5) $\lim\limits_{x\to 1}\dfrac{\sin(x-1)}{x^2-1}$；　(6) $\lim\limits_{x\to \infty} x\sin\dfrac{1}{x}$；

(7) $\lim\limits_{x\to 0}\dfrac{x-\sin x}{x+\sin x}$.

2. 求下列函数的极限：

(1) $\lim\limits_{x\to 0}(1-x)^{1/x}$；　(2) $\lim\limits_{x\to 0}(1+3x)^{1/x}$；

(3) $\lim\limits_{x\to \infty}\left(\dfrac{1+x}{x}\right)^{5x}$；　(4) $\lim\limits_{x\to \infty}\left(1-\dfrac{1}{x}\right)^{2x}$；

(5) $\lim\limits_{x\to \infty}\left(\dfrac{x}{x+1}\right)^{x+2}$；　(6) $\lim\limits_{x\to 0}(1+2\tan x)^{\cot x}$；

(7) $\lim\limits_{x\to 0}\dfrac{1}{x}\ln\sqrt{\dfrac{1+x}{1-x}}$；　(8) $\lim\limits_{x\to \infty}\dfrac{2x^2-1}{3x+1}\sin\dfrac{1}{x}$；

(9) $\lim\limits_{x\to \pi/4}(\tan x)^{\tan 2x}$.

3. 利用极限的存在准则(两边夹法则)，证明：

$$\lim_{n\to\infty}\left(\frac{1}{\sqrt{n^2+1}}+\frac{1}{\sqrt{n^2+2}}+\cdots+\frac{1}{\sqrt{n^2+n}}\right)=1.$$

 §2.6 无穷小量的比较

一、无穷小量比较

两个无穷小量的和、差、积仍为无穷小量,但两个无穷小量的商是不确定的.例如,当 $x \to 0$ 时,函数 $x, 2\sin x, x^2$ 都是无穷小量,但是

$$\lim_{x\to 0}\frac{x^2}{x}=\lim_{x\to 0}x=0,\quad \lim_{x\to 0}\frac{x}{x^2}=\lim_{x\to 0}\frac{1}{x}=\infty,\quad \lim_{x\to 0}\frac{2\sin x}{x}=2.$$

这表明,当 $x \to 0$ 时,x^2 趋向于零的速度比 x"快些",或者反过来说,x 趋向于零的速度比 x^2"慢些",而 $2\sin x$ 与 x 趋向于零的速度差不多.

为了反映无穷小量趋向于零的速度的快慢程度,需要引进无穷小量的比较的概念.

定义 1 设 $\alpha(x), \beta(x)$ 是同一极限过程中的两个无穷小量,即

$$\lim\alpha(x)=0,\quad \lim\beta(x)=0.$$

(1) 如果 $\lim\dfrac{\alpha(x)}{\beta(x)}=0$,则称 $\alpha(x)$ 是比 $\beta(x)$ **高阶的无穷小量**,记作 $\alpha(x)=o(\beta(x))$.

(2) 如果 $\lim\dfrac{\alpha(x)}{\beta(x)}=\infty$,则称 $\alpha(x)$ 是比 $\beta(x)$ **低阶的无穷小量**.

(3) 如果 $\lim\dfrac{\alpha(x)}{\beta(x)}=C$,且 $C\neq 0$,则称 $\alpha(x)$ 与 $\beta(x)$ 为**同阶无穷小量**.

特别地,当常数 $C=1$ 时,称 $\alpha(x)$ 与 $\beta(x)$ 为**等价无穷小量**,记作 $\alpha(x)\sim\beta(x)$.

(4) 如果 $\lim\dfrac{\alpha(x)}{\beta^k(x)}=C$,且 $C\neq 0$,则称 $\alpha(x)$ 是关于 $\beta(x)$ 的 **k 阶无穷小量**.

例如:

(1) 因为 $\lim\limits_{x\to 0}\dfrac{x^2}{2x}=0$,所以当 $x\to 0$ 时,x^2 是比 $2x$ 高阶的无穷小量,记作 $x^2=o(2x)$;

(2) 因为 $\lim\limits_{x\to 0}\dfrac{\sin x}{x}=1$,所以当 $x\to 0$ 时,$\sin x$ 与 x 是等价无穷小量,记作 $\sin x\sim x$;

(3) 因为 $\lim\limits_{x\to\infty}\dfrac{\sin\frac{1}{x}}{\frac{2}{x}}=\dfrac{1}{2}$,所以当 $x\to\infty$ 时,$\sin\dfrac{1}{x}$ 与 $\dfrac{2}{x}$ 是同阶无穷小量;

(4) 因为 $\lim\limits_{x\to 0}\dfrac{1-\cos x}{x^2}=\dfrac{1}{2}$,所以当 $x\to 0$ 时,$1-\cos x$ 是关于 x 的二阶无穷小量.

例 1 证明:当 $x\to 0$ 时,$e^x-1, \ln(x+1)$ 与 x 都是等价无穷小量.

证 设 $t=e^x-1$,则 $x=\ln(t+1)$,且 $x\to 0$ 时,$t\to 0$.于是

$$\lim_{x\to 0}\frac{e^x-1}{x}=\lim_{t\to 0}\frac{t}{\ln(1+t)}=\lim_{t\to 0}\frac{1}{\frac{1}{t}\ln(1+t)}$$

$$= \lim_{t \to 0} \frac{1}{\ln(1+t)^{\frac{1}{t}}} = \frac{1}{\ln \mathrm{e}} = 1,$$

所以 $\mathrm{e}^x - 1$ 与 x 是等价无穷小量. 上述证明同时也证明了

$$\lim_{x \to 0} \frac{\ln(1+x)}{x} = 1,$$

故当 $x \to 0$ 时,$\ln(1+x)$ 与 x 是等价无穷小量.

二、等价无穷小量的应用

等价无穷小量可以简化某些极限的计算,在极限计算中有重要作用.

定理 1　设 $\lim \alpha(x) = \lim \alpha'(x) = \lim \beta(x) = \lim \beta'(x) = 0$, 且 $\alpha(x) \sim \alpha'(x)$, $\beta(x) \sim \beta'(x)$. 若 $\lim \alpha'(x) f(x)$ 与 $\lim \dfrac{\alpha'(x) f(x)}{\beta'(x) g(x)}$ 存在,则

$$\lim \alpha(x) f(x) = \lim \alpha'(x) f(x), \quad \lim \frac{\alpha(x) f(x)}{\beta(x) g(x)} = \lim \frac{\alpha'(x) f(x)}{\beta'(x) g(x)}.$$

证　因为 $\alpha(x) \sim \alpha'(x)$,$\beta(x) \sim \beta'(x)$,则 $\lim \dfrac{\alpha(x)}{\alpha'(x)} = 1$,$\lim \dfrac{\beta'(x)}{\beta(x)} = 1$,所以

$$\lim \alpha(x) f(x) = \lim \left(\frac{\alpha(x)}{\alpha'(x)} \alpha'(x) f(x) \right) = \lim \frac{\alpha(x)}{\alpha'(x)} \lim \alpha'(x) f(x) = \lim \alpha'(x) f(x),$$

$$\lim \frac{\alpha(x) f(x)}{\beta(x) g(x)} = \lim \left(\frac{\alpha(x)}{\alpha'(x)} \cdot \frac{\beta'(x)}{\beta(x)} \cdot \frac{\alpha'(x) f(x)}{\beta'(x) g(x)} \right) = \lim \frac{\alpha'(x) f(x)}{\beta'(x) g(x)}.$$

定理 1 表明,在求积(商)的极限时,可以用比它们简单且与它们等价的无穷小量替换,以便简化极限的运算.

当 $\beta(x) \to 0$ 时,常用的等价无穷小量有

$\sin\beta(x) \sim \beta(x)$,　$\tan\beta(x) \sim \beta(x)$,　$\arcsin\beta(x) \sim \beta(x)$,

$\arctan\beta(x) \sim \beta(x)$,　$1 - \cos\beta(x) \sim \dfrac{1}{2}(\beta(x))^2$,　$\mathrm{e}^{\beta(x)} - 1 \sim \beta(x)$,

$\ln(1+\beta(x)) \sim \beta(x)$,　$(1+\beta(x))^\mu - 1 \sim \mu\beta(x)$($\mu$ 是不为零的常数).

例 2　证明:当 $x \to 0$ 时,$(1+x)^\alpha - 1$ 与 αx 是等价无穷小量($\alpha \neq 0$).

证　设 $t = (1+x)^\alpha - 1$,则 $(1+x)^\alpha = 1+t$,从而 $\alpha\ln(1+x) = \ln(1+t)$,且当 $x \to 0$ 时,有 $t \to 0$. 再由例 1 知,当 $x \to 0$ 时,$x \sim \ln(1+x)$. 于是得

$$\lim_{x \to 0} \frac{(1+x)^\alpha - 1}{\alpha x} = \lim_{x \to 0} \frac{(1+x)^\alpha - 1}{\alpha \ln(1+x)} = \lim_{t \to 0} \frac{t}{\ln(1+t)} = 1.$$

所以,当 $x \to 0$ 时,$(1+x)^\alpha - 1$ 与 αx 是等价无穷小量.

例 3　求 $\lim\limits_{x \to 0} \dfrac{\sin 2x}{3(\mathrm{e}^x - 1)}$.

解　当 $x \to 0$ 时,$\sin 2x \sim 2x$,$\mathrm{e}^x - 1 \sim x$,故

$$\lim_{x \to 0} \frac{\sin 2x}{3(\mathrm{e}^x - 1)} = \lim_{x \to 0} \frac{2x}{3x} = \frac{2}{3}.$$

例 4　求 $\lim\limits_{x \to 0} \dfrac{\tan x - \sin x}{x^3}$.

解　如果直接将分子中的 $\tan x, \sin x$ 替换为 x，则有

$$\lim_{x\to 0}\frac{\tan x-\sin x}{x^3}=\lim_{x\to 0}\frac{x-x}{x^3}=\lim_{x\to 0}\frac{0}{x^3}=0.$$

这个结果是错误的，等价无穷小量的替换只能在商或积的运算式中施行.

正确的解法为

$$\lim_{x\to 0}\frac{\tan x-\sin x}{x^3}=\lim_{x\to 0}\frac{\sin x\left(\frac{1}{\cos x}-1\right)}{x^3}=\lim_{x\to 0}\frac{\sin x(1-\cos x)}{x^3\cos x}$$

$$=\lim_{x\to 0}\frac{x\cdot\frac{1}{2}x^2}{x^3\cos x}=\lim_{x\to 0}\frac{1}{2\cos x}=\frac{1}{2}.$$

定理 2　设 $\lim\alpha=\lim\beta=0$，c 为任意非零常数，则 α 与 β 是等价无穷小量的充要条件是：$\alpha=\beta+o(c\beta)$.

证　**充分性**　若 $\alpha=\beta+o(c\beta)$，则

$$\lim\frac{\alpha}{\beta}=\lim\frac{\beta+o(c\beta)}{\beta}=\lim\left(1+\frac{o(c\beta)}{c\beta}\cdot c\right)=1+0\cdot c=1,$$

即 $\alpha\sim\beta$.

必要性　若 $\alpha\sim\beta$，则

$$\lim\frac{\alpha-\beta}{c\beta}=\frac{1}{c}\lim\left(\frac{\alpha}{\beta}-1\right)=\frac{1}{c}(1-1)=0,$$

所以 $\alpha-\beta=o(c\beta)$，从而 $\alpha=\beta+o(c\beta)$.

例 5　求 $\lim\limits_{x\to 0}\frac{1-\cos x\cos 3x}{\sin x^2}$.

解　$$\lim_{x\to 0}\frac{1-\cos x\cos 3x}{\sin x^2}=\lim_{x\to 0}\frac{1-\cos x+\cos x-\cos x\cos 3x}{\sin x^2}$$

$$=\lim_{x\to 0}\frac{(1-\cos x)+\cos x(1-\cos 3x)}{\sin x^2}.$$

因为当 $x\to 0$ 时，

$$\sin x^2\sim x^2,\quad 1-\cos x\sim\frac{1}{2}x^2,\quad 1-\cos 3x\sim\frac{1}{2}(3x)^2,$$

而由定理 2 得

$$1-\cos x=\frac{1}{2}x^2+o(x^2),\quad 1-\cos 3x=\frac{1}{2}(3x)^2+o(x^2),$$

所以

$$\lim_{x\to 0}\frac{1-\cos x\cos 3x}{\sin x^2}=\lim_{x\to 0}\frac{\frac{1}{2}x^2+o(x^2)+\cos x\left[\frac{1}{2}(3x)^2+o(x^2)\right]}{x^2}$$

$$=\lim_{x\to 0}\left[\frac{1}{2}+\frac{o(x^2)}{x^2}+\cos x\left(\frac{9}{2}+\frac{o(x^2)}{x^2}\right)\right]$$

$$=\frac{1}{2}+1\times\frac{9}{2}=5.$$

练习 2.6

1. 当 $x \to 0$ 时，下列函数中哪些是比 x 高阶的无穷小量或与 x 是同阶无穷小量、等价无穷小量？

(1) $2\sin x^3 + \sin x$；　(2) $x^3 + 10x$；

(3) $\sqrt{1+x} - \sqrt{1-x}$；　(4) $\tan x - \sin x$.

2. 利用等价无穷小量求下列极限：

(1) $\lim\limits_{x \to 0} \dfrac{\sin ax}{\sin bx}$　$(b \neq 0)$；　(2) $\lim\limits_{x \to 0} \dfrac{2x}{\arctan 3x}$；

(3) $\lim\limits_{x \to 0} \dfrac{e^{3x} - 1}{x}$；　(4) $\lim\limits_{x \to 0} \dfrac{\ln(1 + 2x\sin x)}{\sin x^2}$；

(5) $\lim\limits_{x \to 0} \dfrac{\tan x^3 \sin x}{1 - \cos x^2}$；　(6) $\lim\limits_{x \to 0} \dfrac{\sqrt{1 + x\sin x} - 1}{x^2}$；

(7) $\lim\limits_{x \to 0} \dfrac{\sin 3x - \cos 3x + 1}{\tan 2x}$；　(8) $\lim\limits_{x \to 0} \dfrac{\cos ax - \cos bx}{x^2}$.

§2.7　函数的连续性

一、函数连续性的概念

自然界中许多变量都是连续变化的，如气温的变化、农作物的生长、物种的进化等，其特点是：当时间的变化很微小时，这些量的变化也很微小. 这反映在数学上就是函数的连续性.

定义 1　设函数 $y = f(x)$ 在点 x_0 的某一邻域内有定义，当自变量 x 在该邻域内从 x_0 变到 $x_0 + \Delta x$ 时，相应的函数值从 $f(x_0)$ 变到 $f(x_0 + \Delta x)$，则称 $f(x_0 + \Delta x) - f(x_0)$ 为**函数的改变量**（或**增量**）（见图 2-7-1），记作 Δy，即

$$\Delta y = f(x_0 + \Delta x) - f(x_0).$$

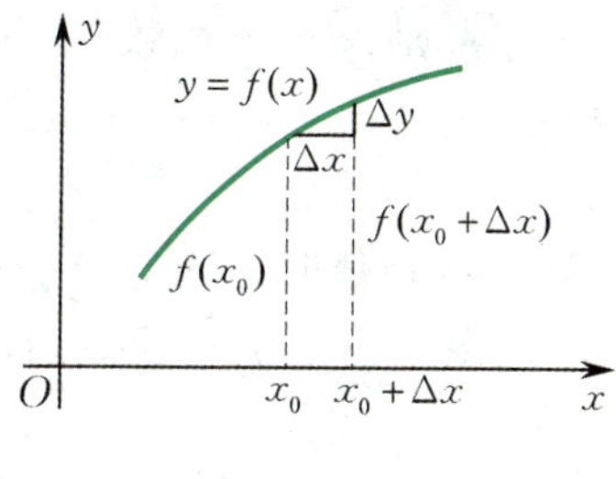

图 2-7-1

注：改变量 Δx 可能为正值，也可能为负值，还可能为零.

设函数 $y = f(x)$ 在点 x_0 的某一邻域内有定义，从几何图形上看，当 Δx 趋于零时，若函数的图形不间断，则相应的函数的改变量 Δy 也应趋于零，即

$$\lim_{\Delta x \to 0} \Delta y = 0.$$

定义 2　设函数 $f(x)$ 在点 x_0 的某一邻域内有定义. 如果

$$\lim_{\Delta x \to 0} \Delta y = \lim_{\Delta x \to 0} (f(x_0 + \Delta x) - f(x_0)) = 0,$$

则称函数 $y = f(x)$ 在点 x_0 处**连续**，称点 $x = x_0$ 为函数 $f(x)$ 的**连续点**.

在上述定义中，如果令 $x = x_0 + \Delta x$，则当 $\Delta x \to 0$ 时，$x \to x_0$. 而

$$\Delta y = f(x_0 + \Delta x) - f(x_0) = f(x) - f(x_0),$$

所以

$$\lim_{\Delta x \to 0} \Delta y = \lim_{\Delta x \to 0} (f(x_0 + \Delta x) - f(x_0)) = \lim_{x \to x_0} (f(x) - f(x_0)) = 0,$$

即

$$\lim_{x \to x_0} f(x) = f(x_0).$$

因此,函数 $y = f(x)$ 在点 x_0 处连续又可以定义如下:

定义 3 设函数 $f(x)$ 在点 x_0 的某一邻域内有定义.如果

$$\lim_{x \to x_0} f(x) = f(x_0),$$

则称函数 $y = f(x)$ 在点 x_0 处**连续**.

例 1 证明:函数 $y = f(x) = x^2$ 在点 x_0 处连续.

证 因为

$$\Delta y = f(x_0 + \Delta x) - f(x_0) = (x_0 + \Delta x)^2 - x_0^2 = 2x_0\Delta x + (\Delta x)^2,$$

所以

$$\lim_{\Delta x \to 0} \Delta y = \lim_{\Delta x \to 0} [2x_0\Delta x + (\Delta x)^2] = 0.$$

故函数 $f(x) = x^2$ 在点 x_0 处连续.

有时需要考虑函数在点 x_0 某一侧的连续性,故下面引进左、右连续的概念.

定义 4 如果 $\lim\limits_{x \to x_0^-} f(x) = f(x_0)$,则称函数 $f(x)$ 在点 x_0 处**左连续**;如果 $\lim\limits_{x \to x_0^+} f(x) = f(x_0)$,则称函数 $f(x)$ 在点 x_0 处**右连续**.

由函数的极限与其左、右极限的关系,易得到下面的定理:

定理 1 **函数 $f(x)$ 在点 x_0 处连续的充要条件是:$f(x)$ 在点 x_0 处既左连续又右连续,即**

$$\lim_{x \to x_0^-} f(x) = f(x_0) = \lim_{x \to x_0^+} f(x).$$

例 2 设函数

$$f(x) = \begin{cases} e^x + 1, & x \geqslant 0, \\ x + b, & x < 0, \end{cases}$$

问:b 为何值时,函数 $y = f(x)$ 在点 $x = 0$ 处连续?

解 由于 $f(0) = 2$,且

$$\lim_{x \to 0^-} f(x) = \lim_{x \to 0^-} (x + b) = b,$$

$$\lim_{x \to 0^+} f(x) = \lim_{x \to 0^+} (e^x + 1) = 2,$$

因此由定理 1 知,当 $b = 2$ 时,函数 $y = f(x)$ 在点 $x = 0$ 处连续.

定义 5 如果函数 $f(x)$ 在开区间 (a,b) 内每一点都连续,则称函数 $f(x)$ 在**区间 (a,b) 内连续**;如果 $f(x)$ 在区间 (a,b) 内连续,且在点 $x = a$ 处右连续,又在点 $x = b$ 处左连续,则称函数 $f(x)$ 在**闭区间 $[a,b]$ 上连续**.我们把闭区间 $[a,b]$ 上所有连续函数构成的集合记作 $C[a,b]$.若函数 $f(x)$ 在闭区间 $[a,b]$ 上连续,则可记为 $f(x) \in C[a,b]$.

例 3 证明:函数 $y = \sin x$ 在定义域 $(-\infty, +\infty)$ 上是连续函数.

证 对于任意 $x_0 \in (-\infty, +\infty)$,有

$$\Delta y=\sin(x_0+\Delta x)-\sin x_0=2\sin\frac{\Delta x}{2}\cos\left(x_0+\frac{\Delta x}{2}\right).$$

因为当 $\Delta x\to 0$ 时，有 $\sin\frac{\Delta x}{2}\to 0$，且 $\left|\cos\left(x_0+\frac{\Delta x}{2}\right)\right|\leqslant 1$，所以根据无穷小量的性质，有

$$\lim_{\Delta x\to 0}\Delta y=2\lim_{\Delta x\to 0}\left[\sin\frac{\Delta x}{2}\cos\left(x_0+\frac{\Delta x}{2}\right)\right]=0,$$

即 $y=\sin x$ 在点 x_0 处连续. 由于 x_0 为 $(-\infty,+\infty)$ 上的任意点，因此 $y=\sin x$ 在 $(-\infty,+\infty)$ 上连续.

二、连续函数的四则运算法则及初等函数的连续性

由于函数的连续性是通过极限来定义的，因此由极限的运算法则和连续性定义可得下列关于连续函数的运算法则.

定理 2　设函数 $f(x)$ 和 $g(x)$ 在点 x_0 处连续，则

$$f(x)\pm g(x),\quad f(x)\cdot g(x),\quad \frac{f(x)}{g(x)}\ (g(x)\neq 0)$$

都在点 x_0 处连续.

定理 3　连续单调增加（或减少）函数的反函数也是连续单调增加（或减少）函数.

对于连续函数求极限，我们有如下结论：

定理 4　如果函数 $y=f(u)$，$u=\varphi(x)$ 满足：

(1) $y=f(u)$ 在 $u=a$ 处连续，即 $\lim\limits_{u\to a}f(u)=f(a)$；

(2) $u=\varphi(x)$ 在 $x\to X$ 时极限存在，且 $\lim\limits_{x\to X}\varphi(x)=a$，

则复合函数 $y=f(\varphi(x))$ 当 $x\to X$ 时极限存在，且

$$\lim_{x\to X}f(\varphi(x))=f(a)=f(\lim_{x\to X}\varphi(x)).$$

该定理表示，极限符号与函数的符号 f 可以互相交换次序.

定理 5　设函数 $y=f(u)$ 在点 u_0 处连续，函数 $u=\varphi(x)$ 在点 x_0 处连续，且 $u_0=\varphi(x_0)$，则复合函数 $y=f(\varphi(x))$ 在点 x_0 处连续.

该定理说明，连续函数的复合函数仍为连续函数.

例 4　求 $\lim\limits_{x\to 0}\frac{\ln(1+x)}{x}$.

解　设 $y=f(u)=\ln u$，$u=\varphi(x)=(1+x)^{\frac{1}{x}}$，则这两个函数的复合函数为

$$y=f(\varphi(x))=\ln(1+x)^{\frac{1}{x}}=\frac{\ln(1+x)}{x}.$$

又因为 $y=\ln u$ 在 $u=\mathrm{e}$ 处连续，而 $u=(1+x)^{\frac{1}{x}}$ 在 $x=0$ 处存在极限，且 $\lim\limits_{x\to 0}(1+x)^{\frac{1}{x}}=\mathrm{e}$，所以

$$\lim_{x\to 0}\frac{\ln(1+x)}{x}=\lim_{x\to 0}\ln(1+x)^{\frac{1}{x}}=\ln[\lim_{x\to 0}(1+x)^{\frac{1}{x}}]=\ln\mathrm{e}=1.$$

例 5　求 $\lim\limits_{x\to\infty}\arctan\frac{x-1}{x+1}$.

解 $\lim\limits_{x\to\infty}\arctan\dfrac{x-1}{x+1}=\arctan\left(\lim\limits_{x\to\infty}\dfrac{x-1}{x+1}\right)=\arctan 1=\dfrac{\pi}{4}.$

我们可以证明,基本初等函数在其定义域上均是连续的.于是,由连续函数的运算法则,可得下面的定理:

定理 6 初等函数在其定义区间上是连续的.

例 6 求$\lim\limits_{x\to 0}\dfrac{1+x^2+\arcsin x}{\sqrt{3+2^x}}$.

解 因为 $x=0$ 是初等函数 $f(x)=\dfrac{1+x^2+\arcsin x}{\sqrt{3+2^x}}$ 的定义区间上的一点,所以 $f(x)$ 在 $x=0$ 处连续,故

$$\lim_{x\to 0}\frac{1+x^2+\arcsin x}{\sqrt{3+2^x}}=f(0)=\frac{1}{2}.$$

三、函数的间断点

由函数 $f(x)$ 在点 x_0 处连续的定义可知,$f(x)$ 在点 x_0 处连续必须同时满足以下 3 个条件:

(1) 函数 $f(x)$ 在点 x_0 处有定义,即 $f(x_0)$ 存在;

(2) $\lim\limits_{x\to x_0}f(x)$ 存在;

(3) $\lim\limits_{x\to x_0}f(x)=f(x_0)$.

如果函数 $f(x)$ 不满足上述 3 个条件中的任何一个,那么函数 $f(x)$ 在点 $x=x_0$ 处就不连续.

定义 6 如果函数 $f(x)$ 在点 x_0 处不连续,则称函数 $f(x)$ 在点 x_0 处**间断**,并称点 $x=x_0$ 为函数 $y=f(x)$ 的**间断点**或**不连续点**.

函数的间断点可分为两大类型:第一类间断点和第二类间断点.

1. 第一类间断点

我们把左、右极限都存在的间断点称为**第一类间断点**.而第一类间断点又分为可去间断点和跳跃间断点.

(1) 可去间断点:我们把左、右极限都存在且相等的间断点称为**可去间断点**.例如,函数

$$f(x)=\begin{cases}\dfrac{\sin x}{x}, & x\neq 0,\\ 0, & x=0\end{cases}$$

在 $x=0$ 处间断,且 $x=0$ 是 $f(x)$ 的可去间断点.

我们只要将上述函数 $f(x)$ 在 $x=0$ 处的值 $f(0)=0$ 改为 $f(0)=1$,函数 $f(x)$ 在 $x=0$ 处就连续了,这就是此类间断点被称为可去间断点的原因.

(2) 跳跃间断点:我们把左、右极限都存在但不相等的间断点称为**跳跃间断点**.例如,函数

$$g(x)=\begin{cases}1, & x\geqslant 0,\\ -1, & x<0\end{cases}$$

在 $x=0$ 处间断,且 $x=0$ 是 $g(x)$ 的跳跃间断点.

2. 第二类间断点

我们把左、右极限至少有一个不存在的间断点称为**第二类间断点**.

例如,函数

$$f(x)=\sin\frac{1}{x},\quad g(x)=\begin{cases}\frac{1}{x} & x>0,\\ -1, & x\leqslant 0\end{cases}$$

在 $x=0$ 处间断,且 $x=0$ 是 $f(x)$ 和 $g(x)$ 的第二类间断点.事实上,当 $x\to 0$ 时,$\sin\frac{1}{x}$ 的值总是在 -1 和 1 之间来回振荡,故 $f(x)$ 在 $x=0$ 处的左、右极限均不存在.此时,称点 $x=0$ 为函数 $f(x)=\sin\frac{1}{x}$ 的**振荡间断点**.而 $\lim\limits_{x\to 0^+}\frac{1}{x}=+\infty$,故 $g(x)$ 在 $x=0$ 处的右极限不存在.此时,称点 $x=0$ 为函数 $g(x)=\frac{1}{x}$ 的**无穷间断点**.

例 7　求函数

$$f(x)=\frac{x^2-1}{(x-1)(x-2)}$$

的间断点,并讨论其间断点的类型.

解　由于 $f(x)$ 在 $x=1$ 和 $x=2$ 处无定义,因此 $x=1$ 和 $x=2$ 是 $f(x)$ 的间断点.

因为

$$\lim_{x\to 1}\frac{x^2-1}{(x-1)(x-2)}=\lim_{x\to 1}\frac{x+1}{x-2}=\frac{1+1}{1-2}=-2,$$

所以 $f(x)$ 在 $x=1$ 处的左、右极限都存在且相等,故 $x=1$ 是 $f(x)$ 的第一类间断点,且为可去间断点.

因为

$$\lim_{x\to 2}\frac{(x-1)(x-2)}{x^2-1}=\frac{(2-1)(2-2)}{2^2-1}=0,$$

即当 $x\to 2$ 时,$\frac{1}{f(x)}$ 是无穷小量,所以

$$\lim_{x\to 2}f(x)=\lim_{x\to 2}\frac{x^2-1}{(x-1)(x-2)}=\infty.$$

故 $f(x)$ 在 $x=2$ 处的左、右极限都不存在,即 $x=2$ 是 $f(x)$ 的第二类间断点.

四、闭区间上连续函数的性质

下面介绍闭区间上连续函数的一些重要性质.

定理 7　如果函数 $f(x)$ 在闭区间 $[a,b]$ 上连续,则 $f(x)$ 在闭区间 $[a,b]$ 上有界.

定理 8(最大值和最小值定理)　如果函数 $f(x)$ 在闭区间 $[a,b]$ 上连续,则 $f(x)$ 在闭区间 $[a,b]$ 上一定有最大值和最小值,即在 $[a,b]$ 上至少存在两点 x_1,x_2,使得对于任一 $x\in[a,b]$,都有

$$f(x_1) \leqslant f(x) \leqslant f(x_2).$$

这里，$f(x_2)$ 和 $f(x_1)$ 分别是 $f(x)$ 在闭区间$[a,b]$上的最大值和最小值(见图 2-7-2).

定理 9(介值定理)　设函数 $f(x)$ 在闭区间$[a,b]$上连续，M 和 m 分别是 $f(x)$ 在$[a,b]$上的最大值和最小值，则对于满足 $m \leqslant \mu \leqslant M$ 的任意实数 μ，至少存在一点 $\xi \in [a,b]$，使得

$$f(\xi) = \mu.$$

定理 9 表明，闭区间$[a,b]$上的连续函数 $f(x)$ 的函数值可以取遍 m 与 M 之间的任何数. 其几何意义是：闭区间上的连续曲线 $y = f(x)$ 与水平直线 $y = \mu(m \leqslant \mu \leqslant M)$ 至少有一个交点(见图 2-7-3).

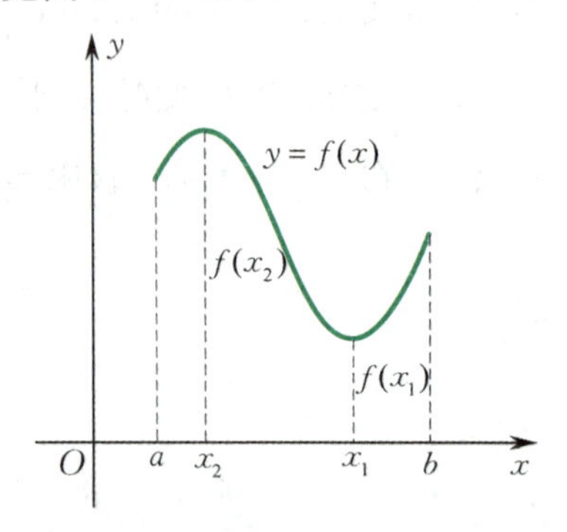

图 2-7-2

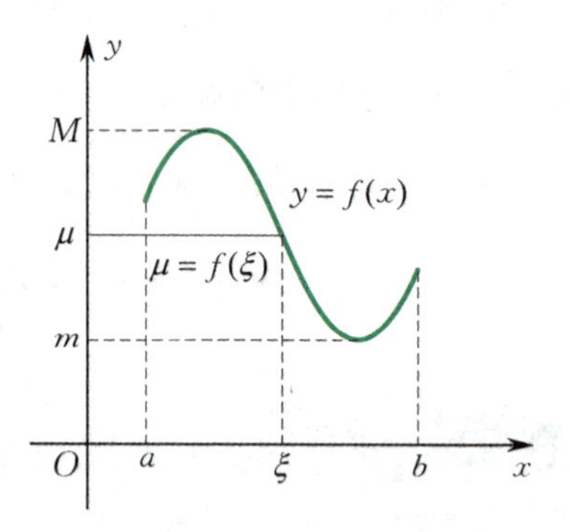

图 2-7-3

推论 1(零点定理)　若函数 $f(x)$ 在闭区间$[a,b]$上连续，且 $f(a)f(b) < 0$，则至少存在一点 $\xi \in (a,b)$，使得

$$f(\xi) = 0.$$

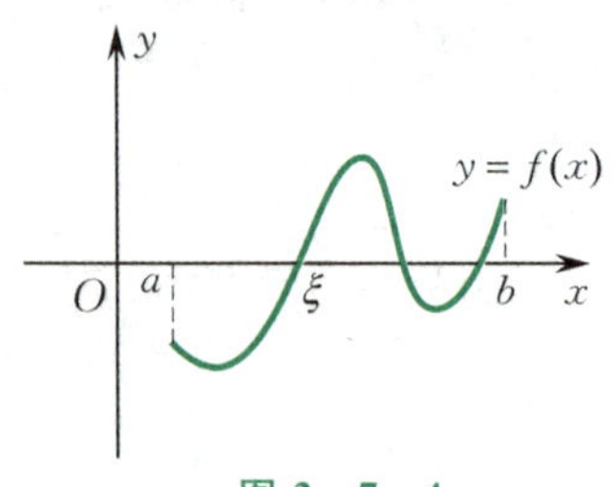

图 2-7-4

$x = \xi$ 称为函数 $y = f(x)$ 的**零点**. 由零点定理可知，$x = \xi$ 为方程 $f(x) = 0$ 的一个根，且 ξ 在开区间(a,b)内. 利用零点定理可以判定方程 $f(x) = 0$ 在开区间(a,b)内存在实根. 它的几何意义是：当连续曲线 $y = f(x)$ 的两端点分别位于 x 轴的上、下两侧时，曲线 $y = f(x)$ 与 x 轴至少有一个交点(见图 2-7-4).

例 8　证明：方程 $8x^3 - 12x^2 - 2x + 3 = 0$ 在区间$(-1,0)$，$(0,1)$，$(1,2)$内各只有一个实根.

证　设 $f(x) = 8x^3 - 12x^2 - 2x + 3$. 因为函数 $f(x)$ 在$(-\infty,+\infty)$上连续，所以 $f(x)$ 在$[-1,0]$，$[0,1]$，$[1,2]$上连续. 又因为

$$f(-1) = -15 < 0, \quad f(0) = 3 > 0,$$

$$f(1) = -3 < 0, \quad f(2) = 15 > 0,$$

所以由零点定理知，存在 $\xi_1 \in (-1,0)$，$\xi_2 \in (0,1)$，$\xi_3 \in (1,2)$，使得

$$f(\xi_1) = 0, \quad f(\xi_2) = 0, \quad f(\xi_3) = 0,$$

即 ξ_1,ξ_2,ξ_3 是方程 $8x^3 - 12x^2 - 2x + 3 = 0$ 的实根. 而三次方程只有三个根，故该方程在各区间内只有一个实根.

练习 2.7

1. 讨论下列函数的连续性,并画出其图形:

(1) $f(x)=\begin{cases}(x-1)^2, & x\geqslant 0,\\ x+1, & x<0;\end{cases}$　　(2) $f(x)=\begin{cases}x^3, & |x|\leqslant 1,\\ 1, & |x|>1.\end{cases}$

2. 求下列函数的间断点,并判断其类型;如果是可去间断点,则补充或改变函数的定义,使其在该点处连续:

(1) $y=\dfrac{x^2-1}{x-1}$;　　(2) $y=\dfrac{\tan x}{3x}$;

(3) $y=\dfrac{x^2-3x+2}{x^2-x}$;　　(4) $y=\begin{cases}\dfrac{1}{x}, & x>0,\\ -x, & x\leqslant 0;\end{cases}$

(5) $y=\dfrac{\sin x}{|x|}$;　　(6) $y=\arctan\dfrac{1}{x}$.

3. 在下列函数中,当 a 取什么值时,函数 $f(x)$ 在其定义域上连续?

(1) $f(x)=\begin{cases}\dfrac{x^2-4}{x-2}, & x\neq 2,\\ a, & x=2;\end{cases}$　　(2) $f(x)=\begin{cases}\ln(1+x)^{\frac{1}{x}}, & x>0,\\ x+a, & x\leqslant 0.\end{cases}$

4. 求下列函数的极限:

(1) $\lim\limits_{x\to\infty}\ln\left(1+\dfrac{2}{x}\right)^x$;　　(2) $\lim\limits_{x\to+\infty}\dfrac{3x-1}{\sqrt{x^2+1}}$;

(3) $\lim\limits_{x\to 0}\ln\left(1-\dfrac{x}{2}\right)^{\frac{2}{x}}$;　　(4) $\lim\limits_{x\to 0}\dfrac{\sin x}{1-\sqrt{1+\sin x}}$;

(5) $\lim\limits_{x\to 1}\ln(2^x+x)$;　　(6) $\lim\limits_{x\to 0}\dfrac{\sqrt{1+x+x^2}-1}{\sin 2x}$.

5. 证明:方程 $x^5-3x+1=0$ 在区间$(1,2)$内至少有一个实根.

习　题　2

(A)

1. 求下列极限:

(1) $\lim\limits_{n\to\infty}\dfrac{(n+1)(2n+1)(3n+1)}{2n^3}$;　　(2) $\lim\limits_{n\to\infty}\left(\dfrac{1}{n^2}+\dfrac{2}{n^2}+\cdots+\dfrac{n-1}{n^2}+\dfrac{1}{n}\right)$;

(3) $\lim\limits_{x\to\infty}\dfrac{x-\sin x}{3x+\sin x}$;　　(4) $\lim\limits_{x\to+\infty}(\sqrt{x^2+2x}-x)$;

(5) $\lim\limits_{x\to 4}\dfrac{x-4}{3-\sqrt{2x+1}}$;　　(6) $\lim\limits_{x\to+\infty}\left(1-\dfrac{1}{x}\right)^{\sqrt{x}}$;

(7) $\lim\limits_{x\to 0}(1+2x)^{\frac{3}{x}}$;　　(8) $\lim\limits_{x\to 0}\dfrac{\ln(1+2x)}{\sin 3x}$;

(9) $\lim\limits_{x\to\infty}\ln\left(\dfrac{2x+3}{2x+1}\right)^{x+1}$;　　(10) $\lim\limits_{x\to\infty}x\sin\dfrac{2x}{1+x^2}$;

(11) $\lim\limits_{x\to 1}\dfrac{\sin\pi x}{2(x-1)}$;　　(12) $\lim\limits_{x\to e}\dfrac{x-e}{\ln x-1}$;

(13) $\lim\limits_{x\to 0}\dfrac{1-\cos 4x}{2\sin^2 x+x\tan^2 x}$;　　(14) $\lim\limits_{x\to 0}\dfrac{\tan 6x-\cos 3x+1}{\sin 3x}$.

2. 已知函数 $f(x)=\dfrac{ax^2-2}{x^2+1}+3bx+5$,问:

(1) 当 a,b 满足什么条件时,$f(x)$ 为当 $x\to\infty$时的无穷小量?

(2) 当 $x\to\infty$,a,b 满足什么条件时,$f(x)$ 为当 $x\to\infty$时的无穷大量?

3. 已知函数 $f(x)=\dfrac{2+e^{\frac{1}{x}}}{1+e^{\frac{2}{x}}}+\dfrac{x}{|x|}$,试判断函数 $f(x)$ 在 $x=0$ 处的极限是否存在;若存在,求出该极限.

4. 用极限存在准则证明:

(1) $\lim\limits_{n\to\infty}\left(\dfrac{1}{n^2+1}+\dfrac{2}{n^2+2}+\cdots+\dfrac{n}{n^2+n}\right)=\dfrac{1}{2}$;

(2) $\lim\limits_{n\to\infty}(2^n+3^n)^{\frac{1}{n}}=3$.

5. 求下列函数的间断点;并判断其类型;如果是可去间断点,则补充或改变函数的定义,使其在该点处连续:

(1) $f(x)=\begin{cases}x, & |x|\leqslant 1,\\ -1, & |x|>1;\end{cases}$ (2) $f(x)=\dfrac{\sin(x-1)}{x^2-1}$.

6. 求 k 的值,使下列函数在其定义域上连续:

(1) $f(x)=\begin{cases}\dfrac{\sin x}{x}, & x<0,\\ k, & x=0,\\ x+k^2, & x>0;\end{cases}$

(2) $f(x)=\begin{cases}\dfrac{1}{x}\sin x+\dfrac{\sqrt{1+x}-\sqrt{1-x}}{x}, & -1\leqslant x<0,\\ k, & x\geqslant 0.\end{cases}$

7. 已知函数 $f(x)=\dfrac{1-2^{\frac{1}{x}}}{1+2^{\frac{1}{x}}}$,计算下列极限:(1) $\lim\limits_{x\to 0^-}f(x)$;(2) $\lim\limits_{x\to 0^+}f(x)$;(3) $\lim\limits_{x\to\infty}f(x)$.

8. 证明:当 $x\to 1$ 时,$\ln x$ 与 $x-1$ 是等价无穷小量.

9. 证明:方程 $xe^x=1$ 至少有一个小于 1 的正根.

10. 证明:方程 $2^x=x^2$ 在$(-1,1)$内必有实根.

11. 问:a,b 为何值时,$\lim\limits_{x\to 0}\dfrac{\sin x}{a-e^x}(b-\cos x)=2$?

12. 设 $a>0$,问:a 为何值时,函数

$$f(x)=\begin{cases}|x|+1, & |x|\leqslant a,\\ \dfrac{2}{|x|}, & |x|>a\end{cases}$$

在其定义域上连续?

13. 讨论函数 $f(x)=\lim\limits_{n\to\infty}\dfrac{1-x^{2n}}{1+x^{2n}}x$ 的连续性,并画出其图形.

14. 设函数 $f(x)$ 在区间$[a,b]$上连续,且

$$f(a)<a,\quad f(b)>b,$$

证明:至少存在一点 $\xi\in(a,b)$,使得 $f(\xi)=\xi$.

15. 若函数 $f(x)$ 在区间$[a,b]$上连续,且 $a<x_1<x_2<\cdots<x_n<b$,证明:在$[x_1,x_n]$上必有一点 ξ,使得

$$f(\xi)=\frac{f(x_1)+f(x_2)+\cdots+f(x_n)}{n}.$$

(B)

1. 选择题：

(1) 设 $\cos x-1=x\sin\alpha(x)$，其中 $|\alpha(x)|<\frac{\pi}{2}$，则当 $x\to 0$ 时，$\alpha(x)$ 是(　).

A. 比 x 高阶的无穷小量　　B. 比 x 低阶的无穷小量

C. 与 x 同阶但不等价的无穷小量　　D. 与 x 等价的无穷小量　　(2013 考研数二)

(2) 当 $x\to 0$ 时，用"$o(x)$"表示比 x 高阶的无穷小量，则下列式子中错误的是(　).

A. $x\cdot o(x^2)=o(x^3)$　　B. $o(x)\cdot o(x^2)=o(x^3)$

C. $o(x^2)+o(x^2)=o(x^2)$　　D. $o(x)+o(x^2)=o(x^2)$　　(2013 考研数三)

(3) 若 $\lim\limits_{n\to\infty}a_n=a$，且 $a\neq 0$，则当 n 充分大时，有(　).

A. $|a_n|>\frac{|a|}{2}$　　B. $|a_n|<\frac{|a|}{2}$

C. $a_n>a-\frac{1}{n}$　　D. $a_n<a+\frac{1}{n}$　　(2014 考研数三)

(4) 当 $x\to 0$ 时，若 $\ln^{\alpha}(1+2x)$，$(1-\cos x)^{\frac{1}{\alpha}}$ 都是比 x 高阶的无穷小量，则 α 的取值范围为(　).

A. $(2,+\infty)$　　B. $(1,2)$

C. $(0.5,1)$　　D. $(0,0.5)$　　(2014 考研数二)

(5) 设 $\{x_n\}$ 是数列，下列命题中不正确的是(　).

A. 若 $\lim\limits_{n\to\infty}x_n=a$，则 $\lim\limits_{n\to\infty}x_{2n}=\lim\limits_{n\to\infty}x_{2n+1}=a$

B. 若 $\lim\limits_{n\to\infty}x_{2n}=\lim\limits_{n\to\infty}x_{2n+1}=a$，则 $\lim\limits_{n\to\infty}x_n=a$

C. 若 $\lim\limits_{n\to\infty}x_n=a$，则 $\lim\limits_{n\to\infty}x_{3n}=\lim\limits_{n\to\infty}x_{3n+1}=a$

D. 若 $\lim\limits_{n\to\infty}x_{3n}=\lim\limits_{n\to\infty}x_{3n+1}=a$，则 $\lim\limits_{n\to\infty}x_n=a$　　(2015 考研数三)

(6) 函数 $f(x)=\lim\limits_{t\to 0}\left(1+\frac{\sin t}{x}\right)^{\frac{x^2}{t}}$ 在 $(-\infty,+\infty)$ 上(　).

A. 连续　　B. 有可去间断点

C. 有跳跃间断点　　D. 有无穷间断点　　(2015 考研数二)

(7) 若函数 $f(x)=\begin{cases}\frac{1-\cos\sqrt{x}}{ax}, & x>0,\\ b, & x\leqslant 0\end{cases}$ 在 $x=0$ 处连续，则(　).

A. $ab=\frac{1}{2}$　　B. $ab=-\frac{1}{2}$

C. $ab=0$　　D. $ab=2$　　(2017 考研数一、二、三)

2. 当 $x\to 0$ 时，$1-\cos x\cos 2x\cos 3x$ 与 ax^n 是等价无穷小量，求 a,n 的值.　(2013 考研数二、三)

3. (1) 证明：方程 $x^n+x^{n-1}+\cdots+x=1$ ($n>1$ 为整数) 在区间 $\left(\frac{1}{2},1\right)$ 内有且仅有一个实根；

(2) 记(1)中的实根为 x_n，证明 $\lim\limits_{n\to\infty}x_n$ 存在，并求此极限.　　(2012 考研数二)

第 2 章数学实验　用 Matlab 进行函数运算和求极限

1. 用 Matlab 进行函数运算

例 1　绘出下列函数的图形，并根据图形判断函数的奇偶性和单调性：

(1) $f(x)=\frac{1}{2}x^4+x^2-1$；　　　　(2) $f(x)=\sin x+x$.

解 ［Matlab 操作命令］

```
>> clear;
>> lims1 = [-10,10];
>> fplot('x^4/2 + x^2 - 1',lims1)
```

［Matlab 操作命令］

```
>> lims2 = [-5,5];
>> fplot('sin(x) + x',lims2)
```

运行结果如图 1 与图 2 所示.

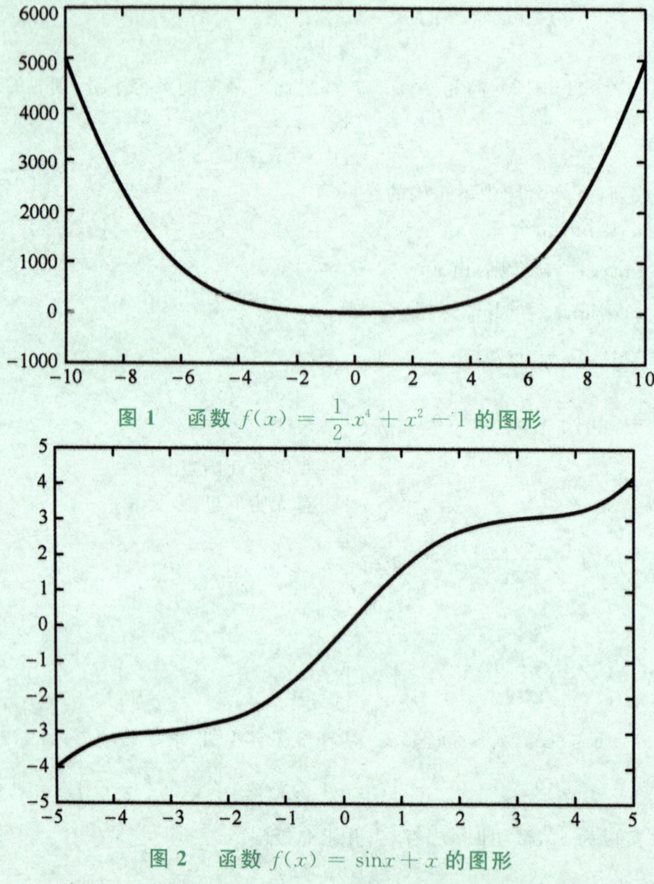

图 1　函数 $f(x)=\frac{1}{2}x^4+x^2-1$ 的图形

图 2　函数 $f(x)=\sin x+x$ 的图形

结果分析：从绘出的函数图形中，我们可以很容易地看出，函数 $f(x)=\frac{1}{2}x^4+x^2-1$ 在区间[−10,10]上是偶函数，在区间[−10,0]上是单调减少函数，在区间[0,10]上是单调增加函数；函数 $f(x)=\sin x+x$ 在区间[−5,5]上是奇函数，在区间[−5,5]上是单调增加函数. 事实上，函数 $f(x)=\frac{1}{2}x^4+x^2-1$ 在区间 $(-\infty,+\infty)$ 上是偶函数，在区间 $(-\infty,0)$ 上是单调减少函数，在区间 $(0,+\infty)$ 上是单调增加函数；函数 $f(x)=\sin x+x$ 在区间 $(-\infty,+\infty)$ 上是奇函数，在区间 $(-\infty,+\infty)$ 上是单调增加函数. 由于我们不可能在无限区间上绘图，因此只能得到在某个区间上的结论.

例 2　求函数 $y=\cos x$ 在区间 $[0,\pi]$ 上的反函数，并作出它的图形．

解　先求反函数．

[Matlab 操作命令]

```
>> clear
>> syms x y
>> y = cos(x);
>> y = finverse(y)
```

[Matlab 输出结果]

```
y =
    acos(x)
```

再求反函数的图形．

[Matlab 操作命令]

```
>> clear
>> x = 0 : 0.1 : pi;
>> y = cos(x);
>> plot(x,y,'-',y,x,'+')
```

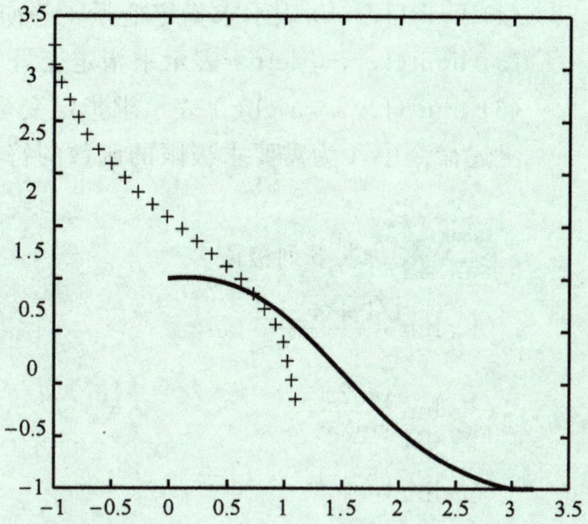

图 3　函数 $y=\cos x$ 及其反函数的图形

运行结果如图 3 所示．

程序说明： 程序中语句 y = finverse(y) 表示对缺省自变量求反函数；语句 x = 0 : 0.1 : pi 定义横坐标；语句 plot(x,y,'-',y,x,'+') 表示作图，其中函数 $y=\cos x$ 的图形的线型使用的是实线，其反函数的图形的线型使用的是加号．

例 3　若 $f(x)=(x-1)^2$，$g(x)=\ln x$，求 $f(g(x))$ 和 $g(f(x))$．

解　[Matlab 操作命令]

```
>> clear
>> syms x f g fg gf
>> f = (x-1)^2;
>> g = log(x);
>> fg = compose(f,g)
```

[Matlab 输出结果]

```
fg =
    (log(x) - 1)^2
```

[Matlab 操作命令]

```
>> gf = compose(g,f)
```

[Matlab 输出结果]

```
gf =
    log((x-1)^2)
```

程序说明： 程序中 log(x) 表示自然对数；语句 fg = compose(f,g) 表示求复合函数 $f(g(x))$，其中自变量由机器默认，如果要指定自变量，则必须在命令中增加参数．

2. 用 Matlab 求极限

在 Matlab 中，极限运算是通过命令函数 limit( ) 来实现的，该命令函数的具体格式

如下:

(1) limit(f) 表示求 findsym 函数返回的独立变量趋向于 0 时符号表达式 f 的极限;

(2) limit(f,v) 表示求指定变量 v 趋向于 0 时符号表达式 f 的极限;

(3) limit(f,a) 表示求 findsym 函数返回的独立变量趋向于 a 时符号表达式 f 的极限;

(4) limit(f,v,a) 表示求指定变量 v 趋向于 a 时符号表达式 f 的极限;

(5) limit(f,v,a,'left') 表示求指定变量 v 从左边趋向于 a 时符号表达式 f 的极限;

(6) limit(f,v,a,'right') 表示求指定变量 v 从右边趋向于 a 时符号表达式 f 的极限.

上述命令中,f 为需要求极限的函数的符号表达式,a 为实数,无穷大量用 inf 表示.

例 4 求下列极限:

(1) $\lim\limits_{x\to 0}\dfrac{\sqrt{1+x}-1}{x}$;　(2) $\lim\limits_{x\to 1}\dfrac{x^2-3x+2}{x-1}$;

(3) $\lim\limits_{x\to 0}\dfrac{\tan 2x}{\sin 3x}$;　(4) $\lim\limits_{x\to\infty}\left(\dfrac{2-x}{3-x}\right)^x$;

(5) $\lim\limits_{x\to 0}\dfrac{e^x-1}{x}$;　(6) $\lim\limits_{x\to+\infty}\left(1+\dfrac{a}{x}\right)^x$.

解 [Matlab 操作命令]

```
>> clear
>> syms a x y1 y2 y3 y4 y5 y6
>> y1 = (sqrt(1 + x) - 1)/x;
>> y2 = (x^2 - 3 * x + 2)/(x - 1);
>> y3 = tan(2 * x)/sin(3 * x);
>> y4 = ((2 - x)/(3 - x))^x;
>> y5 = (exp(x) - 1)/x;
>> y6 = (1 + a/x)^x;
>> limit(y1)                          % 求极限(1)
```

[Matlab 输出结果]

```
ans =
     1/2
```

[Matlab 操作命令]

```
>> limit(y2,1)                        % 求极限(2)
```

[Matlab 输出结果]

```
ans =
     -1
```

[Matlab 操作命令]

```
>> limit(y3)                          % 求极限(3)
```

[Matlab 输出结果]

```
ans =
     2/3
```

[Matlab 操作命令]

```
    >> limit(y4,inf)                    % 求极限(4)
[Matlab 输出结果]
    ans =
        exp(1)
[Matlab 操作命令]
    >> limit(y5)                        % 求极限(5)
[Matlab 输出结果]
    ans =
        1
[Matlab 操作命令]
    >> limit(y6,'x',inf,'left')         % 求极限(6)
[Matlab 输出结果]
    ans =
        exp(a)
```

程序说明：在 Matlab 中要正确书写数学表达式. 例如，$2x$ 要写成 2 * x；exp(1) 为 e 的 1 次幂. 当求极限时，若变量趋向于 0，则可以缺省，但其他情形必须注明. 当表达式中只有一个变量时，变量名可以缺省；当有一个以上时，就必须指明对哪一个求极限.

【思考题】

1. 例 1 与例 2 中的绘图命令有什么不同？
2. 为什么表达式中有一个以上的变量时必须指明对哪一个求极限？

第 3 章

导数与微分

知识框图

前面学习了函数的极限、连续性及连续函数的性质. 在此基础上，本章将要进一步讨论函数的导数与微分的概念、性质、计算及应用.

§3.1 导数的概念

一、引例

1. 曲线的切线问题

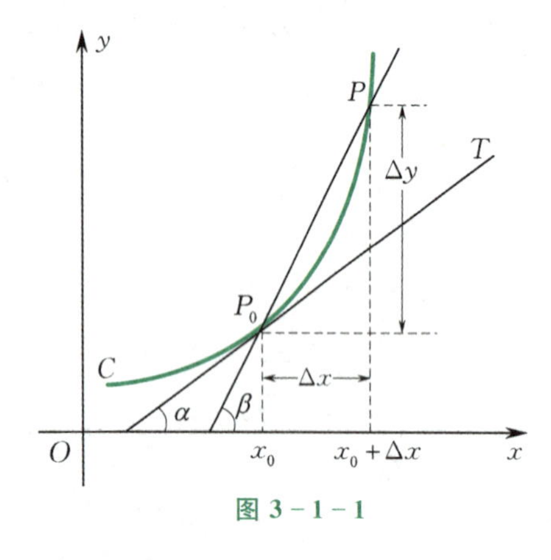

图 3-1-1

给定平面曲线 $C: y=f(x)$，设点 $P_0(x_0, f(x_0))$ 是 C 上的一定点，求过点 P_0 的切线(见图 3-1-1).

在 C 上取一点 $P(x_0+\Delta x, f(x_0+\Delta x))$，当 P 沿曲线 C 趋向于点 P_0 时，割线 PP_0 趋向于极限位置所确定的直线，即为过点 P_0 的切线 P_0T. 割线 PP_0 的斜率为

$$k_{PP_0}=\frac{\Delta y}{\Delta x}=\frac{f(x_0+\Delta x)-f(x_0)}{\Delta x}.$$

当 P 趋向于 P_0 时，$\Delta x \to 0$，且割线 PP_0 的斜率的极限就是切线 P_0T 的斜率 k，即

$$k=\lim_{\Delta x\to 0}\frac{\Delta y}{\Delta x}=\lim_{\Delta x\to 0}\frac{f(x_0+\Delta x)-f(x_0)}{\Delta x}.$$

故切线 P_0T 的方程为

$$y-y_0=k(x-x_0).$$

2. 变速直线运动的瞬时速度

设做变速直线运动的物体所经过的路程 s 是时间 t 的函数：$s=s(t)$，那么我们怎样定义物体在 $t=t_0$ 时刻的瞬时速度呢？

动画

当时间由 t_0 变到 $t_0+\Delta t$ 时，物体在这段时间内所经过的路程为

$$\Delta s=s(t_0+\Delta t)-s(t_0),$$

于是物体在这段时间内的平均速度为

$$\bar{v}=\frac{\Delta s}{\Delta t}=\frac{s(t_0+\Delta t)-s(t_0)}{\Delta t}.$$

显然，Δt 越小，平均速度 $\overline{v}$ 就与 $t=t_0$ 时刻的瞬时速度 $v\big|_{t=t_0}$ 越接近. 因此，当 $\Delta t\to 0$ 时，平均速度 $\overline{v}$ 的极限值就为 $t=t_0$ 时刻的瞬时速度 $v\big|_{t=t_0}$，即

$$v\big|_{t=t_0}=\lim_{\Delta t\to 0}\frac{\Delta s}{\Delta t}=\lim_{\Delta t\to 0}\frac{s(t_0+\Delta t)-s(t_0)}{\Delta t}.$$

以上两个引例其实质都是一个特定式的极限：当自变量改变量趋向于零时，函数改变量与自变量改变量之比的极限.

二、导数的定义

定义 1　设函数 $y=f(x)$ 在点 x_0 的某一邻域内有定义，当自变量 x 在点 x_0 处取得改变量 $\Delta x(\Delta x\neq 0)$ 时，函数 y 取得相应的改变量为

$$\Delta y=f(x_0+\Delta x)-f(x_0).$$

若极限

$$\lim_{\Delta x\to 0}\frac{\Delta y}{\Delta x}=\lim_{\Delta x\to 0}\frac{f(x_0+\Delta x)-f(x_0)}{\Delta x}$$

存在，则称函数 $y=f(x)$ 在点 x_0 处**可导**，称 x_0 为**可导点**，并称此极限值为函数 $y=f(x)$ 在点 x_0 处的**导数**(或**微商**)，记为

$$\frac{\mathrm{d}f(x)}{\mathrm{d}x}\bigg|_{x=x_0},\quad \frac{\mathrm{d}y}{\mathrm{d}x}\bigg|_{x=x_0},\quad f'(x_0)\quad 或\quad y'\big|_{x=x_0}.$$

注：定义 1 中的 $\Delta x,\Delta y$ 可正、可负. $\frac{\Delta y}{\Delta x}$ 反映的是自变量从 x_0 变到 $x_0+\Delta x$ 时，函数 $y=f(x)$ 的平均变化速度，也称为平均变化率. 而导数 $f'(x_0)$ 则是函数 $f(x)$ 在点 x_0 处的变化率，它反映了函数 $f(x)$ 在点 x_0 处变化的快慢程度.

如果上述极限值不存在(包括∞)，则称函数 $y=f(x)$ 在点 x_0 处**不可导**.

在导数的定义式中，若令 $x=x_0+\Delta x$，则当 $\Delta x\to 0$ 时，$x\to x_0$，所以有

$$f'(x_0)=\lim_{\Delta x\to 0}\frac{f(x_0+\Delta x)-f(x_0)}{\Delta x}=\lim_{x\to x_0}\frac{f(x)-f(x_0)}{x-x_0};$$

若令 $h=\Delta x$，则有

$$f'(x_0)=\lim_{h\to 0}\frac{f(x_0+h)-f(x_0)}{h}.$$

这些式子都可作为导数的定义式，可根据实际需要选用.

例 1　求函数 $y=f(x)=x^2$ 在 $x=2$ 处的导数 $f'(2)$.

解　由导数的定义式得

$$\begin{aligned}f'(2)&=\lim_{x\to 2}\frac{f(x)-f(2)}{x-2}=\lim_{x\to 2}\frac{x^2-2^2}{x-2}\\&=\lim_{x\to 2}\frac{(x+2)(x-2)}{x-2}=\lim_{x\to 2}(x+2)=4.\end{aligned}$$

如果函数 $y=f(x)$ 在开区间(a,b) 内每一点都可导，则对于(a,b) 内的每一个点 x_0，都

有唯一一个导数值 $f'(x_0)$ 与 x_0 对应,这样也就在 (a,b) 内定义了一个新的函数,称这个函数为 $f(x)$ 的**导函数**,简称**导数**,记为

$$f'(x),\quad y',\quad \frac{\mathrm{d}y}{\mathrm{d}x}\quad 或\quad \frac{\mathrm{d}f(x)}{\mathrm{d}x}.$$

根据导数的定义,导函数的计算公式为

$$f'(x)=\lim_{h\to 0}\frac{f(x+h)-f(x)}{h}=\lim_{\Delta x\to 0}\frac{f(x+\Delta x)-f(x)}{\Delta x}.$$

例 2 已知函数 $y=f(x)=\sqrt{x}$,求 $f'(x),f'(9)$.

解 由导函数的计算公式得

$$\begin{aligned}f'(x)&=\lim_{\Delta x\to 0}\frac{f(x+\Delta x)-f(x)}{\Delta x}=\lim_{\Delta x\to 0}\frac{\sqrt{x+\Delta x}-\sqrt{x}}{\Delta x}\\&=\lim_{\Delta x\to 0}\frac{(\sqrt{x+\Delta x}-\sqrt{x})(\sqrt{x+\Delta x}+\sqrt{x})}{\Delta x(\sqrt{x+\Delta x}+\sqrt{x})}\\&=\lim_{\Delta x\to 0}\frac{\Delta x}{\Delta x(\sqrt{x+\Delta x}+\sqrt{x})}=\lim_{\Delta x\to 0}\frac{1}{\sqrt{x+\Delta x}+\sqrt{x}}=\frac{1}{2\sqrt{x}}.\end{aligned}$$

把 $x=9$ 代入导函数 $f'(x)$,得 $f'(9)=\dfrac{1}{2\sqrt{9}}=\dfrac{1}{6}$.

例 3 讨论函数

$$f(x)=\begin{cases}x\sin\dfrac{1}{x}, & x\neq 0,\\ 0, & x=0\end{cases}$$

在 $x=0$ 处的连续性与可导性.

解 因为 $\sin\dfrac{1}{x}$ 是有界函数,所以 $\lim\limits_{x\to 0}f(x)=\lim\limits_{x\to 0}x\sin\dfrac{1}{x}=0$. 而 $f(0)=0=\lim\limits_{x\to 0}f(x)$,故 $f(x)$ 在 $x=0$ 处连续.

但在 $x=0$ 处,有

$$\lim_{x\to 0}\frac{f(x)-f(0)}{x-0}=\lim_{x\to 0}\frac{x\sin\dfrac{1}{x}}{x}=\lim_{x\to 0}\sin\frac{1}{x}.$$

由§2.5 中的例 1 知,当 $x\to 0$ 时,$\sin\dfrac{1}{x}$ 的极限不存在. 因此,$f(x)$ 在 $x=0$ 处不可导.

例 3 表明,函数在其连续点处不一定可导. 但由下面的定理可知,函数在其可导点处一定连续.

定理 1 **如果函数 $y=f(x)$ 在点 x_0 处可导,则 $y=f(x)$ 在点 x_0 处连续.**

证 由于 $y=f(x)$ 在点 x_0 处可导,因此

$$\lim_{\Delta x\to 0}\frac{\Delta y}{\Delta x}=f'(x_0),$$

从而

$$\lim_{\Delta x\to 0}\Delta y=\lim_{\Delta x\to 0}\frac{\Delta y}{\Delta x}\cdot\lim_{\Delta x\to 0}\Delta x=f'(x_0)\cdot 0=0.$$

故 $y=f(x)$ 在点 x_0 处连续.

三、左导数和右导数

定义 2　若极限

$$\lim_{\Delta x\to 0^-}\frac{f(x_0+\Delta x)-f(x_0)}{\Delta x}$$

存在,则称该极限值为函数 $y=f(x)$ 在点 x_0 处的**左导数**,记作 $f'_-(x_0)$,即

$$f'_-(x_0)=\lim_{\Delta x\to 0^-}\frac{f(x_0+\Delta x)-f(x_0)}{\Delta x}.$$

定义 3　若极限

$$\lim_{\Delta x\to 0^+}\frac{f(x_0+\Delta x)-f(x_0)}{\Delta x}$$

存在,则称该极限值为函数 $y=f(x)$ 在点 x_0 处的**右导数**,记作 $f'_+(x_0)$,即

$$f'_+(x_0)=\lim_{\Delta x\to 0^+}\frac{f(x_0+\Delta x)-f(x_0)}{\Delta x}.$$

由于函数 $y=f(x)$ 在点 x_0 处的导数是否存在,取决于极限

$$\lim_{\Delta x\to 0}\frac{\Delta y}{\Delta x}=\lim_{\Delta x\to 0}\frac{f(x_0+\Delta x)-f(x_0)}{\Delta x}$$

是否存在,而极限存在的充要条件是左、右极限都存在且相等,因此有下述定理:

定理 2　**函数 $y=f(x)$ 在点 x_0 处可导的充要条件是:函数 $y=f(x)$ 在点 x_0 处的左导数和右导数都存在且相等.**

注:定理 2 常用于讨论分段函数在其分段点处的可导性.

例 4　讨论函数 $f(x)=|x|$ 在 $x=0$ 处的可导性.

解　因为

$$f'_-(0)=\lim_{\Delta x\to 0^-}\frac{f(0+\Delta x)-f(0)}{\Delta x}=\lim_{\Delta x\to 0^-}\frac{|\Delta x|}{\Delta x}=\lim_{\Delta x\to 0^-}\frac{-\Delta x}{\Delta x}=-1,$$

$$f'_+(0)=\lim_{\Delta x\to 0^+}\frac{f(0+\Delta x)-f(0)}{\Delta x}=\lim_{\Delta x\to 0^+}\frac{|\Delta x|}{\Delta x}=\lim_{\Delta x\to 0^+}\frac{\Delta x}{\Delta x}=1,$$

所以 $f'_-(0)\neq f'_+(0)$,故 $f(x)=|x|$ 在 $x=0$ 处不可导.

下面来计算某些常用的基本初等函数的导数.

例 5　求函数 $f(x)=C$(C 为常数)的导数.

解　因为

$$f'(x)=\lim_{h\to 0}\frac{f(x+h)-f(x)}{h}=\lim_{h\to 0}\frac{C-C}{h}=0,$$

所以 $C'=0$.

例 6　求函数 $f(x)=x^n$(n 为正整数)的导数.

解　因为由二项式定理得

$$f(x+h)-f(x)=(x+h)^n-x^n=x^n+C_n^1x^{n-1}h+C_n^2x^{n-2}h^2+\cdots+C_n^nh^n-x^n$$
$$=nx^{n-1}h+\frac{n(n-1)}{2}x^{n-2}h^2+\cdots+h^n,$$

所以

$$(x^n)'=\lim_{h\to 0}\frac{(x+h)^n-x^n}{h}$$
$$=\lim_{h\to 0}\left[nx^{n-1}+\frac{n(n-1)}{2}x^{n-2}h+\cdots+h^{n-1}\right]$$
$$=nx^{n-1},$$

即$(x^n)'=nx^{n-1}$.

可以证明,幂函数的导数为

$$(x^\mu)'=\mu x^{\mu-1}\quad(\mu\in\mathbf{R}).$$

例 7 求函数 $f(x)=\sin x$ 的导数.

解 由正弦函数的和差化积公式得

$$f'(x)=\lim_{h\to 0}\frac{\sin(x+h)-\sin x}{h}=\lim_{h\to 0}\frac{2\cos\left(x+\frac{h}{2}\right)\sin\frac{h}{2}}{h}$$
$$=\lim_{h\to 0}\cos\left(x+\frac{h}{2}\right)\frac{\sin\frac{h}{2}}{\frac{h}{2}}=\cos x,$$

即$(\sin x)'=\cos x$.

类似地,可得

$$(\cos x)'=-\sin x.$$

例 8 求指数函数 $f(x)=a^x(a>0,a\neq 1)$ 的导数.

解 由于当 $\alpha(x)\to 0$ 时,$e^{\alpha(x)}-1\sim\alpha(x)$,因此

$$f'(x)=\lim_{h\to 0}\frac{a^{x+h}-a^x}{h}=\lim_{h\to 0}a^x\frac{a^h-1}{h}$$
$$=a^x\lim_{h\to 0}\frac{e^{h\ln a}-1}{h}=a^x\lim_{h\to 0}\frac{h\ln a}{h}=a^x\ln a,$$

即$(a^x)'=a^x\ln a$.

特别地,当 $a=e$ 时,有

$$(e^x)'=e^x.$$

例 9 求对数函数 $f(x)=\log_a x(a>0,a\neq 1)$ 的导数.

解 $$f'(x)=\lim_{h\to 0}\frac{\log_a(x+h)-\log_a x}{h}=\lim_{h\to 0}\frac{\log_a\left(1+\frac{h}{x}\right)}{h}$$

$$= \frac{1}{x} \lim_{h \to 0} \frac{x}{h} \log_a \left(1 + \frac{h}{x}\right) = \frac{1}{x} \lim_{h \to 0} \log_a \left(1 + \frac{h}{x}\right)^{\frac{x}{h}}$$

$$= \frac{1}{x} \log_a \mathrm{e} = \frac{1}{x \ln a},$$

即$(\log_a x)' = \dfrac{1}{x \ln a}$.

特别地,有

$$(\ln x)' = \frac{1}{x}.$$

四、导数的几何意义

导数 $f'(x_0)$ 的几何意义即为曲线 $y = f(x)$ 在点(x_0, y_0)处的切线斜率. 当 $f'(x_0)$ 存在时,曲线 $y = f(x)$ 在点(x_0, y_0)处的切线方程为

$$y - y_0 = f'(x_0)(x - x_0).$$

若 $f'(x_0) = \pm\infty$,则曲线 $y = f(x)$ 在点(x_0, y_0)处的切线为 $x = x_0$,它垂直于 x 轴.

过切点(x_0, y_0)且与切线垂直的直线称为曲线 $y = f(x)$ 在点(x_0, y_0)处的**法线**,故曲线 $y = f(x)$ 在点(x_0, y_0)处的法线方程为

$$y - y_0 = -\frac{1}{f'(x_0)}(x - x_0) \quad (f'(x_0) \neq 0).$$

例 10　求曲线 $y = \ln x$ 在点$(\mathrm{e}, 1)$处的切线方程与法线方程.

解　由于 $y' = (\ln x)' = \dfrac{1}{x}$,因此曲线 $y = \ln x$ 在点$(\mathrm{e}, 1)$处的切线斜率为

$$k = y'\Big|_{x=\mathrm{e}} = \frac{1}{x}\Big|_{x=\mathrm{e}} = \frac{1}{\mathrm{e}},$$

法线斜率为 $k' = -\mathrm{e}$. 故曲线 $y = \ln x$ 在点$(\mathrm{e}, 1)$处的切线方程与法线方程分别为

$$y - 1 = \frac{1}{\mathrm{e}}(x - \mathrm{e}) \quad 和 \quad y - 1 = -\mathrm{e}(x - \mathrm{e}).$$

练习 3.1

1. 设函数 $f(x) = \dfrac{1}{x}$,根据导数的定义求 $f'(2)$.

2. 已知 $f(0) = 0, f'(0) = -1$,计算极限$\lim\limits_{x \to 0} \dfrac{f(3x)}{x}$.

3. 已知 $f'(x_0) = a$,求下列极限:

(1) $\lim\limits_{x \to 0} \dfrac{f(x_0 - x) - f(x_0)}{x}$;　　(2) $\lim\limits_{x \to 0} \dfrac{f(x_0 + x) - f(x_0 - x)}{x}$.

4. 求下列函数的导数:

(1) $y = x^6$;　　(2) $y = \sqrt{x\sqrt{x}}$;

(3) $y = \log_2 x$;　　(4) $y = 3^x \mathrm{e}^x$.

5. 设函数

$$f(x)=\begin{cases}\sin x, & x\geqslant 0,\\ x, & x<0,\end{cases}$$

试讨论该函数在 $x=0$ 处是否可导;若可导,求其导数.

6. 讨论函数

$$f(x)=\begin{cases}x^2, & x\geqslant 0,\\ |x|, & x<0\end{cases}$$

在 $x=0$ 处的连续性与可导性.

7. 求曲线 $y=e^x$ 在点(0,1)处的切线方程和法线方程.

8. 设函数 $f(x)$ 在 $x=0$ 处连续,且

$$\lim_{x\to 0}\frac{f(x)-1}{x}=2,$$

求 $f(0)$ 和 $f'(0)$.

§3.2 导数的运算法则

一、导数的四则运算法则

本节将介绍导数的基本运算法则,并完善基本初等函数的求导公式,从而在此基础上解决常用初等函数的求导问题.

定理1 **设 $u=u(x),v=v(x)$ 均是可导函数,则它们的和、差、积、商(分母不为零)仍是可导函数,且**

(1) $(u\pm v)'=u'\pm v'$;

(2) $(uv)'=u'v+uv'$;

(3) $\left(\dfrac{u}{v}\right)'=\dfrac{u'v-uv'}{v^2}\quad(v\neq 0)$.

证 仅证(2). 由于 $v=v(x)$ 可导,因此 v 连续,于是 $\lim\limits_{h\to 0}v(x+h)=v(x)$. 由导数的定义得

$$\begin{aligned}(uv)'&=\lim_{h\to 0}\frac{u(x+h)v(x+h)-u(x)v(x)}{h}\\&=\lim_{h\to 0}\frac{u(x+h)v(x+h)-u(x)v(x+h)+u(x)v(x+h)-u(x)v(x)}{h}\\&=\lim_{h\to 0}\left(\frac{u(x+h)-u(x)}{h}v(x+h)+u(x)\ \frac{v(x+h)-v(x)}{h}\right)\\&=\lim_{h\to 0}\frac{u(x+h)-u(x)}{h}\cdot\lim_{h\to 0}v(x+h)+u(x)\lim_{h\to 0}\frac{v(x+h)-v(x)}{h}\\&=u'v+uv'.\end{aligned}$$

推论1 设 $u=u(x)$ 是可导函数,则

(1) $(cu)'=cu'$,其中 c 为常数;

(2) $\left(\frac{1}{u}\right)'=-\frac{u'}{u^2}$,其中 $u\neq 0$.

注:导数的运算法则可推广到有限个函数的和或积的情形:

$$(f_1(x)+f_2(x)+\cdots+f_n(x))'=f_1'(x)+f_2'(x)+\cdots+f_n'(x);$$

$$(f_1f_2\cdots f_n)'=f_1'f_2\cdots f_n+f_1f_2'\cdots f_n+\cdots+f_1f_2\cdots f_n'.$$

例1 求函数 $y=x^6-2\sqrt{x}+3\sin x+e^x+\sin 7$ 的导数.

解
$$\begin{aligned}y'&=(x^6)'-2(\sqrt{x})'+3(\sin x)'+(e^x)'+(\sin 7)'\\&=6x^5-2\cdot\frac{1}{2}x^{\frac{1}{2}-1}+3\cos x+e^x+0\\&=6x^5-\frac{1}{\sqrt{x}}+3\cos x+e^x.\end{aligned}$$

例2 求函数 $f(x)=2^x\cos x$ 的导数.

解 $f'(x)=(2^x)'\cos x+2^x(\cos x)'=2^x(\ln 2)\cos x-2^x\sin x.$

例3 求函数 $y=\tan x$ 的导数.

解
$$\begin{aligned}(\tan x)'&=\left(\frac{\sin x}{\cos x}\right)'=\frac{(\sin x)'\cos x-\sin x(\cos x)'}{\cos^2 x}\\&=\frac{\cos^2 x+\sin^2 x}{\cos^2 x}=\frac{1}{\cos^2 x}=\sec^2 x.\end{aligned}$$

类似可推出

$$(\cot x)'=-\csc^2 x.$$

例4 求函数 $y=\sec x$ 的导数.

解
$$\begin{aligned}(\sec x)'&=\left(\frac{1}{\cos x}\right)'=\frac{1'\cdot\cos x-1\cdot(\cos x)'}{\cos^2 x}=\frac{-(-\sin x)}{\cos^2 x}\\&=\frac{\sin x}{\cos^2 x}=\frac{1}{\cos x}\cdot\frac{\sin x}{\cos x}=\sec x\tan x.\end{aligned}$$

类似可推出

$$(\csc x)'=-\csc x\cot x.$$

二、复合函数的求导法则

定理2 若函数 $u=g(x)$ 在点 x 处可导,而 $y=f(u)$ 在点 $u=g(x)$ 处可导,则复合函数 $y=f(g(x))$ 在点 x 处可导,其导数为

$$(f(g(x)))'=f'(u)g'(x)\quad 或\quad \frac{dy}{dx}=\frac{dy}{du}\cdot\frac{du}{dx}.$$

证 设 x 取得改变量 Δx,则 u 取得相应的改变量 Δu,从而 y 也取得相应的改变量 Δy,即

$$\Delta u=g(x+\Delta x)-g(x),$$

$$\Delta y = f(u+\Delta u) - f(u).$$

当 $\Delta u \neq 0, \Delta x \neq 0$ 时,有

$$\frac{\Delta y}{\Delta x} = \frac{\Delta y}{\Delta u} \cdot \frac{\Delta u}{\Delta x}, \quad \lim_{\Delta u \to 0} \frac{\Delta y}{\Delta u} = f'(u), \quad \lim_{\Delta x \to 0} \frac{\Delta u}{\Delta x} = g'(x).$$

由于 $u = g(x)$ 在点 x 处可导,因此在该点处必连续,故当 $\Delta x \to 0$ 时,$\Delta u \to 0$. 于是

$$\begin{aligned} \lim_{\Delta x \to 0} \frac{\Delta y}{\Delta x} &= \lim_{\Delta x \to 0} \frac{\Delta y}{\Delta u} \cdot \lim_{\Delta x \to 0} \frac{\Delta u}{\Delta x} = \lim_{\Delta u \to 0} \frac{\Delta y}{\Delta u} \cdot \lim_{\Delta x \to 0} \frac{\Delta u}{\Delta x} \\ &= f'(u)g'(x), \end{aligned}$$

即

$$(f(g(x)))' = f'(u)g'(x).$$

当 $\Delta u = 0$ 时,$\Delta y = 0$,故等式 $(f(g(x)))' = f'(u)g'(x)$ 仍然成立.

该定理表明,复合函数的导数等于函数对中间变量的导数乘以中间变量对自变量的导数.

复合函数的求导公式可推广到函数有限次复合的情形. 例如,设

$$y = f(u), \quad u = g(v), \quad v = \varphi(x),$$

则复合函数 $y = f(g(\varphi(x)))$ 对 x 的导数为

$$\frac{\mathrm{d}y}{\mathrm{d}x} = f'(u)g'(v)\varphi'(x) \quad 或 \quad \frac{\mathrm{d}y}{\mathrm{d}x} = \frac{\mathrm{d}y}{\mathrm{d}u} \cdot \frac{\mathrm{d}u}{\mathrm{d}v} \cdot \frac{\mathrm{d}v}{\mathrm{d}x}.$$

例 5 求函数 $y = (2x-1)^{30}$ 的导数.

解 设 $y = u^{30}, u = 2x - 1$,则

$$\frac{\mathrm{d}y}{\mathrm{d}x} = \frac{\mathrm{d}y}{\mathrm{d}u} \cdot \frac{\mathrm{d}u}{\mathrm{d}x} = 30u^{29} \cdot 2 = 30(2x-1)^{29} \cdot 2 = 60(2x-1)^{29}.$$

例 6 求函数 $y = \ln(\sin x)$ 的导数.

解 设 $y = \ln u, u = \sin x$,则

$$\frac{\mathrm{d}y}{\mathrm{d}x} = \frac{\mathrm{d}y}{\mathrm{d}u} \cdot \frac{\mathrm{d}u}{\mathrm{d}x} = \frac{1}{u} \cdot \cos x = \frac{\cos x}{\sin x} = \cot x.$$

例 7 求函数 $y = \ln|x|$ 的导数.

解 当 $x > 0$ 时,$y = \ln|x| = \ln x$,此时有

$$y' = (\ln x)' = \frac{1}{x};$$

当 $x < 0$ 时,$y = \ln|x| = \ln(-x)$,此时有

$$y' = (\ln(-x))' = \frac{1}{-x}(-x)' = \frac{1}{x}.$$

综上,有 $y' = (\ln|x|)' = \dfrac{1}{x}$.

例 8 求函数 $y = \ln(1 + \mathrm{e}^{\tan 2x})$ 的导数.

解

$$\begin{aligned} y' &= \frac{1}{1+\mathrm{e}^{\tan 2x}}(1+\mathrm{e}^{\tan 2x})' = \frac{1}{1+\mathrm{e}^{\tan 2x}}\mathrm{e}^{\tan 2x}(\tan 2x)' \\ &= \frac{\mathrm{e}^{\tan 2x}}{1+\mathrm{e}^{\tan 2x}}\sec^2(2x)(2x)' = \frac{2\mathrm{e}^{\tan 2x}\sec^2(2x)}{1+\mathrm{e}^{\tan 2x}}. \end{aligned}$$

例 9　求函数 $y=\ln(x+\sqrt{1+x^2})$ 的导数.

解　$$\begin{aligned}y'&=\frac{1}{x+\sqrt{1+x^2}}(x+\sqrt{1+x^2})'\\&=\frac{1}{x+\sqrt{1+x^2}}\left[1+\frac{1}{2\sqrt{1+x^2}}(1+x^2)'\right]\\&=\frac{1}{x+\sqrt{1+x^2}}\left(1+\frac{2x}{2\sqrt{1+x^2}}\right)\\&=\frac{1}{x+\sqrt{1+x^2}}\cdot\frac{x+\sqrt{1+x^2}}{\sqrt{1+x^2}}=\frac{1}{\sqrt{1+x^2}}.\end{aligned}$$

三、反函数的求导法则

定理 3　**设函数 $x=g(y)$ 存在反函数 $y=f(x)$，且在点 y 处可导，$g'(y)\neq 0$，则其反函数 $y=f(x)$ 在相应点 x 处也可导，且**

$$f'(x)=\frac{1}{g'(y)}\quad \text{或}\quad \frac{\mathrm{d}y}{\mathrm{d}x}=\frac{1}{\frac{\mathrm{d}x}{\mathrm{d}y}}.$$

证　由 $x=g(y)$ 存在反函数及在点 y 处可导知，它严格单调且在点 y 处连续，从而反函数 $y=f(x)$ 在相应点 x 处连续. 取 $\Delta x\neq 0$，此时 $\Delta y=f(x+\Delta x)-f(x)\neq 0$，当 $\Delta x\to 0$ 时，$\Delta y\to 0$，从而

$$f'(x)=\lim_{\Delta x\to 0}\frac{\Delta y}{\Delta x}=\lim_{\Delta x\to 0}\frac{1}{\frac{\Delta x}{\Delta y}}=\frac{1}{\lim\limits_{\Delta y\to 0}\frac{\Delta x}{\Delta y}}=\frac{1}{g'(y)}.$$

定理 3 说明，反函数的导数等于原来函数的导数的倒数.

例 10　求函数 $y=\arcsin x(-1<x<1)$ 的导数.

解　因为 $y=\arcsin x(-1<x<1)$ 是 $x=\sin y\left(-\frac{\pi}{2}<y<\frac{\pi}{2}\right)$ 的反函数，且

$$(\sin y)'=\cos y>0,\quad \cos y=\sqrt{1-\sin^2 y}=\sqrt{1-x^2},$$

所以

$$(\arcsin x)'=\frac{1}{(\sin y)'}=\frac{1}{\cos y}=\frac{1}{\sqrt{1-x^2}}.$$

类似地，可证：

$$(\arccos x)'=-\frac{1}{\sqrt{1-x^2}},\quad (\arctan x)'=\frac{1}{1+x^2},\quad (\operatorname{arccot} x)'=-\frac{1}{1+x^2}.$$

我们已求出所有基本初等函数的导数，为了便于记忆和使用，现将导数公式汇总如下：

(1) $(C)'=0$；　(2) $(x^{\mu})'=\mu x^{\mu-1}$；

(3) $(a^x)'=a^x\ln a\quad(a>0,a\neq 1)$；　(4) $(\mathrm{e}^x)'=\mathrm{e}^x$；

(5) $(\log_a x)' = \dfrac{1}{x\ln a} \quad (a > 0, a \neq 1)$；(6) $(\ln|x|)' = \dfrac{1}{x}$；

(7) $(\sin x)' = \cos x$；(8) $(\cos x)' = -\sin x$；

(9) $(\tan x)' = \sec^2 x$；(10) $(\cot x)' = -\csc^2 x$；

(11) $(\sec x)' = \sec x \tan x$；(12) $(\csc x)' = -\csc x \cot x$；

(13) $(\arcsin x)' = \dfrac{1}{\sqrt{1-x^2}}$；(14) $(\arccos x)' = -\dfrac{1}{\sqrt{1-x^2}}$；

(15) $(\arctan x)' = \dfrac{1}{1+x^2}$；(16) $(\operatorname{arccot} x)' = -\dfrac{1}{1+x^2}$.

例 11 求函数 $y = \arcsin(2x^3)$ 的导数.

解 $y' = \dfrac{1}{\sqrt{1-(2x^3)^2}}(2x^3)' = \dfrac{6x^2}{\sqrt{1-4x^6}}$.

例 12 求函数 $y = \arctan \dfrac{1}{x}$ 的导数.

解 $y' = \dfrac{1}{1+\left(\dfrac{1}{x}\right)^2}\left(\dfrac{1}{x}\right)' = \dfrac{x^2}{1+x^2}\left(-\dfrac{1}{x^2}\right) = -\dfrac{1}{1+x^2}$.

练习 3.2

1. 求下列函数的导数：

(1) $y = x^2 + 2x - \sin x$；(2) $y = \dfrac{x^6 + 2\sqrt{x} - 1}{x^3}$；

(3) $y = \dfrac{x}{1-\cos x}$；(4) $y = x\ln x - x$；

(5) $y = \dfrac{x-1}{x+1}$；(6) $y = (1+x^2)e^x$.

2. 求下列函数的导数：

(1) $y = \sin(\ln x)$；(2) $y = (2x-1)^9$；

(3) $y = e^{\tan\frac{1}{x}}$；(4) $y = \ln\dfrac{1+\sqrt{x}}{1-\sqrt{x}}$；

(5) $y = \sin^2 x \cdot \sin x^2$；(6) $y = \arcsin\sqrt{x}$；

(7) $y = \ln(x + \sqrt{x^2 + a^2})$；(8) $y = \arctan(1+x^2)$；

(9) $y = \dfrac{x}{2}\sqrt{a^2 - x^2} + \dfrac{a^2}{2}\arcsin\dfrac{x}{a} \quad (a > 0)$.

3. 求下列函数在给定点处的导数：

(1) $\rho = \theta\sin\theta + \cos\theta$，求 $\left.\dfrac{d\rho}{d\theta}\right|_{\theta=\frac{\pi}{6}}$；(2) $f(x) = \dfrac{\sqrt{x}}{1+\sqrt{x}}$，求 $f'(4)$.

4. 已知 $f(u)$ 可导，$y = f(\sin^2 x) + f(\cos^2 x)$，求 y'.

5. 设 $f(x)$ 在 $(-\infty, +\infty)$ 上可导，证明：

(1) 若 $f(x)$ 为奇函数，则 $f'(x)$ 为偶函数；

(2) 若 $f(x)$ 为偶函数，则 $f'(x)$ 为奇函数；

(3) 若 $f(x)$ 为周期函数，则 $f'(x)$ 为周期函数.

§3.3 隐函数的导数及由参数方程确定的函数的导数

一、隐函数的导数

我们把等号左边是因变量、等号右边是仅含自变量的式子的函数称为**显函数**. 例如，

$$y=\sin x+e^{x}-1,\quad y=x^{3}+\ln x-\sqrt{1+x^{2}}$$

都是显函数. 我们把由方程 $F(x,y)=0$ 所确定的函数称为**隐函数**. 例如，由

$$e^{xy}-\sin(xy)+2=0,\quad x^{2}+y^{2}-1=0$$

所确定的函数都为隐函数.

下面我们通过例题来说明怎样用复合函数的求导法则来求隐函数的导数.

例 1　求由 $e^{y}=xy$ 所确定的函数 $y=y(x)$ 的导数$\dfrac{dy}{dx}$.

解　把 y 看作 x 的函数：$y=y(x)$，方程 $e^{y}=xy$ 两边同时对自变量 x 求导(在 e^{y} 中，y 看作中间变量)，得

$$e^{y}y'=y+xy',$$

解得

$$y'=\frac{y}{e^{y}-x}=\frac{y}{xy-x}=\frac{y}{x(y-1)}.$$

例 2　求圆 $x^{2}+y^{2}=1$ 在点 $P\left(\dfrac{\sqrt{2}}{2},\dfrac{\sqrt{2}}{2}\right)$处的切线方程.

解　把 y 看作 x 的函数：$y=y(x)$，方程 $x^{2}+y^{2}=1$ 两边同时对自变量 x 求导，得

$$2x+2yy'=0,$$

解得

$$y'=-\frac{x}{y},$$

所以所给圆在点 P 处的切线斜率为 $k=y'\Big|_{\left(\frac{\sqrt{2}}{2},\frac{\sqrt{2}}{2}\right)}=-1$. 故所求的切线方程为

$$y-\frac{\sqrt{2}}{2}=-\left(x-\frac{\sqrt{2}}{2}\right).$$

二、对数求导法

如果直接用导数的运算法则求函数

$$y=\sqrt{\frac{(x+1)(3x-2)}{(2x-1)(4x+3)}}$$

的导数,将是很烦琐的事情,但若用下面介绍的对数求导法来求,将会变得比较简单.再例如,函数

$$y=u(x)^{v(x)}\quad (u(x)>0)$$

既不是指数函数又不是幂函数,需利用对数求导法来求它的导数.下面通过两个例子来介绍对数求导法.

例 3　设 $y=\sqrt{\dfrac{(x+1)(3x-2)}{(2x-1)(4x+3)}}$,求 y'.

解　先将等式两边各因子取绝对值,再取对数,得

$$\ln|y|=\frac{1}{2}(\ln|x+1|+\ln|3x-2|-\ln|2x-1|-\ln|4x+3|).$$

把 y 看作 x 的函数:$y=y(x)$,上述方程两边同时对自变量 x 求导,得

$$\frac{1}{y}y'=\frac{1}{2}\left(\frac{1}{x+1}+\frac{3}{3x-2}-\frac{2}{2x-1}-\frac{4}{4x+3}\right),$$

解得

$$y'=\frac{1}{2}\sqrt{\frac{(x+1)(3x-2)}{(2x-1)(4x+3)}}\left(\frac{1}{x+1}+\frac{3}{3x-2}-\frac{2}{2x-1}-\frac{4}{4x+3}\right).$$

例 4　设 $y=x^{\sin x}(x>0)$,求 y'.

解　函数式两边取对数,得

$$\ln y=\sin x\ln x.$$

把 y 看作 x 的函数:$y=y(x)$,上述方程两边同时对自变量 x 求导,得

$$\frac{1}{y}y'=\cos x\ln x+\frac{\sin x}{x},$$

解得

$$y'=x^{\sin x}\left(\cos x\ln x+\frac{\sin x}{x}\right).$$

求形如 $y=u(x)^{v(x)}(u(x)>0)$ 的函数及多个因子积(商)形式的函数的导数,一般用对数求导法.

三、由参数方程确定的函数的导数

由参数方程

$$\begin{cases}x=\varphi(t),\\ y=\psi(t)\end{cases}\quad (t\text{ 为参数})$$

所确定的 y 与 x 之间的函数 $y=f(x)$ 称为**由参数方程确定的函数**.

假定函数 $\varphi(t)$,$\psi(t)$ 都可导,且 $\varphi'(t)\neq 0$.在此条件下,$x=\varphi(t)$ 的反函数 $t=g(x)$ 存在且可导.设函数 $y=\psi(t)$ 与 $t=g(x)$ 构成的复合函数为 $y=f(x)$,则由复合函数求导法则及反函数求导法则,可得到由参数方程确定的函数的导数公式为

$$\frac{\mathrm{d}y}{\mathrm{d}x}=\frac{\mathrm{d}y}{\mathrm{d}t}\cdot\frac{\mathrm{d}t}{\mathrm{d}x}=\frac{\mathrm{d}y}{\mathrm{d}t}\cdot\frac{1}{\frac{\mathrm{d}x}{\mathrm{d}t}}=\frac{\frac{\mathrm{d}y}{\mathrm{d}t}}{\frac{\mathrm{d}x}{\mathrm{d}t}}=\frac{\psi'(t)}{\varphi'(t)}.$$

例 5　求由参数方程

$$\begin{cases}x=a(t-\sin t),\\ y=a(1-\cos t)\end{cases}\quad(0\leqslant t\leqslant 2\pi)$$

所确定的函数 $y=f(x)$ 的导数.

解　$\dfrac{\mathrm{d}y}{\mathrm{d}x}=\dfrac{\frac{\mathrm{d}y}{\mathrm{d}t}}{\frac{\mathrm{d}x}{\mathrm{d}t}}=\dfrac{a\sin t}{a(1-\cos t)}=\dfrac{\sin t}{1-\cos t}.$

例 6　求椭圆$\begin{cases}x=2\cos t,\\ y=\sin t\end{cases}$在 $t=\dfrac{\pi}{4}$ 的相应点处的切线方程.

解　因为

$$\frac{\mathrm{d}y}{\mathrm{d}x}=\frac{(\sin t)'}{(2\cos t)'}=\frac{\cos t}{-2\sin t}=-\frac{1}{2}\cot t,$$

所以当 $t=\dfrac{\pi}{4}$ 时，切线斜率为$\left.\dfrac{\mathrm{d}y}{\mathrm{d}x}\right|_{t=\frac{\pi}{4}}=-\dfrac{1}{2}$. 此时，曲线上所对应的点为$\left(\sqrt{2},\dfrac{\sqrt{2}}{2}\right)$，故所求的切线方程为

$$y-\frac{\sqrt{2}}{2}=-\frac{1}{2}(x-\sqrt{2}).$$

练习 3.3

1. 求由下列方程所确定的隐函数 $y=y(x)$ 的导数$\dfrac{\mathrm{d}y}{\mathrm{d}x}$：

(1) $y=x\ln y$；　　(2) $\mathrm{e}^{xy}=x+y$；

(3) $\mathrm{e}^y=\sin xy$；　　(4) $\arctan\dfrac{y}{x}=x$.

2. 求曲线 $x^2+xy+y^2=4$ 在点$(2,-2)$处的切线方程.

3. 用对数求导法求下列函数的导数：

(1) $y=x^x\quad(x>0)$；　　(2) $y=\sqrt{\dfrac{(x-1)(x-2)}{(x-3)(x-4)}}$；

(3) $y=(x+1)(x+2)^2(x+3)^3$；　　(4) $y=x^{\mathrm{e}^x}\quad(x>0)$.

4. 求由下列参数方程所确定的函数的导数$\dfrac{\mathrm{d}y}{\mathrm{d}x}$：

(1) $\begin{cases}x=1-t^2,\\ y=t-t^3;\end{cases}$　　(2) $\begin{cases}x=\mathrm{e}^t\sin t,\\ y=\mathrm{e}^t\cos t.\end{cases}$

5. 求曲线$\begin{cases}x=\ln(1+t^2),\\ y=\arctan t\end{cases}$在 $t=1$ 的相应点处的切线方程和法线方程.

6. 设 $y=y(x)$ 是由方程 $1+\sin(x+y)=\mathrm{e}^{-xy}$ 所确定的隐函数，求 $y=y(x)$ 在点$(0,0)$处的切线方程和法线方程.

§3.4 函数的微分及高阶导数

一、微分的概念

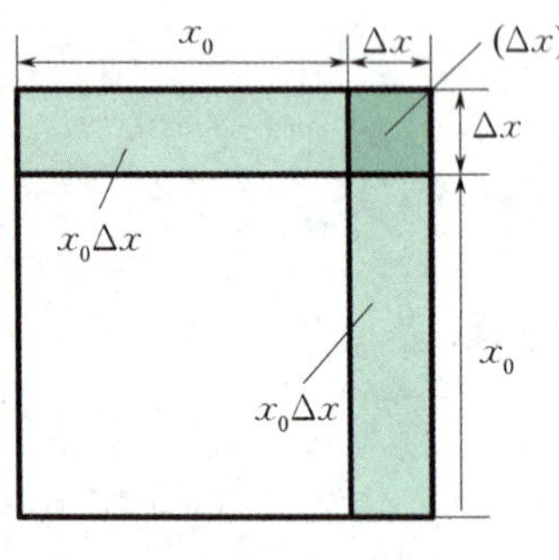

图 3-4-1

边长为 x 的正方形的面积为 $S=S(x)=x^2$. 如果其边长从 x_0 变到 $x_0+\Delta x$(Δx 很小),即边长增加了 Δx,则其面积的改变量为(见图 3-4-1)

$$\Delta S=(x_0+\Delta x)^2-x_0^2=2x_0\Delta x+(\Delta x)^2.$$

因 Δx 很小,$(\Delta x)^2$ 必定很小,故可认为

$$\Delta S\approx 2x_0\Delta x.$$

这个近似公式表明,正方形面积的改变量可以由 $2x_0\Delta x$ 来近似代替,由此产生的误差(即以 Δx 为边长的小正方形面积)是一个比 Δx 高阶的无穷小量.

定义 1 设函数 $y=f(x)$ 在点 x_0 的某一邻域内有定义,在点 x_0 处给 x 一个改变量 Δx,若相应的函数值的改变量 Δy 可表示为

$$\Delta y=f(x_0+\Delta x)-f(x_0)=A\Delta x+o(\Delta x),$$

其中 A 是与 Δx 无关的常量,则称函数 $y=f(x)$ 在点 x_0 处**可微**,且称 $A\Delta x$ 为 $y=f(x)$ 在点 x_0 处的**微分**,记作 $\mathrm{d}y$ 或 $\mathrm{d}f(x)$,即

$$\mathrm{d}y=\mathrm{d}f(x)=A\Delta x.$$

$\mathrm{d}y$ 也称为 Δy 的**线性主部**.

若函数 $y=f(x)$ 在点 x_0 处可微,则由微分的定义得

$$\Delta y=f(x_0+\Delta x)-f(x_0)=A\Delta x+o(\Delta x),$$

于是

$$\lim_{\Delta x\to 0}\frac{\Delta y}{\Delta x}=\lim_{\Delta x\to 0}\frac{A\Delta x+o(\Delta x)}{\Delta x}=\lim_{\Delta x\to 0}\left(A+\frac{o(\Delta x)}{\Delta x}\right)=A.$$

这表明,如果函数 $y=f(x)$ 在点 x_0 处可微,则它在点 x_0 处也一定可导,且 $f'(x_0)=A$.

反之,如果 $y=f(x)$ 在点 x_0 处可导,即 $\lim\limits_{\Delta x\to 0}\dfrac{\Delta y}{\Delta x}=f'(x_0)$,则由无穷小量与极限的关系得

$$\frac{\Delta y}{\Delta x}=f'(x_0)+\alpha,$$

其中 $\alpha=\alpha(\Delta x)\to 0(\Delta x\to 0)$,所以有

$$\Delta y=f'(x_0)\Delta x+\alpha\Delta x.$$

由于 $\lim\limits_{\Delta x\to 0}\dfrac{\alpha\Delta x}{\Delta x}=\lim\limits_{\Delta x\to 0}\alpha=0$,因此 $\alpha\Delta x=o(\Delta x)$,从而

$$\Delta y=f'(x_0)\Delta x+o(\Delta x).$$

这表明,函数 $y=f(x)$ 在点 x_0 处可微.

于是,我们有下面的定理:

定理 1　**设函数 $y=f(x)$ 在点 x_0 的某一邻域内有定义，则 $f(x)$ 在点 x_0 处可微的充要条件是：$f(x)$ 在点 x_0 处可导，且**

$$dy=f'(x_0)\Delta x.$$

函数 $y=f(x)$ 在任意点 x 处的微分称为**函数 $y=f(x)$ 的微分**，记作 dy 或 $df(x)$，即

$$dy=f'(x)\Delta x.$$

当 $y=f(x)\equiv x$ 时，$dy=dx=x'\Delta x=\Delta x$，因此 $\Delta x=dx$. 于是，函数 $y=f(x)$ 在点 x_0 处的微分可写成

$$dy=f'(x_0)dx;$$

函数 $y=f(x)$ 的微分可写成

$$dy=f'(x)dx,$$

从而有

$$\frac{dy}{dx}=f'(x).$$

不难看出，函数的导数等于函数的微分与自变量的微分之商. 因此，导数又称为**微商**.

例 1　求函数 $y=x^2$ 当 x 由 1 改变到 1.01 的微分.

解　因 $dy=y'dx=2xdx$，又由题设条件知

$$x_0=1,\quad dx=\Delta x=1.01-1=0.01,$$

故所求微分为

$$dy=2\times1\times0.01=0.02.$$

例 2　求函数 $y=e^{2x}$ 在 $x=0$ 处的微分.

解　所求微分为

$$dy=(e^{2x})'\Big|_{x=0}dx=2e^{2x}\Big|_{x=0}dx=2dx.$$

二、微分的几何意义

如图 3-4-2 所示，MP 是曲线 $y=f(x)$ 在点 $M(x_0,f(x_0))$ 处的切线，其斜率为 $\tan\alpha=f'(x_0)$，则

$$QP=\tan\alpha\cdot\Delta x=f'(x_0)\Delta x=dy.$$

因此，函数 $y=f(x)$ 在点 x_0 处的微分 dy 的几何意义就是曲线 $y=f(x)$ 过点 $M(x_0,f(x_0))$ 的切线上相应的纵坐标改变量 QP.

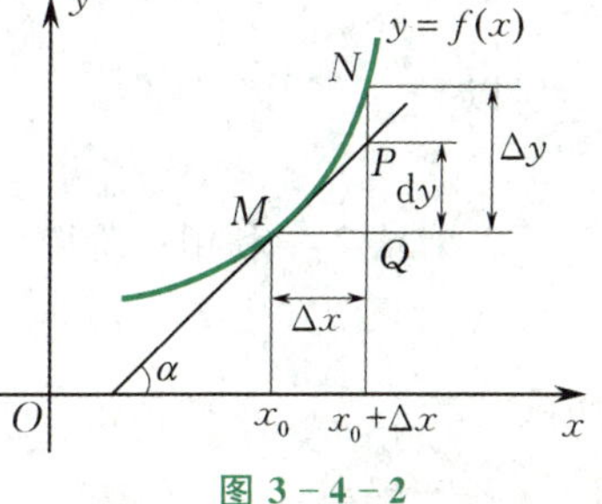

图 3-4-2

三、微分的基本公式与运算法则

微分公式 $dy=f'(x)dx$ 表明，求微分时只要求出导数 $f'(x)$，再乘以 dx 即可. 由导数的基本公式和运算法则，可得到相应的微分的基本公式和运算法则.

1. 基本初等函数微分公式

(1) $d(C) = 0$;

(2) $d(x^{\mu}) = \mu x^{\mu-1}dx$;

(3) $d(a^x) = a^x \ln a dx \quad (a > 0, a \neq 1)$;

(4) $d(e^x) = e^x dx$;

(5) $d(\log_a x) = \dfrac{1}{x\ln a}dx \quad (a > 0, a \neq 1)$;

(6) $d(\ln x) = \dfrac{1}{x}dx$;

(7) $d(\sin x) = \cos x dx$;

(8) $d(\cos x) = -\sin x dx$;

(9) $d(\tan x) = \sec^2 x dx$;

(10) $d(\cot x) = -\csc^2 x dx$;

(11) $d(\sec x) = \sec x \tan x dx$;

(12) $d(\csc x) = -\csc x \cot x dx$;

(13) $d(\arcsin x) = \dfrac{1}{\sqrt{1-x^2}}dx$;

(14) $d(\arccos x) = -\dfrac{1}{\sqrt{1-x^2}}dx$;

(15) $d(\arctan x) = \dfrac{1}{1+x^2}dx$;

(16) $d(\text{arccot}\, x) = -\dfrac{1}{1+x^2}dx$.

2. 微分运算法则(设 u,v 可微)

(1) $d(u \pm v) = du \pm dv$;

(2) $d(uv) = vdu + udv$;

(3) $d\left(\dfrac{u}{v}\right) = \dfrac{vdu - udv}{v^2} \quad (v \neq 0)$.

设 $y = f(u)$ 与 $u = \varphi(x)$ 都是可导函数. 如果把 u 看作自变量,则函数 $y = f(u)$ 的微分为

$$dy = f'(u)du.$$

如果把 $y = f(u)$ 与 $u = \varphi(x)$ 复合,可以得到函数 $y = f(\varphi(x))$,则 x 是自变量,u 是中间变量,此时函数 $y = f(\varphi(x))$ 的微分为

$$dy = (f(\varphi(x)))'dx = f'(u)\varphi'(x)dx.$$

又因为

$$du = \varphi'(x)dx,$$

所以

$$dy = (f(\varphi(x)))'dx = f'(u)\varphi'(x)dx = f'(u)du.$$

这表明,无论 u 是自变量还是中间变量,微分形式 $dy = f'(u)du$ 均保持不变. 这种性质称为一阶微分形式不变性. 这使得在求复合函数的微分时,能够更加直接和方便.

例 3 求函数 $y = \sin(3x+2)$ 的微分.

解 **方法 1** 因为

$$y' = (\sin(3x+2))' = 3\cos(3x+2),$$

所以

$$dy = y'dx = 3\cos(3x+2)dx.$$

方法 2 利用一阶微分形式不变性,得

$$\begin{aligned} dy &= d(\sin(3x+2)) = \cos(3x+2)d(3x+2) \\ &= \cos(3x+2)(3dx) = 3\cos(3x+2)dx. \end{aligned}$$

四、微分在近似计算中的应用

若 $y=f(x)$ 在点 x_0 处可微，则

$$\Delta y=f(x_0+\Delta x)-f(x_0)=f'(x_0)\Delta x+o(\Delta x).$$

当 $|\Delta x|$ 很小时，

$$\Delta y=f(x_0+\Delta x)-f(x_0)\approx f'(x_0)\Delta x,$$

即

$$f(x_0+\Delta x)\approx f(x_0)+f'(x_0)\Delta x.$$

这就是利用微分进行近似计算的公式.

在上面的近似公式中，如果取 $x_0=0$，用 x 替换 Δx，则得到形式更为简单的近似公式：

$$f(x)\approx f(0)+f'(0)x,$$

其中 $f(x)$ 在 $x=0$ 处可微，$|x|$ 充分小.

应用公式 $f(x)\approx f(0)+f'(0)x$，可推出下列常用的简易近似公式（$|x|$ 充分小）：

(1) $(1+x)^\alpha\approx 1+\alpha x$；　(2) $e^x\approx 1+x$；

(3) $\ln(1+x)\approx x$；　(4) $\sin x\approx x$；

(5) $\tan x\approx x$.

例 4　求 $\sqrt[3]{1.02}$ 的近似值.

解　设 $f(x)=\sqrt[3]{x}$，取 $x_0=1$，$\Delta x=0.02$. 由于 $f'(x)=\dfrac{1}{3\sqrt[3]{x^2}}$，因此

$$\begin{aligned}\sqrt[3]{1.02}&=f(x_0+\Delta x)\approx f(x_0)+f'(x_0)\Delta x\\&=f(1)+f'(1)\Delta x=\sqrt[3]{1}+\frac{1}{3\sqrt[3]{1^2}}\times 0.02\approx 1.006\,7.\end{aligned}$$

例 5　求 $e^{-0.001}$ 的近似值.

解　由简易近似公式 $e^x\approx 1+x$，得

$$e^{-0.001}\approx 1-0.001=0.999.$$

五、高阶导数

函数 $f(x)=x^7+6x^5+1$ 的导数 $f'(x)=7x^6+30x^4$ 仍是 x 的函数，可继续对其求导数，得 $(f'(x))'=42x^5+120x^3$，我们将其称为函数 $f(x)$ 的二阶导数.

定义 2　如果函数 $f(x)$ 的导数 $f'(x)$ 在点 x 处可导，即

$$(f'(x))'=\lim_{\Delta x\to 0}\frac{f'(x+\Delta x)-f'(x)}{\Delta x}$$

存在，则称 $(f'(x))'$ 为函数 $f(x)$ 在点 x 处的**二阶导数**，记为

$$f''(x),\quad y'',\quad \frac{d^2y}{dx^2}\quad 或\quad \frac{d^2f(x)}{dx^2}.$$

类似地，二阶导数的导数称为**三阶导数**，记为

$$f'''(x), \quad y''', \quad \frac{d^3y}{dx^3} \quad 或 \quad \frac{d^3f(x)}{dx^3}.$$

一般地,$f(x)$ 的 $n-1$ 阶导数的导数称为 $f(x)$ 的 **n 阶导数**,记为

$$f^{(n)}(x), \quad y^{(n)}, \quad \frac{d^ny}{dx^n} \quad 或 \quad \frac{d^nf(x)}{dx^n}.$$

我们把二阶和二阶以上的导数统称为**高阶导数**.相应地,也将 $f'(x)$ 称为一阶导数.

例 6 设函数 $y=x^n(n\in \mathbf{N}^*)$,求 $y^{(k)}$.

解 由 $y'=nx^{n-1}, y''=n(n-1)x^{n-2},\cdots$,可得如下结果:

当 $k<n$ 时,

$$y^{(k)}=n(n-1)\cdots(n-k+1)x^{n-k};$$

当 $k=n$ 时,

$$y^{(n)}=n(n-1)(n-2)\cdots 1=n!;$$

当 $k>n$ 时,

$$y^{(k)}=0.$$

例 7 设函数 $y=\sin x$,求 $y^{(n)}$.

解 $y'=\cos x=\sin\left(x+\frac{\pi}{2}\right)$,

$y''=(y')'=\cos\left(x+\frac{\pi}{2}\right)=\sin\left(x+\frac{\pi}{2}+\frac{\pi}{2}\right)=\sin\left(x+2\cdot\frac{\pi}{2}\right)$,

$y'''=(y'')'=\cos\left(x+2\cdot\frac{\pi}{2}\right)=\sin\left(x+2\cdot\frac{\pi}{2}+\frac{\pi}{2}\right)=\sin\left(x+3\cdot\frac{\pi}{2}\right)$,

……

$y^{(n)}=\sin\left(x+n\cdot\frac{\pi}{2}\right)$,

即

$$(\sin x)^{(n)}=\sin\left(x+\frac{n\pi}{2}\right).$$

用同样的方法可得到如下常用的 n 阶导数公式:

(1) $(\cos x)^{(n)}=\cos\left(x+\frac{n\pi}{2}\right)$;

(2) $(a^x)^{(n)}=a^x(\ln a)^n \quad (a>0 且 a\neq 1)$.

有些一阶导数的运算法则可以直接推广到高阶导数,例如

$$(u(x)\pm v(x))^{(n)}=u^{(n)}(x)\pm v^{(n)}(x).$$

但乘积 $u(x)\cdot v(x)$ 的 n 阶导数就没这么简单,我们有以下推导:

设 $y=u(x)\cdot v(x)$,则

$$y'=u'\cdot v+u\cdot v',$$
$$y''=u''\cdot v+2u'\cdot v'+u\cdot v'',$$
$$y'''=u'''\cdot v+3u''\cdot v'+3u'\cdot v''+u\cdot v'''.$$

这个过程继续下去,用数学归纳法可以证明

$$(u\cdot v)^{(n)}=C_n^0u^{(n)}v^{(0)}+C_n^1u^{(n-1)}v^{(1)}+C_n^2u^{(n-2)}v^{(2)}+\cdots+C_n^ku^{(n-k)}v^{(k)}+\cdots+C_n^nu^{(0)}v^{(n)},$$

其中 $u^{(0)}(x)=u(x), v^{(0)}(x)=v(x)$. 上式称为**莱布尼茨**(Leibniz)**公式**.

例 8　设函数 $f(x)=x^2\cdot 2^x$，求 $f^{(n)}(0)$.

解　由于

$$(x^2)^{(0)}=x^2,\quad (x^2)'=2x,\quad (x^2)''=2,\quad (x^2)'''=0,\quad \cdots,$$

因此根据莱布尼茨公式，有

$$\begin{aligned}f^{(n)}(0)&=\mathrm{C}_n^{n-2}(x^2)^{(2)}(2^x)^{(n-2)}\Big|_{x=0}=\frac{n(n-1)}{2}\cdot 2(\ln 2)^{n-2}\\&=n(n-1)(\ln 2)^{n-2}.\end{aligned}$$

练习 3.4

1. 求函数 $y=x^3$ 当 x 由 1 改变到 1.003 时的微分.
2. 求函数 $y=\mathrm{e}^{3x}$ 在 $x=0$ 处的微分.
3. 求下列函数的微分：

(1) $y=3x^2$；　　(2) $y=\ln x^2$；

(3) $y=\dfrac{x}{1-x^2}$；　　(4) $y=\arcsin\sqrt{x}$；

(5) $xy=1$；　　(6) $y=1+x\mathrm{e}^y$.

4. 计算下列各数的近似值：

(1) $\sqrt[100]{1.002}$；　　(2) $\cos 60°30'$.

5. 在下列等式的括号中填入适当的函数，使等式成立：

(1) $\mathrm{d}(\quad)=2\mathrm{d}x$；　　(2) $\mathrm{d}(\quad)=3x\mathrm{d}x$；

(3) $\mathrm{d}(\quad)=\cos 2x\mathrm{d}x$；　　(4) $\mathrm{d}(\quad)=\sec^2 3x\mathrm{d}x$.

6. 求下列函数的二阶导数：

(1) $y=\arctan x$；　　(2) $y=\ln(1+x^2)$；

(3) $y=x\ln x$；　　(4) $y=\sin(1+x^2)$；

(5) $y=x\mathrm{e}^{x^2}$；　　(6) $x^2+y^2=1\quad(y\neq 0)$.

7. 设由参数方程

$$\begin{cases}x=t^2-2t,\\ y=t^3-3t\end{cases}\quad(t\neq 1)$$

所确定的函数为 $y=y(x)$，求 $\dfrac{\mathrm{d}^2y}{\mathrm{d}x^2}$.

8. 求下列函数的 n 阶导数：

(1) $y=\sin 2x$；　　(2) $y=\mathrm{e}^{3x}$.

习　题　3

(A)

1. 设函数 $f(x)=\begin{cases}x^2, & x\leqslant 1,\\ ax+b, & x>1,\end{cases}$ 问：a,b 为何值时，$f(x)$ 处处可导？

2. 已知函数 $f(x)=\begin{cases}x^2, & x\leqslant 0,\\ xe^x, & x>0,\end{cases}$ 求 $f'_-(0)$ 和 $f'_+(0)$,并讨论 $f'(0)$ 是否存在.

3. 求下列函数的导数:

(1) $y=2\sqrt[3]{x}-\dfrac{3}{x}+\sqrt{5}$;

(2) $y=(1-x^2)^{100}$;

(3) $y=\dfrac{\sqrt{x}}{1-x^2}$;

(4) $y=\sqrt{x}\sin x$;

(5) $y=2^x+e^{2x}$;

(6) $y=\tan x-\sec x+2$;

(7) $y=\sqrt{x\sqrt{x\sqrt{x}}}$;

(8) $y=\csc x+\log_2 x+\sin 1$;

(9) $y=\ln(1+x^2)$;

(10) $y=\cos(3-2x)$;

(11) $y=e^{-\frac{1}{2}x^2}$;

(12) $y=\cot\left(\dfrac{1}{2}x^2\right)$;

(13) $y=\arctan e^x$;

(14) $y=(\arcsin x)^2$;

(15) $y=\arccos\dfrac{1}{x}$;

(16) $y=\ln(\tan x)$;

(17) $y=e^{\arccos\sqrt{x}}$;

(18) $y=\ln\sqrt{\dfrac{1-\sin x}{1+\sin x}}$;

(19) $y=\left(\dfrac{x}{1+x}\right)^x$;

(20) $y=\ln(\ln(\ln x))$;

(21) $y=x^a+a^x+x^x+a^a\quad(a>0,a\neq 1,x>0)$;

(22) $y=e^{x^2}\sqrt{\dfrac{(x-1)(x-2)}{x-3}}$.

4. 设 $f(x)=\ln\sqrt{\dfrac{2e^{3x}-1}{e^{3x}+1}}$,求 $f'(0)$.

5. 求由下列方程所确定的隐函数 $y=y(x)$ 的导数$\dfrac{dy}{dx}$:

(1) $y=1-xe^y$;

(2) $y=\cos(x+y)$.

6. 已知函数 $y=y(x)$ 由参数方程

$$\begin{cases}x=a\cos^3 t,\\ y=a\sin^3 t\end{cases}\quad(a\neq 0)$$

所确定,求$\dfrac{dy}{dx},\dfrac{d^2y}{dx^2}$.

7. 求由方程 $x^3-3xy+y^3=3$ 所确定的曲线 $y=f(x)$ 在点 $A(1,2)$ 处的切线方程和法线方程.

8. 求下列函数的微分:

(1) $y=2x^3-1$;

(2) $y=\sin x+\ln x+3$;

(3) $y=3^x(x^2+1)$;

(4) $y=\dfrac{x}{1-x^2}$;

(5) $y=\dfrac{e^x+1}{x}$;

(6) $y=\sqrt{x^2+x}$;

(7) $y=xe^x\sin x$;

(8) $y=\operatorname{arccot}\sqrt{x}$;

(9) $y=\ln\left(\sin\dfrac{x}{2}\right)$;

(10) $y=e^{2x}\arcsin x$.

9. 在括号中填入适当的函数,使下列等式成立:

(1) $d(\quad)=\dfrac{1}{\sqrt{x}}dx$;

(2) $d(\quad)=\cos tx\,dx$;

(3) $d(\quad)=e^{-2x}dx$;

(4) $d(\quad)=\dfrac{2}{1+x^2}dx$.

10. 求下列各数的近似值：

(1) $\sqrt[5]{0.95}$；　　(2) $\ln 1.01$.

11. 求下列函数的 n 阶导数：

(1) $y=e^{3x}+\sin x$；　　(2) $y=\ln(1+x)$.

12. 设函数 $g(x)$ 在 $x=a$ 处连续，$g(a)=2$，且 $f(x)=(x-a)g(x)$，证明：$f(x)$ 在 $x=a$ 处可导，并求出 $f'(a)$.

13. 已知 $f(0)=1, f'(0)=-1$，求下列极限：

(1) $\lim\limits_{x\to 0}\dfrac{2^x f(x)-1}{x}$；　　(2) $\lim\limits_{x\to 1}\dfrac{f(\ln x)-1}{1-x}$.

14. 设 $f(x)$ 是周期为 2 的周期函数，且满足：

$$\lim_{x\to 0}\frac{f(1)-f(1-x)}{6x}=1,$$

求曲线 $y=f(x)$ 在点 $(3,f(3))$ 处的切线斜率.

(B)

1. 选择题：

(1) 设函数 $f(x)=(e^x-1)(e^{2x}-2)\cdots(e^{nx}-n)$，其中 n 为正整数，则 $f'(0)=$（　）.

A. $(-1)^{n-1}(n-1)!$　　B. $(-1)^n(n-1)!$

C. $(-1)^{n-1}n!$　　D. $(-1)^n n!$　　(2012 考研数三)

(2) 设函数 $y=f(x)$ 由方程 $\cos(xy)+\ln y-x=1$ 所确定，则 $\lim\limits_{n\to\infty}n\left(f\left(\dfrac{2}{n}\right)-1\right)=$（　）.

A. 2　　B. 1　　C. -1　　D. -2　　(2013 考研数二)

(3) 已知函数 $f(x)=\begin{cases}x, & x\leqslant 0,\\ \dfrac{1}{n}, & \dfrac{1}{n+1}<x\leqslant\dfrac{1}{n}, n=1,2,\cdots,\end{cases}$ 则（　）.

A. $x=0$ 是 $f(x)$ 的第一类间断点　　B. $x=0$ 是 $f(x)$ 的第二类间断点

C. $f(x)$ 在 $x=0$ 处连续但不可导　　D. $f(x)$ 在 $x=0$ 处可导　　(2016 考研数一)

2. 填空题：

(1) 设函数 $y=y(x)$ 由方程 $x^2-y+1=e^y$ 所确定，则 $\dfrac{dy}{dx}=$ ______.　　(2012 考研数二)

(2) 设 $f(x)=\begin{cases}\ln\sqrt{x}, & x\geqslant 1,\\ 2x-1, & x<1,\end{cases}$ $y=f(f(x))$，则 $\left.\dfrac{dy}{dx}\right|_{x=0}=$ ______.　　(2012 考研数二、三)

(3) 设函数 $f(x)$ 由方程 $y-x=e^{x(1-y)}$ 所确定，则 $\lim\limits_{n\to\infty}n\left(f\left(\dfrac{1}{n}\right)-1\right)=$ ______.

(2013 考研数一)

(4) 设曲线 L 的极坐标方程为 $r=\theta$，则 L 在点 $(r,\theta)=\left(\dfrac{\pi}{2},\dfrac{\pi}{2}\right)$ 处的切线的直角坐标方程为 ______.

(2014 考研数二)

(5) 设 $f(x)$ 是周期为 4 的可导奇函数，且 $f'(x)=2(x-1)\ (x\in[0,2])$，则 $f(7)=$ ______.

(2014 考研数一、二)

(6) 设函数 $y=y(x)$ 由参数方程 $\begin{cases}x=t+e^t,\\ y=\sin t\end{cases}$ 所确定，则 $\left.\dfrac{d^2y}{dx^2}\right|_{t=0}=$ ______.

(2017 考研数二)

第3章数学实验　用 Matlab 进行求导运算

求函数的导数包括求函数的一阶导数和高阶导数. Matlab 的符号运算工具箱中有强大的求导运算功能. 在 Matlab 中，由命令函数 diff( ) 来完成求导运算，其具体格式如下：

(1) diff(f) 表示对 findsym 函数返回的独立变量求导数；

(2) diff(f,v) 表示对指定变量 v 求导数；

(3) diff(f,n) 表示对 findsym 函数返回的独立变量求 n 阶导数；

(4) diff(f,v,n) 表示对指定变量 v 求 n 阶导数.

上述命令中的 f 为需要求导的函数的符号表达式，v 为变量，n 是大于 1 的正整数.

例 1　求下列函数的导数：

(1) $y=x^3$；　　(2) $y=\cos^3 x-\cos 3x$.

解　[Matlab 操作命令]

```
>> clear
>> syms x y1 y2
>> y1 = x^3;
>> y2 = (cos(x))^3 - cos(3 * x);
>> dy1 = diff(y1);
>> dy2 = diff(y2);
>> dy1
```

[Matlab 输出结果]

```
dy1 =
      3 * x^2
```

[Matlab 操作命令]

```
>> dy2
```

[Matlab 输出结果]

```
dy2 =
      - 3 * cos(x)^2 * sin(x) + 3 * sin(3 * x)
```

例 2　求下列函数的三阶导数：

(1) $y=x^3$；　　(2) $y=\sin x$.

解　[Matlab 操作命令]

```
>> clear
>> syms x y1 y2
>> y1 = x^3;
>> y2 = sin(x);
>> dy1 = diff(y1,x,3);
```

```
    >> dy2 = diff(y2,x,3);
    >> dy1
[Matlab 输出结果]
    dy1 =
        6
[Matlab 操作命令]
    >> dy2
[Matlab 输出结果]
    dy2 =
        - cos(x)
```

【思考题】

1. 求函数的高阶导数时,命令函数 diff( ) 中的 n 能缺省吗?n 可以是变量吗?

2. 考察下列程序,你觉得会有什么结果?

```
>> clear
>> syms x y f
>> y = log(f(exp(x)))
>> diff(y)
```

第 4 章 微分中值定理与导数的应用

知识框图

前面学习了导数与微分等基本概念.在此基础上,本章以微分学的基本定理——微分中值定理为基础,介绍应用导数研究函数的性态,如函数不定式的极限,函数的单调性和函数曲线的凹凸性,函数的极值、最大(小)值,函数作图,然后介绍导数的某些应用.

§4.1 微分中值定理

微分中值定理揭示了函数在某个区间上的整体性质与该区间内部某一点处的导数之间的关系,它是微分学中非常重要的定理.

一、罗尔中值定理

定理 1 [罗尔(Rolle)中值定理] 如果函数 $y=f(x)$ 满足:

(1) 在闭区间 $[a,b]$ 上连续;

(2) 在开区间 (a,b) 内可导;

(3) 在区间端点 a,b 处的函数值相等,即 $f(a)=f(b)$,

则在 (a,b) 内至少存在一点 ξ,使得

$$f'(\xi)=0.$$

证 因为 $y=f(x)$ 在 $[a,b]$ 上连续,所以 $y=f(x)$ 在 $[a,b]$ 上必有最大值 M 和最小值 m.

若 $M=m$,则 $f(x)$ 恒为常数,因此 (a,b) 内任一点都可作为 ξ,使得定理的结论成立.

若 $M\neq m$,则 $M>m$.由于 $f(a)=f(b)$,因此最大值 M 或最小值 m 至少有一个在 (a,b) 内取得.不妨设 $f(x)$ 在点 $\xi\in(a,b)$ 取得最大值 M,则对 $\forall x\in[a,b]$,有 $f(x)\leqslant f(\xi)$.再由极限的保号性,得

$$f'(\xi)=f'_-(\xi)=\lim_{x\to\xi^-}\frac{f(x)-f(\xi)}{x-\xi}\geqslant 0,$$

$$f'(\xi)=f'_+(\xi)=\lim_{x\to\xi^+}\frac{f(x)-f(\xi)}{x-\xi}\leqslant 0,$$

所以 $f'(\xi)=0$.定理的结论成立.

罗尔中值定理的几何意义是:如果连续函数 $y=f(x)$ 在区间端点处的函数值相等且除区间端点外处处可导,则至少有一点 $(\xi,f(\xi))$ $(a<\xi<b)$,使得曲线 $y=f(x)$ 在该点处的

切线与 x 轴平行，如图 4-1-1 所示.

如果罗尔中值定理的三个条件中有一个不满足，则定理的结论就可能不成立.

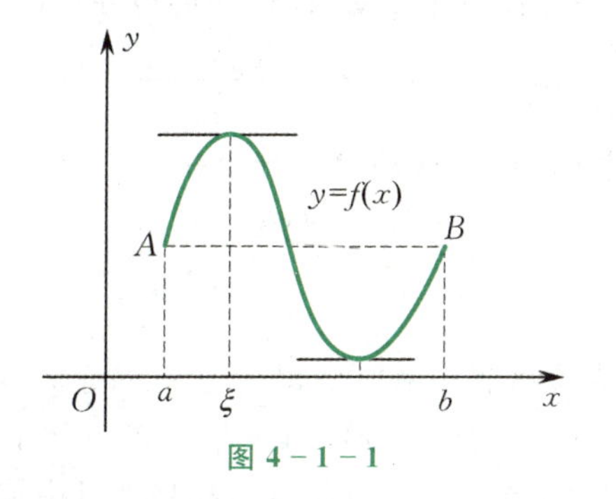

图 4-1-1

例 1　验证函数 $f(x)=x^2+1$ 在区间 $[-1,1]$ 上满足罗尔中值定理的条件，并求出点 $\xi\in(-1,1)$，使得 $f'(\xi)=0$.

解　显然，$f(x)$ 在闭区间 $[-1,1]$ 上连续，在开区间 $(-1,1)$ 内可导，且 $f(-1)=f(1)=2$，即 $f(x)$ 在 $[-1,1]$ 上满足罗尔中值定理的条件. 由于 $f'(x)=2x$，令 $f'(x)=0$，得 $x=0$，从而在 $(-1,1)$ 内存在点 $\xi=0$，使得 $f'(\xi)=0$.

由于罗尔中值定理的结论相当于方程 $f'(x)=0$ 在 (a,b) 内至少有一实根，因此可用该定理判断方程根的存在性.

例 2　已知 $f(x)=x(x-1)(x-2)$，不求导数判断方程 $f'(x)=0$ 有几个实根，并判断这些实根所在的范围.

解　因为 $f(0)=f(1)=f(2)=0$，且 $f(x)$ 在闭区间 $[0,1]$ 和 $[1,2]$ 上连续，在开区间 $(0,1)$ 和 $(1,2)$ 内可导，所以 $f(x)$ 在区间 $[0,1]$ 和 $[1,2]$ 上均满足罗尔中值定理的三个条件，从而在 $(0,1)$ 内至少存在一点 ξ_1，使得 $f'(\xi_1)=0$，即 ξ_1 是方程 $f'(x)=0$ 的一个根；在 $(1,2)$ 内至少存在一点 ξ_2，使得 $f'(\xi_2)=0$，即 ξ_2 也是方程 $f'(x)=0$ 的一个根.

又由于一元二次方程最多只能有两个实根，而 $f'(x)=0$ 为一元二次方程，因此 $f'(x)=0$ 恰好有两个实根，分别在区间 $(0,1)$ 和 $(1,2)$ 内.

二、拉格朗日中值定理

定理 2［拉格朗日(Lagrange)中值定理］　**如果函数 $y=f(x)$ 满足：**

(1) 在闭区间 $[a,b]$ 上连续；

(2) 在开区间 (a,b) 内可导，

则在 (a,b) 内至少存在一点 ξ，使得

$$f'(\xi)=\frac{f(b)-f(a)}{b-a}. \tag{4-1-1}$$

证　引入辅助函数

$$\varphi(x) = f(x) - x\frac{f(b)-f(a)}{b-a},$$

则函数 $\varphi(x)$ 在闭区间$[a,b]$上连续,在开区间(a,b)内可导,且

$$\varphi(a) = \varphi(b) = \frac{bf(a)-af(b)}{b-a}.$$

于是由罗尔中值定理知,在开区间(a,b)内至少有一点 ξ,使得 $\varphi'(\xi) = 0$,即

$$\varphi'(\xi) = f'(\xi) - \frac{f(b)-f(a)}{b-a} = 0,$$

故公式(4-1-1)成立.

公式(4-1-1)通常称为**拉格朗日中值公式**,该公式对于 $b < a$ 的情形仍然成立. 拉格朗日中值公式(4-1-1)反映了函数 $y = f(x)$ 在$[a,b]$上的整体平均变化率与其在(a,b)内某点 ξ 处的导数之间的关系. 显然,当 $f(a) = f(b)$ 时,拉格朗日中值定理就变成罗尔中值定理,即罗尔中值定理是拉格朗日中值定理的特殊情况.

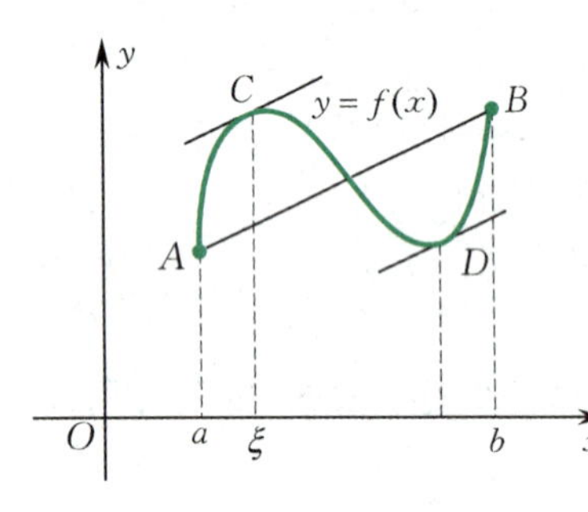

图 4-1-2

拉格朗日中值定理的几何意义是:如果连续函数 $y = f(x)$ 在除区间端点外处处可导,则至少有一点 $(\xi, f(\xi))(a < \xi < b)$,使得曲线 $y = f(x)$ 在该点处的切线平行于线段 AB,其斜率为$\frac{f(b)-f(a)}{b-a}$(见图 4-1-2).

由于 ξ 介于 a 与 b 之间,因此有

$$0 < \frac{\xi - a}{b-a} < 1.$$

如果令 $\theta = \frac{\xi - a}{b-a}$,则 $\xi = a + \theta(b-a)(0 < \theta < 1)$. 于是拉格朗日中值公式(4-1-1)还可写成

$$f(b) = f(a) + f'(a + \theta(b-a))(b-a) \quad (0 < \theta < 1).$$

例 3 设函数 $f(x) = x^2$,说明 $f(x)$ 在$[0,1]$上满足拉格朗日中值定理的条件,并求出定理中的点 ξ.

解 由于 $f(x) = x^2$ 在实数域上连续、可导,因此该函数在$[0,1]$上满足拉格朗日中值定理的条件. 又因为 $f'(x) = 2x$,所以由

$$\frac{f(1)-f(0)}{1-0} = f'(\xi) = 2\xi,$$

得 $1 = 2\xi$,即 $\xi = \frac{1}{2}$.

例 4 证明:对任意实数 a,b,不等式

$$|\arctan b - \arctan a| \leqslant |b - a|$$

都成立.

证 当 $a = b$ 时,等号成立.

当 $a \neq b$ 时,不妨设 $a < b$. 令 $f(x) = \arctan x$,则 $f'(x) = \frac{1}{1+x^2}$. 由于 $f(x)$ 在$[a,b]$上满足拉格朗日中值定理的条件,因此有

$$\frac{f(b)-f(a)}{b-a}=\frac{\arctan b-\arctan a}{b-a}=f'(\xi)=\frac{1}{1+\xi^2}\quad(a<\xi<b),$$

从而

$$\left|\frac{\arctan b-\arctan a}{b-a}\right|=\left|\frac{1}{1+\xi^2}\right|=\frac{1}{1+\xi^2}\leqslant 1\quad(a<\xi<b),$$

故

$$|\arctan b-\arctan a|\leqslant|b-a|.$$

推论 1　如果函数 $f(x)$ 在区间 I 上的导数恒为零，那么 $f(x)$ 在区间 I 上是一个常数.

证　在区间 I 内任取两点 $x_1,x_2(x_1<x_2)$，在 $[x_1,x_2]$ 上应用拉格朗日中值定理，有

$$\frac{f(x_2)-f(x_1)}{x_2-x_1}=f'(\xi)\quad(x_1<\xi<x_2).$$

由已知 $f'(\xi)=0$，得 $f(x_2)-f(x_1)=0$，即

$$f(x_2)=f(x_1).$$

这就表明，$f(x)$ 在 I 上任取的两点处函数值相等，即 $f(x)$ 在 I 上的函数值总是相等的. 因此，$f(x)$ 在区间 I 上是一个常数.

由推论 1 容易推出下面的结论：

推论 2　如果函数 $f(x),g(x)$ 在区间 I 上可导，且 $f'(x)=g'(x)$，则在 I 上有

$$f(x)=g(x)+C\quad(C\text{ 是常数}).$$

例 5　证明：$\arctan x+\operatorname{arccot} x=\frac{\pi}{2}$.

证　设 $f(x)=\arctan x+\operatorname{arccot} x$，因为

$$f'(x)=\frac{1}{1+x^2}+\left(-\frac{1}{1+x^2}\right)=0,$$

所以 $f(x)=C$（C 是常数）. 又因为

$$f(1)=\arctan 1+\operatorname{arccot} 1=\frac{\pi}{4}+\frac{\pi}{4}=\frac{\pi}{2},$$

所以 $C=\frac{\pi}{2}$，即 $f(x)=\arctan x+\operatorname{arccot} x=\frac{\pi}{2}$.

三、柯西中值定理

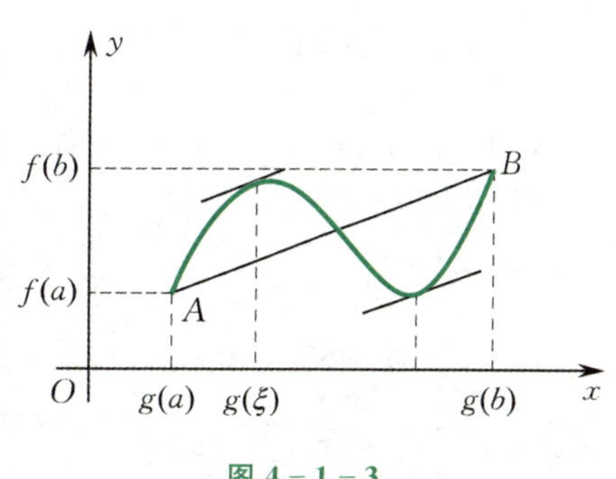

图 4-1-3

下面考虑由参数方程 $x=g(t),y=f(t)(t\in[a,b])$ 给出的一段曲线，其两端点分别为 $A(g(a),f(a))$，$B(g(b),f(b))$. 连接 A,B 两点得到线段 AB，则线段 AB 的斜率为 $\frac{f(b)-f(a)}{g(b)-g(a)}$（见图 4-1-3）. 而曲线段 $\overset{\frown}{AB}$ 上任一点处切线的斜率为 $\frac{\mathrm{d}y}{\mathrm{d}x}=\frac{f'(t)}{g'(t)}$. 若曲线段 $\overset{\frown}{AB}$ 上

存在一点(对应参数 $t=\xi\in(a,b)$),使得曲线在该点处的切线与线段 AB 平行,则下面的等式成立:

$$\frac{f(b)-f(a)}{g(b)-g(a)}=\frac{f'(\xi)}{g'(\xi)}.$$

于是有下面的定理:

定理 3 [柯西(Cauchy)中值定理] **如果函数 $f(x),g(x)$ 满足:**

(1) 在闭区间$[a,b]$上连续;

(2) 在开区间(a,b)内可导,且 $g'(x)$ 在(a,b)内每一点处均不为零,

则在(a,b)内至少存在一点 ξ,使得

$$\frac{f(b)-f(a)}{g(b)-g(a)}=\frac{f'(\xi)}{g'(\xi)}.$$

若令 $g(x)=x$,则柯西中值定理变为拉格朗日中值定理,即拉格朗日中值定理是柯西中值定理的特殊情况.

例 6 设函数 $f(x)$ 在$[0,1]$上连续,在$(0,1)$内可导,试证明:至少存在一点$\xi\in(0,1)$,使得

$$f'(\xi)=2\xi(f(1)-f(0)).$$

证 令 $g(x)=x^2$,则 $f(x),g(x)$ 在$[0,1]$上满足柯西中值定理的条件,故在$(0,1)$内至少存在一点 ξ,使得

$$\frac{f(1)-f(0)}{g(1)-g(0)}=\frac{f'(\xi)}{g'(\xi)}.$$

又因为 $g'(x)=2x$,所以

$$\frac{f(1)-f(0)}{1-0}=\frac{f'(\xi)}{2\xi},$$

即

$$f'(\xi)=2\xi(f(1)-f(0)).$$

练习 4.1

1. 下列函数在给定的区间上是否满足罗尔中值定理的条件?若满足,求出定理中的点 ξ.

(1) $f(x)=|x|,x\in[-1,1]$;

(2) $f(x)=\dfrac{1}{1+x^2},x\in[-1,1]$;

(3) $f(x)=x\sqrt{3-x},x\in[0,3]$;

(4) $f(x)=\begin{cases}\dfrac{1}{x}, & x\neq 0,\\ 1, & x=0,\end{cases}\ x\in[0,1]$.

2. 下列函数在给定的区间上是否满足拉格朗日中值定理的条件?若满足,求出定理中的点 ξ.

(1) $f(x)=x^3,x\in[0,2]$;

(2) $f(x)=\ln x,x\in[1,2]$;

(3) $f(x)=|\sin x|,x\in\left[-\dfrac{\pi}{2},\dfrac{\pi}{2}\right]$;

(4) $f(x)=\begin{cases}x, & x\neq 0,\\ 1, & x=0,\end{cases}\ x\in[0,1]$.

3. 验证函数 $f(x)=x^3+1,g(x)=x^2$ 在区间$[1,2]$上满足柯西中值定理的条件,并求出满足等式 $\dfrac{f(2)-f(1)}{g(2)-g(1)}=\dfrac{f'(\xi)}{g'(\xi)}$ 的点 ξ.

4. 不求函数 $f(x)=x(x+1)(x-1)$ 的导数,判断方程 $f'(x)=0$ 有几个实根,并指出这些根所在的范围.

5. 证明下列恒等式：

(1) $\arcsin x+\arccos x=\dfrac{\pi}{2}\quad(-1\leqslant x\leqslant 1)$；

(2) $\arctan x+\arccos\dfrac{x}{\sqrt{1+x^2}}=\dfrac{\pi}{2}$.

6. 应用拉格朗日中值定理证明下列不等式：

(1) 若 x 为实数，则 $|\sin x|\leqslant|x|$；

(2) 若 $a>b>0$，则 $\dfrac{a-b}{a}<\ln\dfrac{a}{b}<\dfrac{a-b}{b}$；

(3) 若 $a>b>0,n>1$，则 $nb^{n-1}(a-b)<a^n-b^n<na^{n-1}(a-b)$.

7. 验证函数 $f(x)=\mathrm{e}^x,g(x)=x$ 在区间 $[a,1](a<1)$ 或 $[1,a](a>1)$ 上满足柯西中值定理的条件，并证明：当 $a\neq 1$ 时，$\mathrm{e}^a>a\mathrm{e}$.

*§4.2　泰勒定理

对于某些较复杂的函数，在计算它的函数值或研究其局部性质时，经常用多项式等简单的函数来近似表示该函数，这就是泰勒(Taylor)定理的实质所在.

在学习微分内容时已经知道，若函数 $f(x)$ 在点 x_0 处可微，则

$$f(x_0+\Delta x)=f(x_0)+f'(x_0)\Delta x+o(\Delta x).$$

如果令 $x=x_0+\Delta x$，则

$$f(x)=f(x_0)+f'(x_0)(x-x_0)+o(x-x_0).$$

当 $|\Delta x|=|x-x_0|$ 很小时，有近似公式

$$f(x)\approx f(x_0)+f'(x_0)(x-x_0).$$

这种近似表达式的不足之处是：只适用于 $|\Delta x|$ 很小的情况，且精确度不高，不能具体估算出误差大小. 因此，对于精确度要求较高且需要估计误差的情形，就必须用高次多项式来近似表示函数，同时还需要给出误差公式.

定理 1（泰勒定理）　**如果函数 $f(x)$ 在含点 x_0 的开区间 (a,b) 内具有直到 $n+1$ 阶的导数，则对于 (a,b) 内任意点 x，$f(x)$ 都可表示为一个关于 $x-x_0$ 的 n 次多项式与一个余项 $R_n(x)$ 之和：**

$$f(x)=f(x_0)+f'(x_0)(x-x_0)+\frac{f''(x_0)}{2!}(x-x_0)^2+\cdots+\frac{f^{(n)}(x_0)}{n!}(x-x_0)^n+R_n(x),\qquad(4-2-1)$$

其中

$$R_n(x)=\frac{f^{(n+1)}(\xi)}{(n+1)!}(x-x_0)^{n+1},$$

而 ξ 介于 x_0 与 x 之间.

证明从略.

定理中的公式(4-2-1)称为函数 $f(x)$ 在点 x_0 处的 **n 阶泰勒公式**，$R_n(x)$ 称为**拉格朗日**

型余项.

当 $n=0$ 时,泰勒公式变成拉格朗日中值公式

$$f(x)=f(x_0)+f'(\xi)(x-x_0)\quad(\xi\text{ 在 }x_0\text{ 与 }x\text{ 之间}).$$

因此,泰勒定理是拉格朗日中值定理的推广.

由于 ξ 介于 x_0 与 x 之间,因此 ξ 可写成 $\xi=x_0+\theta(x-x_0)(0<\theta<1)$. 在泰勒公式(4-2-1)中令 $x_0=0$,得到

$$f(x)=f(0)+f'(0)x+\frac{f''(0)}{2!}x^2+\cdots+\frac{f^{(n)}(0)}{n!}x^n+\frac{f^{(n+1)}(\theta x)}{(n+1)!}x^{n+1}\quad(0<\theta<1).$$

此时,称该公式为 n 阶麦克劳林(Maclaurin)公式.

如果对于某个固定的 n,当 x 在区间 (a,b) 内变动时,$|f^{(n+1)}(x)|$ 总不超过一个常数 M,则有

$$\left|\frac{R_n(x)}{(x-x_0)^n}\right|=\left|\frac{f^{(n+1)}(\xi)}{(n+1)!}(x-x_0)\right|\leqslant\frac{M}{(n+1)!}|x-x_0|,$$

故

$$\lim_{x\to x_0}\frac{R_n(x)}{(x-x_0)^n}=0.$$

由此可见,当 $x\to x_0$ 时,$R_n(x)$ 是比 $(x-x_0)^n$ 高阶的无穷小量,即 $R_n(x)=o((x-x_0)^n)$. 这种形式的余项称为佩亚诺(Peano)余项. 此时,麦克劳林公式可表示为

$$f(x)=f(0)+f'(0)x+\frac{f''(0)}{2!}x^2+\cdots+\frac{f^{(n)}(0)}{n!}x^n+o(x^n).$$

例 1 求 $f(x)=\mathrm{e}^x$ 的 n 阶麦克劳林公式.

解 因 $f^{(n)}(x)=\mathrm{e}^x(n=0,1,2,\cdots)$,故

$$f(0)=f'(0)=f''(0)=\cdots=f^{(n)}(0)=1.$$

又因为 $f^{(n+1)}(\theta x)=\mathrm{e}^{\theta x}$,所以 $f(x)=\mathrm{e}^x$ 的 n 阶麦克劳林公式为

$$\begin{aligned}f(x)=\mathrm{e}^x&=f(0)+f'(0)x+\frac{f''(0)}{2!}x^2+\cdots+\frac{f^{(n)}(0)}{n!}x^n+\frac{f^{(n+1)}(\theta x)}{(n+1)!}x^{n+1}\\&=1+x+\frac{x^2}{2!}+\cdots+\frac{x^n}{n!}+\frac{\mathrm{e}^{\theta x}}{(n+1)!}x^{n+1}\\&=1+x+\frac{x^2}{2!}+\cdots+\frac{x^n}{n!}+o(x^n)\quad(0<\theta<1).\end{aligned}$$

由上例中的麦克劳林公式,得下述近似公式:

$$\mathrm{e}^x\approx1+x+\frac{x^2}{2!}+\cdots+\frac{x^n}{n!},$$

其误差估计为

$$|R_n(x)|=\left|\frac{\mathrm{e}^{\theta x}}{(n+1)!}x^{n+1}\right|<\frac{\mathrm{e}^{|x|}}{(n+1)!}|x|^{n+1}\quad(0<\theta<1).$$

取 $x=1$,得

$$\mathrm{e}\approx1+1+\frac{1}{2!}+\cdots+\frac{1}{n!},$$

其误差估计为

$$|R_n| < \frac{e}{(n+1)!} < \frac{3}{(n+1)!}.$$

例 2　求 $f(x)=\sin x$ 的麦克劳林公式.

解　由于 $(\sin x)^{(n)}=\sin\left(x+\frac{n\pi}{2}\right)(n=0,1,2,\cdots)$,因此

$$f(0)=0,\quad f'(0)=1,\quad f''(0)=0,\quad f'''(0)=-1,\quad f^{(4)}(0)=0,\quad f^{(5)}(0)=1,\quad \cdots,$$

即 $f^{(2k)}(0)=0, f^{(2k+1)}(0)=(-1)^k(k=0,1,2,\cdots)$. 故得

$$\sin x = x-\frac{x^3}{3!}+\frac{x^5}{5!}-\cdots+(-1)^{n-1}\frac{x^{2n-1}}{(2n-1)!}+\frac{\sin\left(\theta x+\frac{(2n+1)\pi}{2}\right)}{(2n+1)!}x^{2n+1},$$

其中 $0<\theta<1$,进而可写成

$$\sin x = x-\frac{x^3}{3!}+\frac{x^5}{5!}-\cdots+(-1)^{n-1}\frac{x^{2n-1}}{(2n-1)!}+o(x^{2n}).$$

类似可得

$$\begin{aligned}\cos x &= 1-\frac{x^2}{2!}+\frac{x^4}{4!}-\frac{x^6}{6!}+\cdots+(-1)^n\frac{x^{2n}}{(2n)!}+o(x^{2n+1})\\ &= 1-\frac{x^2}{2!}+\frac{x^4}{4!}-\frac{x^6}{6!}+\cdots+(-1)^n\frac{x^{2n}}{(2n)!}+o(x^{2n}).\end{aligned}$$

利用类似以上求麦克劳林公式的方法,可得到其他常用初等函数的麦克劳林公式. 为了方便应用,现列出如下:

(1) $e^x=1+x+\frac{x^2}{2!}+\cdots+\frac{x^n}{n!}+o(x^n)$;

(2) $\ln(1+x)=x-\frac{x^2}{2}+\frac{x^3}{3}-\cdots+(-1)^{n-1}\frac{x^n}{n}+o(x^n)$;

(3) $\frac{1}{1-x}=1+x+x^2+\cdots+x^n+o(x^n)$;

(4) $(1+x)^m=1+mx+\frac{m(m-1)}{2!}x^2+\cdots+\frac{m(m-1)\cdots(m-n+1)}{n!}x^n+o(x^n)$

(m 为任意实数,且 $m>n$).

例 3　求下列函数的带佩亚诺余项的麦克劳林公式:

(1) $f(x)=e^{-x^2}$;　　(2) $f(x)=\frac{1-x}{1+x}$.

解　(1)

$$\begin{aligned}f(x)=e^{-x^2} &= 1+(-x^2)+\frac{(-x^2)^2}{2!}+\cdots+\frac{(-x^2)^n}{n!}+o(x^{2n})\\ &= 1-x^2+\frac{x^4}{2!}+\cdots+(-1)^n\frac{x^{2n}}{n!}+o(x^{2n})\\ &= \sum_{k=0}^{n}(-1)^k\frac{x^{2k}}{k!}+o(x^{2n}).\end{aligned}$$

(2) $f(x)=\frac{1-x}{1+x}=-1+\frac{2}{1+x}=-1+2\times\frac{1}{1-(-x)}$

$$=-1+2[1-x+x^2-x^3+\cdots+(-x)^n+o(x^n)]$$
$$=-1+2[1-x+x^2-x^3+\cdots+(-1)^n x^n]+o(x^n)$$
$$=-1+2\sum_{k=0}^{n}(-1)^k x^k+o(x^n).$$

例 4 计算$\lim\limits_{x\to 0}\dfrac{\cos x-\mathrm{e}^{-\frac{x^2}{2}}}{x^3\sin x}$.

解 因为

$$\cos x=1-\frac{x^2}{2!}+\frac{x^4}{4!}+o(x^4),$$
$$\mathrm{e}^{-\frac{x^2}{2}}=1-\frac{x^2}{2}+\frac{1}{2!}\left(-\frac{x^2}{2}\right)^2+o(x^4),$$

所以得

$$\cos x-\mathrm{e}^{-\frac{x^2}{2}}=\frac{x^4}{4!}-\frac{1}{2!}\left(-\frac{x^2}{2}\right)^2+o(x^4)=-\frac{1}{12}x^4+o(x^4).$$

又 $\sin x=x+o(x)$,故有

$$\lim_{x\to 0}\frac{\cos x-\mathrm{e}^{-\frac{x^2}{2}}}{x^3\sin x}=\lim_{x\to 0}\frac{-\frac{1}{12}x^4+o(x^4)}{x^3(x+o(x))}=\lim_{x\to 0}\frac{-\frac{1}{12}x^4+o(x^4)}{x^4+o(x^4)}$$
$$=\lim_{x\to 0}\frac{-\frac{1}{12}+\frac{o(x^4)}{x^4}}{1+\frac{o(x^4)}{x^4}}=-\frac{1}{12}.$$

例 5 计算$\lim\limits_{x\to 0}\dfrac{x(\mathrm{e}^x+\mathrm{e}^{-x}-2)}{x-\sin x}$.

解 因为

$$\mathrm{e}^x=1+x+\frac{x^2}{2!}+o(x^2),$$
$$\mathrm{e}^{-x}=1-x+\frac{x^2}{2!}+o(x^2),$$
$$\sin x=x-\frac{x^3}{3!}+o(x^3),$$

所以得

$$\mathrm{e}^x+\mathrm{e}^{-x}-2=x^2+o(x^2),$$
$$x-\sin x=\frac{x^3}{3!}+o(x^3).$$

故有

$$\lim_{x\to 0}\frac{x(\mathrm{e}^x+\mathrm{e}^{-x}-2)}{x-\sin x}=\lim_{x\to 0}\frac{x(x^2+o(x^2))}{\frac{x^3}{3!}+o(x^3)}=\lim_{x\to 0}\frac{x^3+o(x^3)}{\frac{x^3}{3!}+o(x^3)}$$
$$=\lim_{x\to 0}\frac{1+\frac{o(x^3)}{x^3}}{\frac{1}{3!}+\frac{o(x^3)}{x^3}}=3!=6.$$

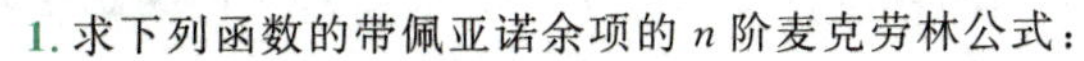

1. 求下列函数的带佩亚诺余项的 n 阶麦克劳林公式：

(1) $f(x)=a^x\quad(a>0,a\neq1)$；　(2) $f(x)=\dfrac{1}{2-x}$.

2. 用泰勒公式求下列极限：

(1) $\lim\limits_{x\to0}\dfrac{x-\sin x}{x^3}$；　(2) $\lim\limits_{x\to0}\dfrac{\mathrm{e}^x+\sin x-1}{\ln(1+x)}$；

(3) $\lim\limits_{x\to0}\dfrac{\mathrm{e}^x\sin x-x(1+x)}{x^3}$；　(4) $\lim\limits_{x\to0}\dfrac{\mathrm{e}^{x^3}-1-x^3}{\sin^6(2x)}$.

§4.3　洛必达法则

我们知道，两个无穷小量之比的极限可能存在，也可能不存在. 例如，$\lim\limits_{x\to0}\dfrac{\sin x}{x}=1$，而极限$\lim\limits_{x\to0}\dfrac{\ln(1+x)}{x^2}$不存在. 这类极限称为 $\dfrac{0}{0}$ 型不定式. 类似地，两个无穷大量之比的极限称为 $\dfrac{\infty}{\infty}$ 型不定式. 本节将利用微分中值定理推导出可计算不定式极限的洛必达(L'Hospital) 法则.

一、$\dfrac{0}{0}$ 型与$\dfrac{\infty}{\infty}$ 型不定式

定理 1（洛必达法则）　若函数 $f(x),g(x)$ 满足：

(1) $\lim\limits_{x\to a}f(x)=0,\lim\limits_{x\to a}g(x)=0$，或者$\lim\limits_{x\to a}f(x)=\infty,\lim\limits_{x\to a}g(x)=\infty$；

(2) 在点 a 的某一去心邻域内可导，且 $g'(x)\neq0$；

(3) $\lim\limits_{x\to a}\dfrac{f'(x)}{g'(x)}=A(\text{或}\infty)$，

则有

$$\lim_{x\to a}\frac{f(x)}{g(x)}=\lim_{x\to a}\frac{f'(x)}{g'(x)}=A(\text{或}\infty).$$

证　只证 $\lim\limits_{x\to a}\dfrac{f(x)}{g(x)}$ 为$\dfrac{0}{0}$ 型不定式的情况. 在 $x=a$ 处补充定义，使得

$$f(a)=g(a)=0,$$

从而存在点 a 的某一邻域，使得 $f(x)$ 及 $g(x)$ 在这个邻域内连续. 设 x 为该邻域内任一异于 a 的点，则 $f(x)$ 及 $g(x)$ 在[a,x](或[x,a]) 上满足柯西中值定理的条件. 故由柯西中值定理得

$$\frac{f(x)}{g(x)}=\frac{f(x)-f(a)}{g(x)-g(a)}=\frac{f'(\xi)}{g'(\xi)}\quad(\xi\text{ 在 }a\text{ 与 }x\text{ 之间}).$$

显然，当 $x\to a$ 时，$\xi\to a$，因此有

$$\lim_{x\to a}\frac{f(x)}{g(x)}=\lim_{\xi\to a}\frac{f'(\xi)}{g'(\xi)}=\lim_{x\to a}\frac{f'(x)}{g'(x)}=A(\text{或}\infty).$$

若定理1中的 $x\to a$ 换成 $x\to a^+$, $x\to a^-$, $x\to+\infty$, $x\to-\infty$, $x\to\infty$,并且条件(2)做相应的修改,则结论仍然成立. 如果 $\lim\limits_{x\to a}\frac{f'(x)}{g'(x)}$ 还是不定式,且函数 $f'(x)$ 及 $g'(x)$ 仍满足定理1的条件,那么还可继续用洛必达法则,直到求出极限为止.

例1 求 $\lim\limits_{x\to+\infty}\frac{\ln x}{x^\alpha}\quad(\alpha>0)$.

解 这是 $\frac{\infty}{\infty}$ 型不定式. 由洛必达法则得

$$\lim_{x\to+\infty}\frac{\ln x}{x^\alpha}=\lim_{x\to+\infty}\frac{\frac{1}{x}}{\alpha x^{\alpha-1}}=\lim_{x\to+\infty}\frac{1}{\alpha x^\alpha}=0.$$

例2 求 $\lim\limits_{x\to+\infty}\frac{x^2}{3^x}$.

解 这是 $\frac{\infty}{\infty}$ 型不定式. 由洛必达法则得

$$\lim_{x\to+\infty}\frac{x^2}{3^x}=\lim_{x\to+\infty}\frac{2x}{3^x\ln 3}=\lim_{x\to+\infty}\frac{2}{3^x(\ln 3)^2}=0.$$

例3 求 $\lim\limits_{x\to b}\frac{a^x-a^b}{x-b}\quad(a>0,a\neq1)$.

解 这是 $\frac{0}{0}$ 型不定式. 由洛必达法则得

$$\lim_{x\to b}\frac{a^x-a^b}{x-b}=\lim_{x\to b}\frac{a^x\ln a}{1}=a^b\ln a.$$

例4 求 $\lim\limits_{x\to0}\frac{(x\cos x-\sin x)\ln(x+1)}{x^3\sin x}$.

解 这是 $\frac{0}{0}$ 型不定式. 如果直接应用洛必达法则,那么求导比较麻烦. 可先用等价无穷小量替换,然后化简,再用洛必达法则. 因为当 $x\to0$ 时, $\ln(1+x)\sim x$, $\sin x\sim x$,所以有

$$\begin{aligned}\text{原式}&=\lim_{x\to0}\frac{(x\cos x-\sin x)x}{x^3\cdot x}=\lim_{x\to0}\frac{x\cos x-\sin x}{x^3}\\&=\lim_{x\to0}\frac{(\cos x-x\sin x)-\cos x}{3x^2}=-\frac{1}{3}\lim_{x\to0}\frac{\sin x}{x}=-\frac{1}{3}.\end{aligned}$$

二、其他类型不定式

其他类型的不定式主要有 $0\cdot\infty$ 型、$\infty-\infty$ 型、0^0 型、∞^0 型、1^∞ 型不定式. 求这些类型的不定式极限均可转化为求 $\frac{0}{0}$ 型或 $\frac{\infty}{\infty}$ 型不定式的极限,然后应用洛必达法则.

例5 求 $\lim\limits_{x\to0^+}x\ln x$.

解 这是 $0\cdot\infty$ 型不定式,可将其化为 $\frac{0}{0}$ 型或 $\frac{\infty}{\infty}$ 型不定式来计算:

$$\lim_{x\to 0^+} x\ln x = \lim_{x\to 0^+}\frac{\ln x}{\frac{1}{x}} = \lim_{x\to 0^+}\frac{\frac{1}{x}}{-\frac{1}{x^2}} = \lim_{x\to 0^+}(-x) = 0.$$

例 6　求$\lim\limits_{x\to 1}\left(\frac{x}{x-1}-\frac{1}{\ln x}\right)$.

解　这是 $\infty-\infty$ 型不定式,可利用通分化为 $\frac{0}{0}$ 型不定式来计算:

$$\lim_{x\to 1}\left(\frac{x}{x-1}-\frac{1}{\ln x}\right)=\lim_{x\to 1}\frac{x\ln x-x+1}{(x-1)\ln x}=\lim_{x\to 1}\frac{\ln x+1-1}{\ln x+\frac{x-1}{x}}$$

$$=\lim_{x\to 1}\frac{\ln x}{\ln x+1-\frac{1}{x}}=\lim_{x\to 1}\frac{\frac{1}{x}}{\frac{1}{x}+\frac{1}{x^2}}=\frac{1}{2}.$$

对于 0^0 型、∞^0 型和 1^∞ 型不定式,可采用**对数求极限法**来求极限:先化为以 e 为底的指数函数的极限:

$$\lim f(x)^{g(x)} = \lim \mathrm{e}^{g(x)\ln f(x)} = \mathrm{e}^{\lim(g(x)\ln f(x))};$$

再利用指数函数的连续性,转化为求该函数的指数的极限;最后把指数的极限转化为 $\frac{0}{0}$ 型或 $\frac{\infty}{\infty}$ 型不定式来计算,即可求得结果.

例 7　求$\lim\limits_{x\to 0^+} x^{\sin x}$.　($0^0$ 型)

解　$\lim\limits_{x\to 0^+} x^{\sin x} = \lim\limits_{x\to 0^+}\mathrm{e}^{\sin x\ln x}$.因为

$$\lim_{x\to 0^+}\sin x\ln x = \lim_{x\to 0^+}\frac{\ln x}{\frac{1}{\sin x}} = \lim_{x\to 0^+}\frac{\frac{1}{x}}{\frac{-1}{\sin^2 x}\cos x}$$

$$=-\lim_{x\to 0^+}\left(\frac{\sin x}{x}\cdot\sin x\cdot\frac{1}{\cos x}\right)=-1\cdot 0\cdot 1=0,$$

所以

$$\lim_{x\to 0^+} x^{\sin x} = \lim_{x\to 0^+}\mathrm{e}^{\sin x\ln x} = \mathrm{e}^0 = 1.$$

例 8　求$\lim\limits_{x\to 1} x^{\frac{1}{1-x}}$.　($1^\infty$ 型)

解　$\lim\limits_{x\to 1} x^{\frac{1}{1-x}} = \lim\limits_{x\to 1}\mathrm{e}^{\frac{1}{1-x}\ln x}$.因为

$$\lim_{x\to 1}\frac{1}{1-x}\ln x = \lim_{x\to 1}\frac{\ln x}{1-x} = \lim_{x\to 1}\frac{\frac{1}{x}}{-1} = -1,$$

所以

$$\lim_{x\to 1} x^{\frac{1}{1-x}} = \lim_{x\to 1}\mathrm{e}^{\frac{1}{1-x}\ln x} = \mathrm{e}^{-1}.$$

练习 4.3

1. 用洛必达法则计算下列极限:

(1) $\lim\limits_{x\to1}\dfrac{x-1}{x^{\alpha}-1}\quad(\alpha>1)$;　　(2) $\lim\limits_{x\to1}\dfrac{\ln x^{2}}{x-1}$;

(3) $\lim\limits_{x\to0}\dfrac{a^{x}-1}{x}\quad(a>0,a\neq1)$;　　(4) $\lim\limits_{x\to0}\dfrac{2^{x}-1}{3^{x}-1}$;

(5) $\lim\limits_{x\to a}\dfrac{\sin x-\sin a}{x-a}$;　　(6) $\lim\limits_{x\to0}\dfrac{e^{x}-e^{-x}}{\sin x}$;

(7) $\lim\limits_{x\to0^{+}}\dfrac{\ln(\sin 2x)}{\ln(\sin 5x)}$;　　(8) $\lim\limits_{x\to+\infty}\dfrac{\ln\left(1+\dfrac{1}{x}\right)}{\operatorname{arccot}x}$;

(9) $\lim\limits_{x\to0}\left(\dfrac{1}{e^{x}-1}-\dfrac{1}{x}\right)$;　　(10) $\lim\limits_{x\to0^{+}}\sin x\ln x$;

(11) $\lim\limits_{x\to0^{+}}x^{x}$;　　(12) $\lim\limits_{x\to0^{+}}\left(\ln\dfrac{1}{x}\right)^{x}$.

2. 验证极限 $\lim\limits_{x\to+\infty}\dfrac{e^{x}-e^{-x}}{e^{x}+e^{-x}}$ 存在,但不能用洛必达法则.

3. 已知函数 $f(x)$ 在 $(x_0-\delta,x_0+\delta)(\delta>0)$ 内存在二阶导数,且 $f''(x_0)=6$,求极限

$$\lim_{h\to0}\frac{f(x_0+h)+f(x_0-h)-2f(x_0)}{h^{2}}.$$

§4.4 函数的单调性与极值

函数的单调性是我们研究函数图形时首先应考虑的问题之一.本节将利用函数的一阶导数和二阶导数来判定函数的单调性与极值.这对函数性质的研究与作图都十分重要.

一、函数的单调性

对某些函数而言,要用定义直接判断其单调性并不方便.若可导函数 $y=f(x)$ 在 $[a,b]$ 上单调增加,则其图形沿 x 轴正向是一条上升的曲线(见图 4-4-1),这时曲线上各点处的切线斜率均非负($f'(x)\geqslant0$);若 $y=f(x)$ 在 $[a,b]$ 上单调减少,则其图形沿 x 轴正向是一条下降的曲线(见图 4-4-2),这时曲线上各点处的切线斜率均非正($f'(x)\leqslant0$).可见,函数的单

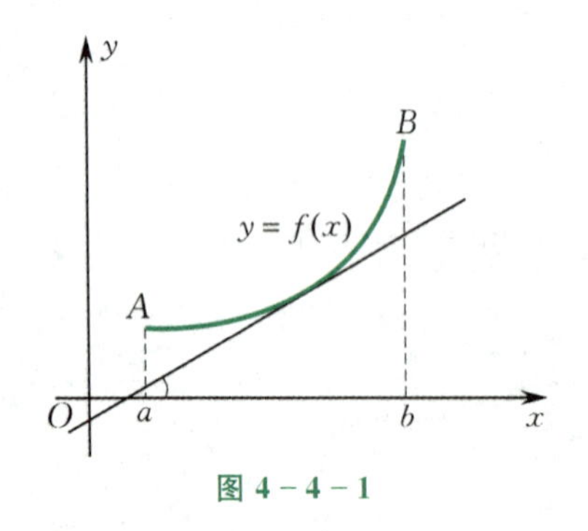

图 4-4-1

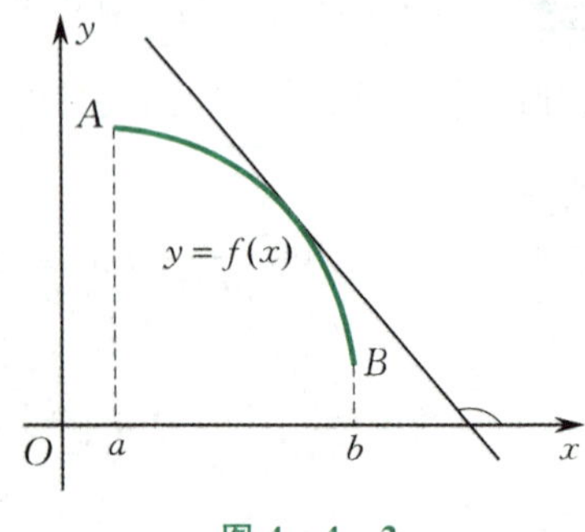

图 4-4-2

调性与导数符号的正负有着密切的关系.

定理 1　设函数 $f(x)$ 在 $[a,b]$ 上连续,在 (a,b) 内可导.

(1) 若在 (a,b) 内 $f'(x)>0$,则函数 $f(x)$ 在 $[a,b]$ 上严格单调增加;

(2) 若在 (a,b) 内 $f'(x)<0$,则函数 $f(x)$ 在 $[a,b]$ 上严格单调减少.

证　只证明(2),(1)的证明类似.

在 $[a,b]$ 内任取两点 x_1,x_2,且满足 $x_1<x_2$,由拉格朗日中值定理得

$$f(x_2)-f(x_1)=f'(\xi)(x_2-x_1)\quad (x_1<\xi<x_2).$$

若在 (a,b) 内 $f'(x)<0$,则 $f'(\xi)<0$,而 $x_2-x_1>0$,于是

$$f(x_2)-f(x_1)=f'(\xi)(x_2-x_1)<0,$$

即

$$f(x_1)>f(x_2),$$

故函数 $f(x)$ 在 $[a,b]$ 上严格单调减少.

例 1　确定函数 $f(x)=2x^3-9x^2+12x$ 的单调区间.

解　易知 $f(x)$ 在 $(-\infty,+\infty)$ 内连续,且

$$f'(x)=6x^2-18x+12=6(x-1)(x-2).$$

令 $f'(x)=0$,得 $x_1=1,x_2=2$. 将定义区间分为 $(-\infty,1]$,$[1,2]$,$[2,+\infty)$,于是有

(1) 在 $(-\infty,1)$ 内,$f'(x)>0$,故函数 $f(x)$ 在 $(-\infty,1]$ 上严格单调增加;

(2) 在 $(1,2)$ 内,$f'(x)<0$,故函数 $f(x)$ 在 $[1,2]$ 上严格单调减少;

(3) 在 $(2,+\infty)$ 内,$f'(x)>0$,故函数 $f(x)$ 在 $[2,+\infty)$ 上严格单调增加.

利用函数的单调性,可证明不等式,还可讨论方程根的情况.

例 2　证明:当 $x>0$ 时,$x>\ln(1+x)>\dfrac{x}{1+x}$.

证　令 $f(t)=t-\ln(1+t)$,则 $f(t)$ 在 $[0,+\infty)$ 上连续,且

$$f'(t)=1-\frac{1}{1+t}=\frac{t}{1+t}>0\quad (t\in(0,+\infty)).$$

因此 $f(t)$ 在 $[0,+\infty)$ 上严格单调增加. 于是,当 $x>0$ 时,$f(x)>f(0)$. 而 $f(0)=0$,故

$$f(x)=x-\ln(1+x)>0,\quad 即\quad x>\ln(1+x).$$

令 $g(t)=\ln(1+t)-\dfrac{t}{1+t}$,则 $g(t)$ 在 $[0,+\infty)$ 上连续,且

$$g'(t)=\frac{1}{1+t}-\frac{1}{(1+t)^2}=\frac{t}{(1+t)^2}>0\quad (t\in(0,+\infty)).$$

因此 $g(t)$ 在 $[0,+\infty)$ 上严格单调增加. 于是,当 $x>0$ 时,$g(x)>g(0)$. 而 $g(0)=0$,故

$$g(x)=\ln(1+x)-\frac{x}{1+x}>0,\quad 即\quad \ln(1+x)>\frac{x}{1+x}.$$

综上,当 $x>0$ 时,$x>\ln(1+x)>\dfrac{x}{1+x}$.

例 3　证明:方程 $x+\ln x=0$ 在区间 $(0,+\infty)$ 内有且只有一个实根.

证　令 $f(x)=x+\ln x$,因 $f(x)$ 在闭区间 $\left[\dfrac{1}{\mathrm{e}},1\right]$ 上连续,且

$$f\left(\frac{1}{e}\right)=\frac{1}{e}-1<0,\quad f(1)=1>0,$$

故在$\left(\frac{1}{e},1\right)$内有一个点 ξ,使得 $f(\xi)=0$,即 ξ 是 $x+\ln x=0$ 的根.

又因为

$$f'(x)=1+\frac{1}{x}>0\quad(x\in(0,+\infty)),$$

所以 $f(x)$ 在$(0,+\infty)$内严格单调增加,即曲线 $y=f(x)$ 与 x 轴至多只有一个交点.

综上所述,方程 $x+\ln x=0$ 在区间$(0,+\infty)$内有且只有一个实根.

二、函数的极值

定义 1 如果函数 $f(x)$ 在点 x_0 的某一邻域内有定义,且对该邻域内任一异于 x_0 的点 x,都有

$$f(x)<f(x_0)\quad(\text{或 } f(x)>f(x_0)),$$

则称 $f(x_0)$ 是函数 $f(x)$ 的一个**极大值**(或**极小值**).这时,点 x_0 称为 $f(x)$ 的一个**极大值点**(或**极小值点**).

函数的极大值和极小值统称为函数的**极值**,极大值点和极小值点统称为函数的**极值点**.

如图 4-4-3 所示,x_1,x_3,x_6 是函数 $y=f(x)$ 的极大值点,x_2,x_4 是函数$y=f(x)$ 的极小值点.从图 4-4-3 中可看出,函数的极大值不是唯一的,极大值不一定是函数的最大值;极小值也有类似的结果.但函数的最大值只有一个,最小值也只有一个.

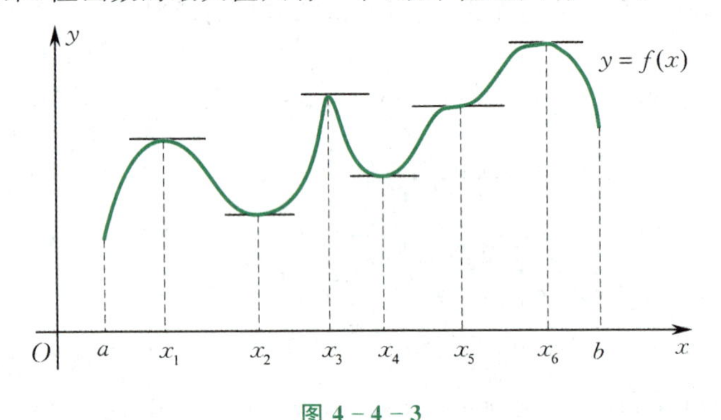

图 4-4-3

从图 4-4-3 还可看出,如果函数曲线上极值点对应的点处有切线,则切线一定与 x 轴平行;但曲线上有水平切线的地方,函数并不一定取得极值,例如点 x_5.

定理 2(极值存在的必要条件) 设函数 $f(x)$ 在点 x_0 处可导且在 x_0 处取得极值,则

$$f'(x_0)=0.$$

证 不妨设 $f(x_0)$ 是极大值(极小值情形的证明类似),则根据极大值的定义,对于点 x_0 的某一邻域内任何异于 x_0 的点 x,$f(x)<f(x_0)$ 均成立.

当 $x<x_0$ 时,

$$\frac{f(x)-f(x_0)}{x-x_0}>0,$$

由极限的保号性得

$$f'_-(x_0)=\lim_{x\to x_0^-}\frac{f(x)-f(x_0)}{x-x_0}\geqslant 0.$$

当 $x>x_0$ 时，

$$\frac{f(x)-f(x_0)}{x-x_0}<0,$$

由极限的保号性得

$$f'_+(x_0)=\lim_{x\to x_0^+}\frac{f(x)-f(x_0)}{x-x_0}\leqslant 0.$$

综上，因为 $f(x)$ 在点 x_0 处可导，所以 $f'(x_0)=f'_-(x_0)=f'_+(x_0)=0$.

使导数 $f'(x)=0$ 的点称为函数 $f(x)$ 的**驻点**. 定理 2 表明，如果函数在极值点处可导，则该极值点必定是函数的驻点. 但反过来，函数的驻点不一定是极值点. 例如，$x=0$ 是函数 $f(x)=x^3$ 的驻点，但不是极值点.

由函数单调性的判别法和极值的定义，可得到下面的极值判别法：

定理 3（极值判别法 Ⅰ）　设函数 $f(x)$ 在点 x_0 的某一邻域 $U(x_0)$ 内连续，在相应的左邻域 $\mathring{U}(x_0^-)$ 和右邻域 $\mathring{U}(x_0^+)$ 内可导.

(1) 如果在点 x_0 的左邻域 $\mathring{U}(x_0^-)$ 内 $f'(x)>0$，在点 x_0 的右邻域 $\mathring{U}(x_0^+)$ 内 $f'(x)<0$，那么函数 $f(x)$ 在点 x_0 处取得极大值；

(2) 如果在点 x_0 的左邻域 $\mathring{U}(x_0^-)$ 内 $f'(x)<0$，在点 x_0 的右邻域 $\mathring{U}(x_0^+)$ 内 $f'(x)>0$，那么函数 $f(x)$ 在点 x_0 处取得极小值；

(3) 如果在点 x_0 的左、右两侧 $f'(x)$ 不改变符号，那么函数 $f(x)$ 在点 x_0 处无极值.

例 4　求下列函数的极值：

(1) $f(x)=2x^3-9x^2+12x$；　　　(2) $f(x)=\sqrt[3]{x^2}$.

解　(1) $f'(x)=6x^2-18x+12=6(x-1)(x-2)$. 令 $f'(x)=0$，得函数 $f(x)$ 的驻点为 $x_1=1, x_2=2$.

在 $(-\infty,1)$ 内，$f'(x)>0$，$f(x)$ 严格单调增加；在 $(1,2)$ 内，$f'(x)<0$，$f(x)$ 严格单调减少；在 $(2,+\infty)$ 内，$f'(x)>0$，$f(x)$ 严格单调增加. 故 $f(1)=5$ 是该函数的极大值，$f(2)=4$ 是该函数的极小值.

(2) $f'(x)=\dfrac{2}{3\sqrt[3]{x}}(x\neq 0)$. 当 $x<0$ 时，$f'(x)<0$；当 $x>0$ 时，$f'(x)>0$. 故 $f(0)=0$ 是该函数的极小值，如图 4-4-4 所示.

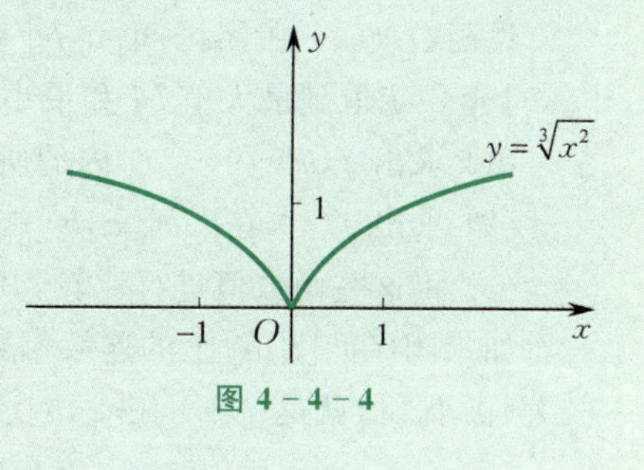

图 4-4-4

例 4(2) 说明，导数不存在的点，可能是函数的极值点.

如果函数在驻点处具有不为零的二阶导数，且二阶导数容易求得，则可由二阶导数的符号判别函数的极值.

定理 4（极值判别法 Ⅱ）　设函数 $f(x)$ 在点 x_0 处具有二阶导数，且

$$f'(x_0)=0,\quad f''(x_0)\neq 0,$$

则有

(1) 当 $f''(x_0) < 0$ 时,函数 $f(x)$ 在点 x_0 处取得极大值;

(2) 当 $f''(x_0) > 0$ 时,函数 $f(x)$ 在点 x_0 处取得极小值;

(3) 当 $f''(x_0) = 0$ 时,不能确定函数 $f(x)$ 在点 x_0 处是否取极值.

证　(1) 因 $f''(x_0) < 0$,故由二阶导数的定义及 $f'(x_0) = 0$,有

$$f''(x_0) = \lim_{x\to x_0}\frac{f'(x) - f'(x_0)}{x - x_0} = \lim_{x\to x_0}\frac{f'(x)}{x - x_0} < 0.$$

根据极限的局部保号性,存在点 x_0 的某一邻域 $(x_0 - \delta, x_0 + \delta)$,使得

$$\frac{f'(x)}{x - x_0} < 0 \quad (x \in (x_0 - \delta, x_0 + \delta)).$$

因此,当 $x < x_0$ 时,$f'(x) > 0$;当 $x > x_0$ 时,$f'(x) < 0$. 故据定理3知,$f(x)$ 在点 x_0 处取得极大值.

(2) 的证明与(1) 类似. (3) 的结论显然成立.

注:如果 $f''(x_0) = 0$,就不能用极值判别法 Ⅱ 判定 $f(x_0)$ 是否是函数 $f(x)$ 的极值,而应该用极值判别法 Ⅰ 进行判别.

例 5　求函数 $f(x) = x^3 - 3x$ 的极值.

解　$f'(x) = 3x^2 - 3 = 3(x-1)(x+1)$. 令 $f'(x) = 0$,得驻点 $x_1 = -1, x_2 = 1$. 而 $f''(x) = 6x$.

因为 $f''(-1) = -6 < 0$,所以 $f(-1) = 2$ 是函数 $f(x)$ 的极大值.

因为 $f''(1) = 6 > 0$,所以 $f(1) = -2$ 是函数 $f(x)$ 的极小值.

三、函数最大值和最小值的求法

在生产实践和科学试验中,常会遇到在某种条件下,如何使"用料最省""成本最低""利润最大"等问题,此类问题在数学上往往可归结为求某一函数的最大值或最小值问题.

设函数 $f(x)$ 在闭区间 $[a,b]$ 上连续,则根据闭区间上连续函数的性质可知,$f(x)$ 在 $[a,b]$ 上一定取到最大值 M 和最小值 m. 一般可按下列步骤求出最大值 M 和最小值 m:

(1) 求出 $f(x)$ 在 (a,b) 内的所有驻点和不可导点,并求出 $f(x)$ 在这些点处的函数值;

(2) 求出 $f(x)$ 在区间 $[a,b]$ 端点处的函数值 $f(a), f(b)$;

(3) 将这些函数值进行比较,其中最大的就是最大值,最小的就是最小值.

如果闭区间 $[a,b]$ 上的连续函数 $f(x)$ 在区间 (a,b) 内有且仅有一个极大(极小)值,则此极大(极小)值就是 $f(x)$ 在 $[a,b]$ 上的最大(最小)值.

例 6　求函数 $f(x) = x^3 - 3x$ 在 $[-2, \sqrt{3}]$ 上的最大值及最小值.

解　$f'(x) = 3x^2 - 3 = 3(x-1)(x+1)$. 令 $f'(x) = 0$,得函数 $f(x)$ 的驻点为 $x_1 = -1$ 和 $x_2 = 1$. 而区间端点为 $x = -2, x = \sqrt{3}$. 计算得

$$f(-1) = 2, \quad f(1) = f(-2) = -2, \quad f(\sqrt{3}) = 0,$$

故 $f(x)$ 在 $[-2, \sqrt{3}]$ 上的最大值为 $f(-1) = 2$,最小值为 $f(1) = f(-2) = -2$.

例7　设铁路线上 AB 段的距离为 100 km，工厂 C 距 A 处 20 km，AC 垂直于 AB（见图 4-4-5）. 为运输需要，在 AB 线上选定一点 D 向工厂 C 修筑一条公路. 已知铁路每千米货运的费用与公路每千米货运的费用之比为 3∶5. 为了使货物从供应站 B 运到工厂 C 的运费最省，问：D 点应选在何处？

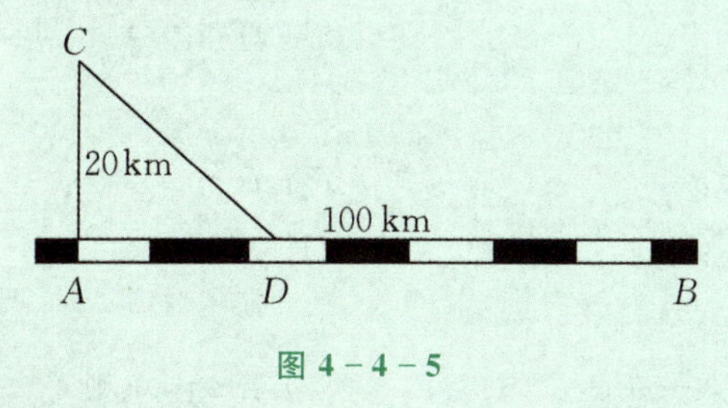

图 4-4-5

解　设 $AD = x$（单位：km），则 $DB = 100 - x$，$CD = \sqrt{20^2 + x^2} = \sqrt{400 + x^2}$.

不妨设铁路每千米运费为 $3k$（单位：元），公路每千米运费为 $5k$（单位：元），其中 k 是正常数. 设从供应站 B 运到工厂 C 需要的总运费为 y（单位：元），则

$$y = 5k\sqrt{400 + x^2} + 3k(100 - x) \quad (0 \leqslant x \leqslant 100).$$

于是，问题归结为求上述函数在 $[0,100]$ 上何点处取最小值的问题. 求导得

$$y' = k\left(\frac{5x}{\sqrt{400 + x^2}} - 3\right), \quad y'' = 5k\,\frac{400}{(400 + x^2)^{\frac{3}{2}}}.$$

令 $y' = 0$，得 $x = 15$. 由于 $y''\Big|_{x=15} > 0$，因此 $x = 15$ 是唯一的极小值点，从而也是最小值点. 故当 D 点选在距 A 处 15 km 时，运费最省.

例8　半径为 R 的圆形铁皮，应剪去多大的扇形，才能使余下的铁皮所围成的圆锥形容器的容积最大？

解　设剪去扇形后，剩下的铁皮的圆心角为 $x(0 < x < 2\pi)$，则由它围成的圆锥底圆周长为 Rx，底圆半径为 $r = \dfrac{Rx}{2\pi}$，圆锥的高为

$$h = \sqrt{R^2 - r^2} = \sqrt{R^2 - \left(\frac{Rx}{2\pi}\right)^2} = \frac{R}{2\pi}\sqrt{4\pi^2 - x^2}.$$

于是圆锥的体积为

$$V = \frac{1}{3}\pi r^2 h = \frac{1}{3}\pi\left(\frac{Rx}{2\pi}\right)^2 \frac{R}{2\pi}\sqrt{4\pi^2 - x^2} = \frac{R^3 x^2}{24\pi^2}\sqrt{4\pi^2 - x^2},$$

求导得

$$V' = -\frac{R^3 x}{24\pi^2} \cdot \frac{3x^2 - 8\pi^2}{\sqrt{4\pi^2 - x^2}}.$$

令 $V' = 0$，得驻点为

$$x_1 = 2\pi\sqrt{\frac{2}{3}}, \quad x_2 = 0, \quad x_3 = -2\pi\sqrt{\frac{2}{3}},$$

x_2，x_3 舍去. 易知，当 x 在 x_1 的某一左邻域内时，$V'(x) > 0$；当 x 在 x_1 的相应右邻域内时，$V'(x) < 0$. 故 $V(x_1)$ 是极大值，也是函数 $V(x)$ 的最大值. 故剪去扇形的圆心角应为

$$2\pi - x_1 = 2\pi - 2\sqrt{\frac{2}{3}}\pi = \left(2 - \frac{2\sqrt{6}}{3}\right)\pi.$$

练习 4.4

1. 求下列函数的单调区间:

(1) $f(x)=3x^2+6x+5$;　　(2) $f(x)=2x^3-3x^2$;

(3) $f(x)=\dfrac{x^2}{1+x}$;　　(4) $f(x)=x^2-2\ln x$.

2. 求下列函数的极值:

(1) $f(x)=x^3-3x^2+7$;　　(2) $f(x)=\mathrm{e}^{-\frac{x^2}{2}}$;

(3) $f(x)=(x-1)\sqrt[3]{x^2}$;　　(4) $f(x)=x\mathrm{e}^{-2x}$.

3. 证明下列不等式:

(1) 若 $x>1$,则 $2\sqrt{x}>3-\dfrac{1}{x}$;　　(2) 若 $x\neq 0$,则 $\mathrm{e}^x>x+1$;

(3) 若 $0<x\leqslant\dfrac{\pi}{2}$,则 $\dfrac{\sin x}{x}\geqslant\dfrac{2}{\pi}$.

4. 当 a 为何值时,$x=\dfrac{\pi}{3}$ 是函数 $f(x)=a\sin x+\dfrac{1}{3}\sin 3x$ 的极值点?此时 $f(x)$ 是取极大值还是极小值?并求出该极值.

5. 求下列函数在给定区间上的最大值和最小值:

(1) $f(x)=2x^3-3x^2+6$, $x\in[-1,1]$;

(2) $f(x)=x\mathrm{e}^{-x}$, $x\in[0,2]$.

6. 已知某种圆柱形易拉罐的容积 V 是一个标准定值,假设易拉罐顶部和底面的厚度相同且为侧面厚度的 2 倍,问:如何设计易拉罐的高和底面直径,才能使制作这种易拉罐所用的材料最省?

§4.5 函数图形的描绘

一、曲线的凹凸性与拐点

定义 1 如果在某区间内,一曲线上任一点处的切线都在此曲线的上(或下)方,则称此曲线在这个区间上是**凸**(或**凹**)**弧**,如图 4-5-1 所示.

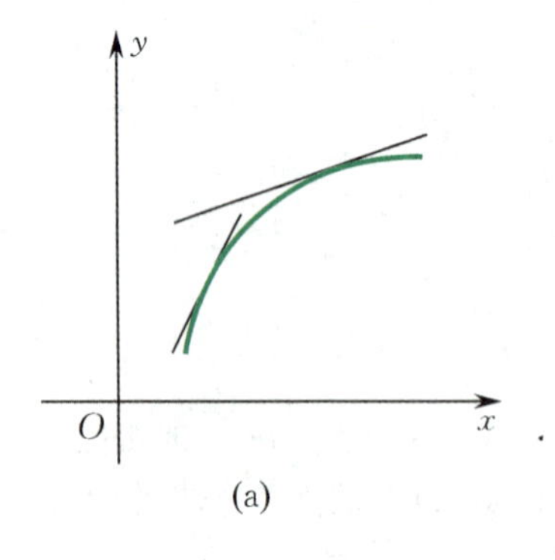

(a)

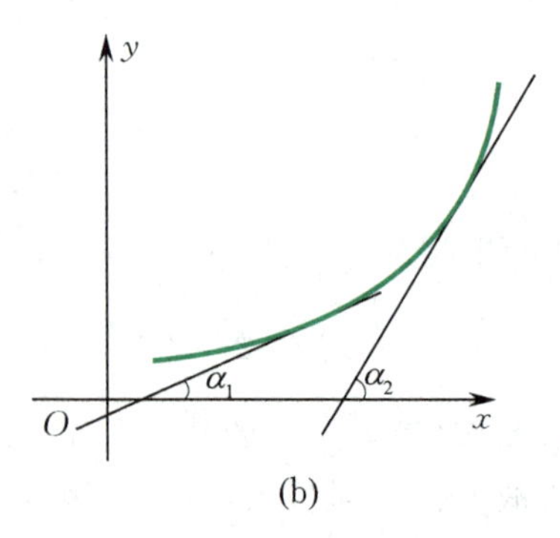

(b)

图 4-5-1

如果在某区间内，表示曲线的函数 $y=f(x)$ 满足 $f''(x)>0$，则其一阶导函数 $f'(x)=\tan\alpha$(α 表示曲线上点 x 处的切线关于 x 轴的倾角)严格单调增加，即 $\tan\alpha$ 随着 x 的增加而增大，从而在该区间内的曲线是凹弧(见图 4-5-1(b)).

类似可得，如果在某区间内，表示曲线的函数 $y=f(x)$ 满足 $f''(x)<0$，则在该区间内的曲线是凸弧(见图 4-5-1(a)).

故有下面的定理：

定理 1　设函数 $f(x)$ 在区间 (a,b) 内存在二阶导数，则

(1) 如果在区间 (a,b) 内 $f''(x)>0$，那么曲线 $y=f(x)$ 在 (a,b) 上是凹弧；

(2) 如果在区间 (a,b) 内 $f''(x)<0$，那么曲线 $y=f(x)$ 在 (a,b) 上是凸弧.

定义 2　曲线上凹弧与凸弧的分界点，称为曲线的**拐点**.

注：因为拐点是凹弧与凸弧的分界点，所以在拐点的左、右邻近 $f''(x)$ 必然异号. 而在拐点处，如果 $f''(x)$ 存在，则 $f''(x)=0$；或者在拐点处 $f''(x)$ 不存在.

例 1　判别曲线 $y=f(x)=x^3$ 的凹凸性.

解　$f'(x)=3x^2$，$f''(x)=6x$，无二阶导数不存的点. 当 $x\in(0,+\infty)$ 时，$f''(x)>0$，该曲线是凹弧；当 $x\in(-\infty,0)$ 时，$f''(x)<0$，该曲线是凸弧. 又由 $f''(x)=0$ 得 $x=0$，且当 $x=0$ 时，$y=0$，因此点 $(0,0)$ 是曲线 $y=x^3$ 的拐点.

例 2　判别曲线 $y=f(x)=\dfrac{1}{x}$ 的凹凸性.

解　$f'(x)=-\dfrac{1}{x^2}$，$f''(x)=\dfrac{2}{x^3}$. 当 $x\in(0,+\infty)$ 时，$f''(x)>0$，该曲线是凹弧；当 $x\in(-\infty,0)$ 时，$f''(x)<0$，该曲线是凸弧. 而 $f(x)$ 在点 $x=0$ 处不连续，因此曲线 $y=\dfrac{1}{x}$ 无拐点.

二、曲线的渐近线

定义 3　如果某曲线上的一点沿着该曲线趋向于无穷远时，它与一定直线的距离趋向于零，则称这条直线为该曲线的**渐近线**.

1. 水平渐近线

如果 $\lim\limits_{x\to-\infty}f(x)=a$ 或 $\lim\limits_{x\to+\infty}f(x)=a$，则称直线 $y=a$ 为曲线 $y=f(x)$ 的**水平渐近线**. 例如，$y=\pm\dfrac{\pi}{2}$ 是曲线 $y=\arctan x$ 的两条水平渐近线.

2. 垂直渐近线

如果 $\lim\limits_{x\to c^+}f(x)=\infty$ 或 $\lim\limits_{x\to c^-}f(x)=\infty$，则称直线 $x=c$ 为曲线 $y=f(x)$ 的**垂直渐近线**. 例如，$x=\pm1$ 是曲线 $y=\dfrac{1}{x^2-1}$ 的两条垂直渐近线.

3. 斜渐近线

如果 $\lim\limits_{x\to\infty}[f(x)-(kx+b)]=0$，则称直线 $y=kx+b$ 为曲线 $y=f(x)$ 的**斜渐近线**.

下面给出计算 k,b 的公式. 因为

$$\lim_{x\to\infty}[f(x)-(kx+b)]=\lim_{x\to\infty}x\left(\frac{f(x)}{x}-k-\frac{b}{x}\right)=0,$$

所以当 $x\to\infty$ 时，必有

$$\lim_{x\to\infty}\left(\frac{f(x)}{x}-k-\frac{b}{x}\right)=\lim_{x\to\infty}\frac{f(x)}{x}-k=0,$$

即

$$k=\lim_{x\to\infty}\frac{f(x)}{x}.$$

将 k 代入 $\lim\limits_{x\to\infty}[f(x)-(kx+b)]=0$，即可求出 b 的值为

$$b=\lim_{x\to\infty}(f(x)-kx).$$

例 3　求曲线 $y=\dfrac{x^3}{x^2-1}$ 的渐近线.

解　由 $y=\dfrac{x^3}{x^2-1}=\dfrac{x^3}{(x+1)(x-1)}$ 及 $\lim\limits_{x\to\pm1}\dfrac{x^3}{x^2-1}=\infty$ 知，$x=-1$，$x=1$ 是该曲线的垂直渐近线. 又因为

$$k=\lim_{x\to\infty}\frac{y}{x}=\lim_{x\to\infty}\frac{x^3}{x^3-x}=\lim_{x\to\infty}\frac{1}{1-\dfrac{1}{x^2}}=1,$$

$$b=\lim_{x\to\infty}(y-kx)=\lim_{x\to\infty}\left(\frac{x^3}{x^2-1}-x\right)=\lim_{x\to\infty}\frac{x}{x^2-1}=0,$$

所以该曲线的斜渐近线为 $y=x$.

三、函数图形的描绘

前面我们已经对函数的单调性、极值及函数曲线的凹凸性和拐点等进行了讨论. 有了这些知识，我们就可以定性地描绘出函数的大致图形. 作图的一般步骤如下：

(1) 确定函数 $f(x)$ 的定义域；

(2) 确定函数 $f(x)$ 是否具有奇偶性及周期性；

(3) 求出一阶导数 $f'(x)$ 和二阶导数 $f''(x)$，在定义域内求出使 $f'(x)$ 和 $f''(x)$ 为零的点，以及 $f'(x)$ 和 $f''(x)$ 不存在的点，并找出函数 $f(x)$ 的间断点；

(4) 确定函数曲线 $y=f(x)$ 的渐近线；

(5) 列表，用步骤(3)中所求出的点把函数定义域划分成若干个部分区间，确定在这些部分区间内 $f'(x)$ 和 $f''(x)$ 的符号，并由此判断函数 $f(x)$ 的单调性及函数曲线的凹凸性，确定极值点和拐点；

(6) 描出曲线 $y=f(x)$ 上的极值点、拐点以及曲线 $y=f(x)$ 与坐标轴的交点，并适当补充一些其他点，用平滑曲线连接这些关键点，画出函数 $f(x)$ 的图形.

例 4　画出函数 $y=f(x)=\dfrac{(x-3)^2}{4(x-1)}$ 的图形.

解　函数 $f(x)$ 的定义域为 $(-\infty,1)\cup(1,+\infty)$，

$$f'(x)=\frac{(x-3)(x+1)}{4(x-1)^2},\quad f''(x)=\frac{2}{(x-1)^3}.$$

令 $f'(x)=0$，得 $x_1=-1, x_2=3$. 由于 $f''(-1)=-\frac{1}{4}<0$，因此 $f(-1)=-2$ 为极大值；由于 $f''(3)=\frac{1}{4}>0$，因此 $f(3)=0$ 为极小值.

因为 $\lim\limits_{x\to1}\frac{(x-3)^2}{4(x-1)}=\infty$，所以 $x=1$ 是曲线 $y=\frac{(x-3)^2}{4(x-1)}$ 的垂直渐近线. 又因为

$$k=\lim_{x\to\infty}\frac{f(x)}{x}=\lim_{x\to\infty}\frac{(x-3)^2}{4x(x-1)}=\frac{1}{4},$$

$$b=\lim_{x\to\infty}(f(x)-kx)=\lim_{x\to\infty}\left[\frac{(x-3)^2}{4(x-1)}-\frac{1}{4}x\right]$$

$$=\lim_{x\to\infty}\frac{-5x+9}{4(x-1)}=-\frac{5}{4},$$

所以曲线 $y=\frac{(x-3)^2}{4(x-1)}$ 的斜渐近线为 $y=\frac{1}{4}x-\frac{5}{4}$.

列表，如表 4-5-1 所示.

表 4-5-1

x	$(-\infty,-1)$	-1	$(-1,1)$	1	$(1,3)$	3	$(3,+\infty)$
$f'(x)$	$+$	0	$-$	不存在	$-$	0	$+$
$f''(x)$	$-$	$-$	$-$	不存在	$+$	$+$	$+$
$f(x)$	递增，凸弧	极大值 -2	递减，凸弧	间断点	递减，凹弧	极小值 0	递增，凹弧

按表 4-5-1 及渐近线描出函数 $y=f(x)$ 的图形，如图 4-5-2 所示.

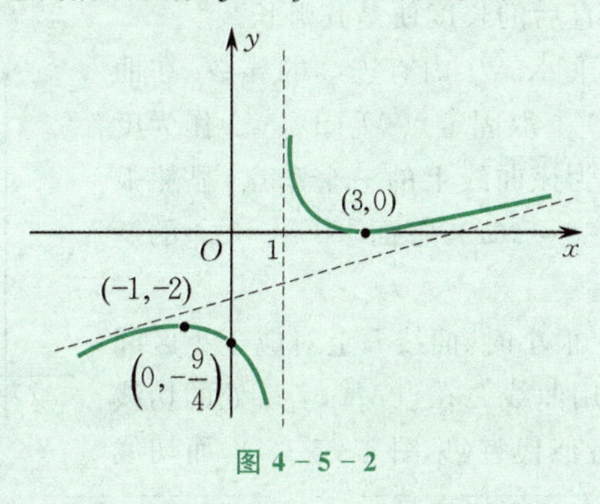

图 4-5-2

例 5　画出函数 $y=f(x)=\frac{1}{\sqrt{2\pi}}e^{-\frac{x^2}{2}}$ 的图形.

解　函数 $f(x)$ 的定义域为 $(-\infty,+\infty)$，该函数是偶函数，其图形关于 y 轴对称，

$$f'(x)=-\frac{x}{\sqrt{2\pi}}e^{-\frac{x^2}{2}},\quad f''(x)=\frac{(x+1)(x-1)}{\sqrt{2\pi}}e^{-\frac{x^2}{2}}.$$

令 $f'(x)=0$，得驻点 $x=0$；令 $f''(x)=0$，得 $x_1=-1, x_2=1$.

由 $\lim\limits_{x\to\infty}f(x)=\lim\limits_{x\to\infty}\frac{1}{\sqrt{2\pi}}e^{-\frac{x^2}{2}}=0$，得水平渐近线 $y=0$.

根据对称性，只要考虑 $[0,+\infty)$ 上的情况即可. 列表，如表 4-5-2 所示.

表 4-5-2

x	0	(0,1)	1	$(1,+\infty)$
$f'(x)$	0	$-$	$-$	$-$
$f''(x)$	$-$	$-$	0	+
$f(x)$	极大值	递减,凸弧	拐点	递减,凹弧

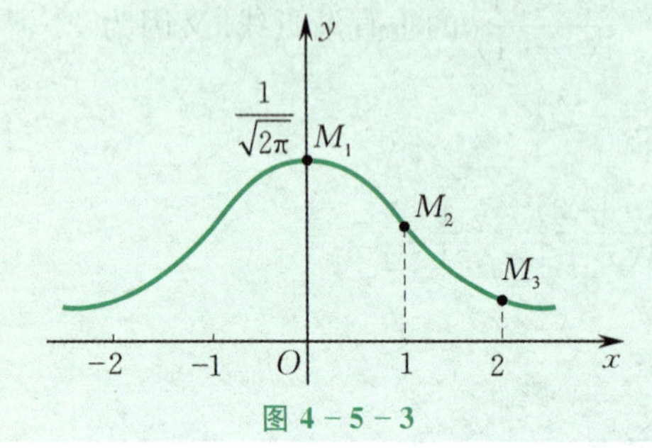

图 4-5-3

由表 4-5-2 知,极大值对应的函数曲线上的点为 $M_1\left(0,\frac{1}{\sqrt{2\pi}}\right)$,拐点为 $M_2\left(1,\frac{1}{\sqrt{2\pi e}}\right)$. 补充点 $M_3\left(2,\frac{1}{\sqrt{2\pi}\,e^2}\right)$,画出右半平面部分的图形,再根据对称性,即可作出函数 $y=f(x)$ 的图形,如图 4-5-3 所示.

函数 $f(x)=\frac{1}{\sqrt{2\pi}}e^{-\frac{x^2}{2}}$ 是概率统计中标准正态分布的概率密度函数,有着广泛的应用.

四、弧微分及平面曲线的曲率

1. 弧微分

作为曲率的预备知识,首先介绍弧微分的概念. 这里我们直观地想象曲线的一段弧是一根柔软而无弹性的细线,拉直后的长度便是其弧长.

设函数 $y=f(x)$ 在区间 (a,b) 内有连续的导数. 在曲线 $L:y=f(x)(x\in(a,b))$ 上取固定点 $M_0(x_0,y_0)$ 作为度量长度的基点,设 $M(x,y)$ 为该曲线上的一个动点,显然弧 $\overset{\frown}{M_0M}$ 的长度 s 是 x 的函数:$s=s(x)$. 下面求 $s=s(x)$ 的微分 ds.

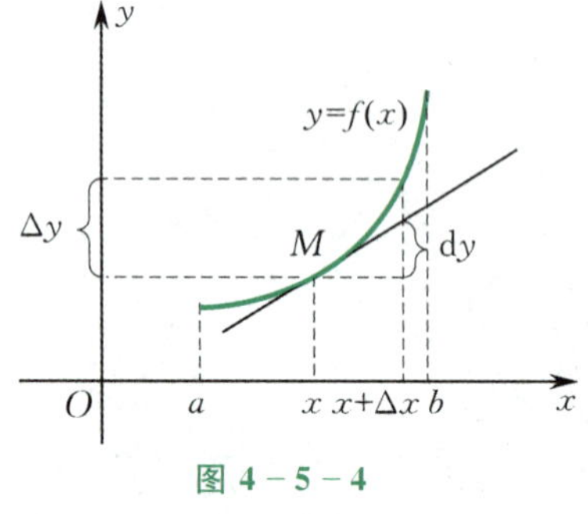

图 4-5-4

当 x 的改变量 $\Delta x=dx$ 很小时,曲线 L 上对应于小区间 $[x,x+\Delta x]$ 的一段弧长可用曲线 L 在点 $M(x,y)$ 处的切线上相应的一小段的长度来近似代替(见图 4-5-4),而切线上这相应的小段的长度为 $\sqrt{(\Delta x)^2+(dy)^2}=\sqrt{(dx)^2+(dy)^2}$,从而得弧长的微分为

$$ds=\sqrt{(dx)^2+(dy)^2}=\sqrt{1+\left(\frac{dy}{dx}\right)^2}\,dx=\sqrt{1+(f'(x))^2}\,dx.$$

2. 曲线在一点的曲率

前面我们讨论了函数的单调性、曲线的凹凸性,但没有讨论曲线在一点附近的弯曲程度. 例如,同一曲线 $y=x^2$ 在点(0,0) 附近的弯曲程度最大;而不同的曲线 $y=x^2$ 和 $y=x^4$ 之间,前者在点(0,0) 附近的弯曲程度较大. 那么如何来描述这种区别呢?

设 M,M_1 为曲线 $y=f(x)$ 上邻近的两点,它们之间曲线的弧长为 Δs,该曲线在这两点的切线关于 x 轴的倾角分别为 α 及 $\alpha+\Delta\alpha$,两条切线所成的角为 $\Delta\alpha$(见图 4-5-5).

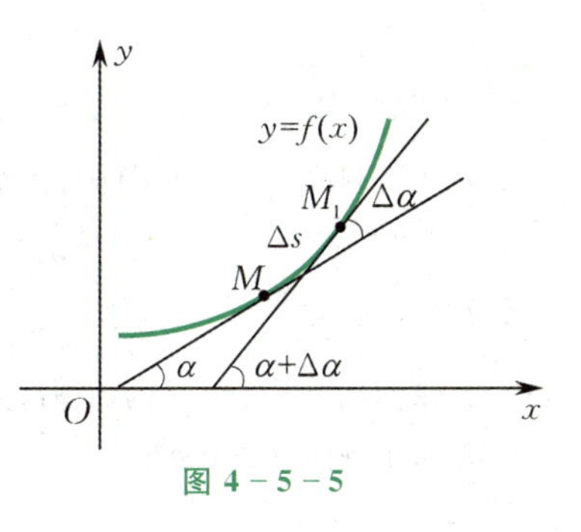

图 4-5-5

我们用合适的量 $\left|\frac{\Delta\alpha}{\Delta s}\right|$ 来描述曲线弧 $\widehat{MM_1}$ 的弯曲程度.事实上,如果把 M 设想为曲线 $y=f(x)$ 上一个运动的点,量 $\left|\frac{\Delta\alpha}{\Delta s}\right|$ 就表示点 M 走过一小段弧 $\widehat{MM_1}$ 所引起的切线夹角关于弧长的(平均)变化率.这个量越大,表示曲线 $y=f(x)$ 在这一点附近弯曲得越厉害,否则弯曲得越小.我们称 $\left|\frac{\Delta\alpha}{\Delta s}\right|$ 为弧 $\widehat{MM_1}$ 的**平均曲率**,称

$$K=\lim_{\Delta s\to 0}\left|\frac{\Delta\alpha}{\Delta s}\right|=\left|\frac{d\alpha}{ds}\right|$$

为曲线 $y=f(x)$ 在点 M 处的**曲率**.曲率的倒数称为**曲率半径**.

下面推导曲率的计算公式.

设 $y=f(x)$ 具有二阶导数,已知 $y'=f'(x)=\tan\alpha$,把 α 看作 x 的函数,则该式两边对 x 求导得

$$y''=\sec^2\alpha\frac{d\alpha}{dx},$$

从而

$$d\alpha=\frac{y''}{1+\tan^2\alpha}dx=\frac{y''}{1+(y')^2}dx. \tag{4-5-1}$$

而弧微分为

$$ds=\sqrt{1+(f'(x))^2}\,dx=\sqrt{1+(y')^2}\,dx, \tag{4-5-2}$$

由(4-5-1),(4-5-2)两式得

$$\frac{d\alpha}{ds}=\frac{y''}{[1+(y')^2]^{\frac{3}{2}}}.$$

故曲率 K 的计算公式为

$$K=\lim_{\Delta s\to 0}\left|\frac{\Delta\alpha}{\Delta s}\right|=\left|\frac{d\alpha}{ds}\right|=\frac{|y''|}{[1+(y')^2]^{\frac{3}{2}}}.$$

例 6　求上半圆 $y=\sqrt{R^2-x^2}$ 在任一点处的曲率.

解　因为

$$y'=-\frac{x}{\sqrt{R^2-x^2}},\quad y''=-\frac{R^2}{(R^2-x^2)^{\frac{3}{2}}},$$

所以曲线 $y=\sqrt{R^2-x^2}$ 在点 x 处的曲率为

$$K=\frac{|y''|}{[1+(y')^2]^{\frac{3}{2}}}=\frac{\left|-\frac{R^2}{(R^2-x^2)^{\frac{3}{2}}}\right|}{\left[1+\left(-\frac{x}{\sqrt{R^2-x^2}}\right)^2\right]^{\frac{3}{2}}}=\frac{\frac{R^2}{(R^2-x^2)^{\frac{3}{2}}}}{\left(\frac{R^2}{R^2-x^2}\right)^{\frac{3}{2}}}=\frac{1}{R}.$$

上例说明,圆周上每一点处的曲率都相等,而曲率半径恰好为圆的半径.

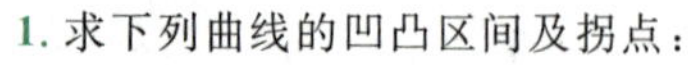

练习 4.5

1. 求下列曲线的凹凸区间及拐点：

(1) $y = x^2 - x^3$；　　(2) $y = 3x^4 - 4x^3 + 1$；

(3) $y = xe^{-2x}$；　　(4) $y = \dfrac{1}{1+x^2}$.

2. 求曲线 $y = |\ln x|$ 的凹凸区间.

3. 求下列曲线的渐近线：

(1) $y = e^x$；　　(2) $y = \ln x$；

(3) $y = e^{-\frac{1}{x}}$；　　(4) $y = \dfrac{x^3}{(x-1)(x-2)}$.

4. 作出下列函数的图形：

(1) $y = x^3 - 3x + 1$；　　(2) $y = \dfrac{x^2}{1+x}$.

5. 计算曲线 $xy = 1$ 在点(1,1)处的曲率.

6. 求抛物线 $y = ax^2 + bx + c(a \neq 0)$ 上曲率最大的点的横坐标.

§4.6　导数在经济学中的应用

在经济学中常常用到平均变化率和瞬时变化率，因此导数及微分在经济学中有广泛的应用.本节只简单介绍边际函数和弹性函数等经济学概念.

一、边际分析

1. 边际函数

若函数 $y = f(x)$ 可导，则称导函数 $f'(x)$ 为**边际函数**.当自变量 x 由 x_0 变到 $x_0 + \Delta x$ 时，函数相应的增量为 $\Delta y = f(x_0 + \Delta x) - f(x_0)$.称比值

$$\frac{\Delta y}{\Delta x} = \frac{f(x_0 + \Delta x) - f(x_0)}{\Delta x}$$

为函数 $y = f(x)$ 在 $(x_0, x_0 + \Delta x)$ 内的**平均变化率**，而称

$$f'(x_0) = \lim_{\Delta x \to 0} \frac{f(x_0 + \Delta x) - f(x_0)}{\Delta x}$$

为函数 $y = f(x)$ 在点 x_0 处的**瞬时变化率**，也称为 $f(x)$ 在点 $x = x_0$ 处的**边际函数值**，它表示 $f(x)$ 在点 $x = x_0$ 处的变化速度.

在点 $x = x_0$ 处，x 从 x_0 改变1单位时，y 的相应改变量的真值为

$$\Delta y\Big|_{x=x_0,\Delta x=1} = f(x_0 + 1) - f(x_0).$$

但当 x 改变的"1单位"很小，或者 x 的"1单位"与 x_0 值相对来比很小时，根据微分的近似计算，有

$$\Delta y\Big|_{x=x_0,\Delta x=1} \approx \mathrm{d}y\Big|_{x=x_0,\Delta x=1} = f'(x)\mathrm{d}x\Big|_{x=x_0,\mathrm{d}x=1} = f'(x_0),$$

即在 $x = x_0$ 处，当 x 改变 1 单位时，y 近似改变 $f'(x_0)$ 单位.

例 1　设函数 $y = f(x) = x^2$，求 y 在 $x = 10$ 时的边际函数值.

解　因为 $f'(x) = 2x$，所以 $f'(10) = 20$. 这表明，当 $x = 10$ 时，x 改变 1 单位，y 近似改变 20 单位.

2. 边际成本

描述产品的产量 Q 与总成本之间的关系的函数就是成本函数，它包含两部分：固定成本和可变成本. 边际成本是指总成本的变化率.

设 C 为总成本，C_1 为固定成本，C_2 为可变成本，$\overline{C}$ 为平均成本，C' 为边际成本，Q 为产量，则有

(1) 成本函数：　$C = C(Q) = C_1 + C_2(Q)$；

(2) 平均成本函数：　$\overline{C} = \overline{C}(Q) = \dfrac{C(Q)}{Q} = \dfrac{C_1}{Q} + \dfrac{C_2(Q)}{Q}$；

(3) 边际成本函数：　$C' = C'(Q) = \dfrac{\mathrm{d}C(Q)}{\mathrm{d}Q}$.

例 2　设某产品的成本函数为

$$C = C(Q) = \frac{1}{10}Q^2 + 2Q + 160,$$

求：(1) 当 $Q = 10$ 时的总成本、平均成本和边际成本；

(2) 最低平均成本及相应的产量.

解　(1) 当 $Q = 10$ 时的总成本为

$$C(10) = \frac{1}{10} \times 10^2 + 2 \times 10 + 160 = 190.$$

由于平均成本函数为 $\overline{C}(Q) = \dfrac{C(Q)}{Q} = \dfrac{1}{10}Q + 2 + \dfrac{160}{Q}$，因此 $Q = 10$ 时的平均成本为

$$\overline{C}(10) = \frac{1}{10} \times 10 + 2 + \frac{160}{10} = 19.$$

由于边际成本函数为 $C'(Q) = \dfrac{1}{5}Q + 2$，因此 $Q = 10$ 时的边际成本为

$$C'(10) = \frac{1}{5} \times 10 + 2 = 4.$$

(2) 由于平均成本函数为 $\overline{C}(Q) = \dfrac{1}{10}Q + 2 + \dfrac{160}{Q}$，因此

$$\overline{C}'(Q) = \frac{1}{10} - \frac{160}{Q^2}, \quad \overline{C}''(Q) = \frac{320}{Q^3}.$$

令 $\overline{C}'(Q) = 0$，得唯一驻点为 $Q = 40$.

又 $\overline{C}''(40) = \dfrac{1}{200} > 0$，故 $Q = 40$ 是 $\overline{C}(Q)$ 的极小值点，即当产量为 40 时，平均成本最

低，最低平均成本为$\overline{C}(40)=\frac{1}{10}\times 40+2+\frac{160}{40}=10$.

3. 边际收益

设某种产品的价格为 P，销售量为 Q，则该产品的销售总收益为 $R=QP$. **边际收益**是指总收益的变化率. 如果已知销售量 Q 与价格 P 之间的函数关系（需求函数）为 $P=P(Q)$，则有

(1) 收益函数：$R=R(Q)=QP=QP(Q)$；

(2) 平均收益函数：$\overline{R}=\frac{R}{Q}=P(Q)$；

(3) 边际收益函数：$R'=\frac{\mathrm{d}R}{\mathrm{d}Q}=P(Q)+QP'(Q)$.

二、最大利润原则

设利润为 L，则

$$L=L(Q)=R(Q)-C(Q),$$
$$L'=L'(Q)=R'(Q)-C'(Q).$$

$L(Q)$ 取得最大值的必要条件为

$$L'(Q)=0,\quad 即\quad R'(Q)=C'(Q).$$

于是取得最大利润的必要条件是：边际收益等于边际成本.

$L(Q)$ 取得最大值的充分条件为

$$L'(Q)=0 且 L''(Q)<0,\quad 即\quad R'(Q)=C'(Q) 且 R''(Q)<C''(Q).$$

于是取得最大利润的充分条件是：边际收益等于边际成本，且边际收益的变化率小于边际成本的变化率.

例 3 设某产品的价格 P 与销售量 Q 的关系为 $P(Q)=10-\frac{Q}{5}$，成本 C 与销售量 Q 的关系为 $C(Q)=50+2Q$.

(1) 求销售量为 $Q=10$ 时的总收益、平均收益和边际收益；

(2) 问：产量为多少时利润 L 最大？

解 (1) 因为收益函数、平均收益函数与边际收益函数分别为

$$R(Q)=QP(Q)=10Q-\frac{Q^2}{5},$$

$$\overline{R}(Q)=P(Q)=10-\frac{Q}{5},$$

$$R'(Q)=10-\frac{2Q}{5},$$

所以当 $Q=10$ 时，总收益、平均收益与边际收益分别为

$$R(10)=80,\quad \overline{R}(10)=8,\quad R'(10)=6.$$

(2) 因为成本函数为 $C(Q)=50+2Q$，所以利润函数为

$$L(Q)=R(Q)-C(Q)=8Q-\frac{Q^2}{5}-50,$$

从而

$$L'(Q)=8-\frac{2Q}{5},\quad L''(Q)=-\frac{2}{5}.$$

令 $L'(Q)=0$,得 $Q=20$. 因为 $L''(20)=-\frac{2}{5}<0$,所以当 $Q=20$ 时,利润最大. 此时

$$R'(20)=C'(20)=2,\quad R''(20)=-\frac{2}{5}<C''(20)=0,$$

符合最大利润原则.

三、弹性分析

1. 弹性函数

前面所涉及的函数的改变量与变化率是绝对改变量与绝对变化率. 但在经济学中仅仅研究函数的绝对改变量与绝对变化率还是不够的. 下面给出一个例子.

设甲商品每单位的价格 10 元,涨价 1 元;乙商品每单位的价格 1 000 元,也涨价 1 元. 此时,两种商品每单位价格的绝对改变量是相等的,都是 1 元,但是甲商品涨价幅度大于乙商品. 只要将绝对改变量与其原价相比就可知,甲商品的价格上涨 10%,乙商品的价格上涨 0.1%. 因此,有必要研究函数的相对改变量和相对变化率.

设函数 $y=x^2$,当 x 由 10 变到 12 时,y 就由 100 变到 144,即自变量 x 的绝对改变量为 $\Delta x=2$,函数 y 的绝对改变量为 $\Delta y=44$,而

$$\frac{\Delta x}{x}=\frac{2}{10}=20\%,\quad \frac{\Delta y}{y}=\frac{44}{100}=44\%.$$

这表示,当 x 由 10 变到 12 时,x 产生了 20% 的改变,y 产生了 44% 的改变. 这就是自变量和函数的相对改变量. 再引入

$$\frac{\Delta y}{y}:\frac{\Delta x}{x}=\frac{44\%}{20\%}=2.2.$$

该式的含义是:在区间(10,12)内,从 $x=10$ 开始,x 改变了 1%,则相应的 y 改变了 2.2%. 我们称它为从 $x=10$ 到 $x=12$,函数 $y=x^2$ 的平均相对变化率. 于是有下面的定义:

定义 1　若函数 $y=f(x)$ 在点 x 处可导,则称函数的相对改变量 $\frac{\Delta y}{y}=\frac{f(x+\Delta x)-f(x)}{f(x)}$ 与自变量的相对改变量 $\frac{\Delta x}{x}$ 之比 $\frac{\Delta y}{y}:\frac{\Delta x}{x}$ 为函数 $f(x)$ 从 x 到 $x+\Delta x$ 之间的**弹性**(或**平均相对变化率**). 当 $\Delta x\to 0$ 时,称 $\frac{\Delta y}{y}:\frac{\Delta x}{x}$ 的极限为 $f(x)$ 在点 x 处的**弹性**(或**相对变化率、相对导数**),记作

$$\frac{Ey}{Ex}\quad 或\quad \frac{Ef(x)}{Ex},$$

即

$$\frac{Ey}{Ex}=\lim_{\Delta x\to 0}\left(\frac{\Delta y}{y}:\frac{\Delta x}{x}\right)=\lim_{\Delta x\to 0}\left(\frac{\Delta y}{\Delta x}\cdot\frac{x}{y}\right)=y'\frac{x}{y}.$$

$\frac{Ey}{Ex}$ 仍为 x 的函数,我们称它为 $y=f(x)$ 的**弹性函数**.

当 $x=x_0$ 时,

$$\left.\frac{Ey}{Ex}\right|_{x=x_0}=\frac{Ef(x_0)}{Ex}=f'(x_0)\frac{x_0}{f(x_0)}.$$

这里$\left.\frac{Ey}{Ex}\right|_{x=x_0}$ 或$\frac{Ef(x_0)}{Ex}$ 表示,在 $x=x_0$ 处,当 x 产生 1% 的改变时,$f(x)$ 近似地改变了 $\frac{Ef(x_0)}{Ex}$%. 在应用问题中解释弹性具体意义时,常常略去“近似”两字.

例 4 求 $y=4+3x$ 的弹性函数$\frac{Ey}{Ex}$ 及在 $x=2$ 处的弹性 $\left.\frac{Ey}{Ex}\right|_{x=2}$.

解 因 $y'=3$,故

$$\frac{Ey}{Ex}=y'\frac{x}{y}=\frac{3x}{4+3x},\quad \left.\frac{Ey}{Ex}\right|_{x=2}=\frac{3\times 2}{4+3\times 2}=0.6.$$

2. 需求弹性

当不考虑价格以外的其他因素时,商品的需求量 Q 是价格 P 的函数:

$$Q=f(P).$$

通常情况下,$Q=f(P)$ 为单调减少的函数,即 $f'(P)<0$,ΔP 与 ΔQ 异号. 由于 P 与 Q 均取正数,因此

$$\frac{\Delta Q/Q}{\Delta P/P} \quad 与 \quad P\frac{f'(P)}{Q}$$

都为负数. 为了用正数表示需求弹性,它在经济学中定义如下:

定义 2 设某产品的需求量为 Q,价格为 P,需求函数 $Q=f(P)$ 可导,则该产品从 P 到 $P+\Delta P$ 之间的**需求弹性**为

$$\bar{\eta}=-\frac{\Delta Q/Q}{\Delta P/P}=-\frac{f(P+\Delta P)-f(P)}{\Delta P}\cdot\frac{P}{f(P)};$$

在点 P 处的**需求弹性**为

$$\eta=-\frac{EQ}{EP}=-\lim_{\Delta P\to 0}\frac{\Delta Q/Q}{\Delta P/P}=-f'(P)\frac{P}{f(P)}.$$

设产品价格为 P,销售量(需求量)为 Q,则总收益为 $R=PQ=Pf(P)$,求导数得

$$R'=f(P)+Pf'(P)=f(P)\left(1+f'(P)\frac{P}{f(P)}\right),$$

即

$$R'(P)=f(P)(1-\eta).$$

由上式可得如下结论:

(1) 当 $\eta<1$ 时,说明需求变动的幅度小于价格变动的幅度. 这时,产品价格的变动对销售量影响不大,称为**低弹性**. 此时 $R'>0$,R 严格单调增加. 由此可见,提价可使总收益增加,而降价会使总收益减少.

(2) 当 $\eta>1$ 时,说明需求变动的幅度大于价格变动的幅度. 这时,产品价格的变动对销售量影响较大,称为**高弹性**. 此时 $R'<0$,R 严格单调减少. 由此可见,降价可使总收益增加,

故可采取薄利多销的策略.

(3) 当 $\eta=1$ 时,说明需求变动的幅度等于价格变动的幅度.此时 $R'=0$,R 取得最大值.

例 5　设某品牌的电脑价格为 P(单位:元/台),需求量为 Q(单位:台),其需求函数为

$$Q=80P-\frac{P^2}{100}.$$

(1) 求 $P=4\,500$ 元/台时的边际需求,并说明其经济意义.

(2) 求 $P=4\,500$ 元/台时的需求弹性,并说明其经济意义.

(3) 当 $P=4\,500$ 元/台时,若价格上涨 1%,则总收益将如何变化?是增加还是减少?

(4) 当 $P=6\,000$ 元/台时,若价格上涨 1%,则总收益的变化又如何?是增加还是减少?

解　因 $Q=f(P)=80P-\dfrac{P^2}{100}$,$f'(P)=80-\dfrac{P}{50}$,故需求弹性为

$$\begin{aligned}\eta&=-f'(P)\frac{P}{f(P)}=\left(-80+\frac{P}{50}\right)\frac{P}{f(P)}\\&=\left(\frac{P}{50}-80\right)\frac{P}{80P-\dfrac{P^2}{100}}=\frac{2(P-4\,000)}{8\,000-P}.\end{aligned}$$

(1) 当 $P=4\,500$ 元/台时,边际需求为

$$f'(4\,500)=\left(80-\frac{P}{50}\right)\bigg|_{P=4\,500}=-10.$$

其经济意义是:当价格为 4 500 元/台时,若涨价 1 元,则需求量将下降 10 台.

(2) 当 $P=4\,500$ 元/台时,需求弹性为

$$\eta(4\,500)=\frac{2(4\,500-4\,000)}{8\,000-4\,500}=\frac{2}{7}\approx 0.286.$$

其经济意义是:当价格为 4 500 元/台时,若价格上涨 1%,则需求量将减少 0.286%.

(3) 由于 $R=QP=Pf(P)$,因此 $R'=f(P)+Pf'(P)$,从而

$$\begin{aligned}\frac{ER}{EP}&=R'(P)\frac{P}{R(P)}=\frac{R'(P)}{f(P)}=\frac{f(P)+Pf'(P)}{f(P)}\\&=1+f'(P)\frac{P}{f(P)}=1-\eta.\end{aligned}$$

因为当 $P=4\,500$ 元/台时,$\eta(4\,500)=\dfrac{2}{7}$,所以

$$\frac{ER}{EP}\bigg|_{P=4\,500}=1-\frac{2}{7}=\frac{5}{7}\approx 0.714.$$

这说明,当价格为 4 500 元/台时,若价格上涨 1%,则总收益将增加 0.714%.

(4) 当 $P=6\,000$ 元/台时,

$$\eta(6\,000)=\frac{2(6\,000-4\,000)}{8\,000-6\,000}=2>1,$$

故 $\dfrac{ER}{EP}\bigg|_{P=6\,000}=1-2=-1$.这说明,当价格为 6 000 元/台时,若价格上涨 1%,则总收益将减少 1%.

练习 4.6

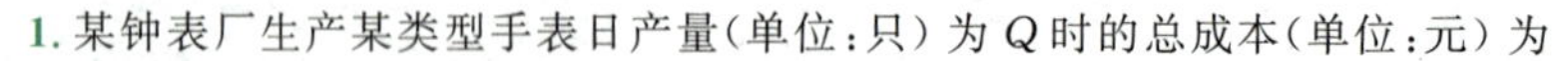

1. 某钟表厂生产某类型手表日产量(单位:只)为 Q 时的总成本(单位:元)为

$$C(Q)=\frac{1}{40}Q^2+200Q+1\,000.$$

(1) 日产量为 100 只时的总成本和平均成本为多少?

(2) 求最低平均成本及相应的产量;

(3) 若每只手表以 220 元售出,要使利润最大,则日产量应为多少?并求最大利润及相应的平均成本.

2. 设某种商品的需求函数为 $Q=1\,000-100P$,求当需求量 $Q=300$ 时的总收益、平均收益和边际收益.

3. 设某种商品的价格函数为 $P=145-\frac{Q}{4}$,其中 P 表示价格,Q 表示需求量,总成本函数为 $C(Q)=200+30Q$,试求:

(1) 当 $Q=100$ 时的总收益、平均收益和边际收益;

(2) 当 $Q=100$ 时的总利润、平均利润和边际利润;

(3) 使得利润最大的需求量.

4. 某商品的需求函数为 $Q=e^{-\frac{P}{5}}$,其中 Q 是需求量,P 是价格,求:

(1) 需求弹性 $\eta(P)$;

(2) 当商品的价格为 $P=4,5,6$ 时的需求弹性,并解释其经济意义.

习 题 4

(A)

1. 验证罗尔中值定理对函数 $y=e^{\sin x}$ 在区间 $\left[\frac{\pi}{4},\frac{3\pi}{4}\right]$ 上的正确性,并求出定理中的点 ξ.

2. 不求函数 $f(x)=(x-1)(x-2)(x-3)(x-4)$ 的导数,判断方程 $f'(x)=0$ 有几个实根,并指出这些根所在的范围.

3. 证明:方程 $x^5+x-1=0$ 在区间 $(0,1)$ 内有且仅有一个实根.

4. 证明下列不等式:

(1) 当 $x>0$ 时,$2+x>2\sqrt{1+x}$;

(2) 当 $x>0$ 时,$\ln(1+x)>x-\frac{1}{2}x^2$;

(3) 当 $0<x<\frac{\pi}{2}$ 时,$\sin x+\tan x>2x$;

(4) 当 $0<x<\frac{\pi}{2}$ 时,$\tan x>x+\frac{1}{3}x^3$.

5. 设函数 $f(x)$ 在 (a,b) 内具有二阶导数,且 $f(x_1)=f(x_2)=f(x_3)$,其中 $a<x_1<x_2<x_3<b$,证明:在 (x_1,x_3) 内至少有一点 ξ,使得 $f''(\xi)=0$.

6. 求下列极限:

(1) $\lim\limits_{x\to 1}\frac{x^m-1}{x^n-1}\quad(n\neq 0)$;

(2) $\lim\limits_{x\to a}\frac{\cos x-\cos a}{x-a}$;

(3) $\lim\limits_{x\to 1}\frac{x^3-3x^2+2}{x^3-x^2-x+1}$;

(4) $\lim\limits_{x\to\frac{\pi}{2}^+}\frac{\ln\left(x-\frac{\pi}{2}\right)}{\tan x}$;

(5) $\lim\limits_{x\to a}\dfrac{a^x-x^a}{x-a}\quad(a>0,a\neq 1)$；

(6) $\lim\limits_{x\to 1}\dfrac{e^{x^2}-e}{\ln x}$；

(7) $\lim\limits_{x\to 0}\dfrac{\ln(\cos ax)}{\ln(\cos bx)}\quad(b\neq 0)$；

(8) $\lim\limits_{x\to 0}\left(\cot x-\dfrac{1}{x}\right)$；

(9) $\lim\limits_{x\to 0}(1+\sin x)^{\frac{1}{x}}$；

(10) $\lim\limits_{x\to 0^+}\left(1+\dfrac{1}{x}\right)^x$；

(11) $\lim\limits_{x\to 0}\left(\dfrac{1}{x^2}-\dfrac{1}{x\sin x}\right)$；

(12) $\lim\limits_{x\to\infty}(x+\sqrt{1+x^2})^{\frac{1}{x}}$.

7. 用泰勒公式求下列极限：

(1) $\lim\limits_{x\to 0}\dfrac{e^x-x-1}{x^2}$；

(2) $\lim\limits_{x\to 0}\dfrac{\sqrt{1-x}+\frac{1}{2}x-\cos x}{\ln(1+x)-x}$.

8. 求下列函数的单调区间和极值：

(1) $f(x)=x^3-3x^2-9x+3$；

(2) $f(x)=3x-x^3$；

(3) $f(x)=2x^2-\ln x$；

(4) $f(x)=\dfrac{2x}{1+x^2}$；

(5) $f(x)=x-e^x$；

(6) $f(x)=\dfrac{1}{x}+\ln x$.

9. 求下列函数在指定区间上的最大值和最小值：

(1) $f(x)=x+\sqrt{1-x},\quad[-3,1]$；

(2) $f(x)=\ln(1+x^2),\quad[-1,2]$；

(3) $f(x)=\dfrac{x^2}{1+x},\quad\left[-\dfrac{1}{2},1\right]$；

(4) $f(x)=x^2e^{-x},\quad[-1,3]$.

10. 求下列曲线的凹凸区间及拐点：

(1) $y=x^3-5x^2+3x+5$；

(2) $y=xe^{-x}$；

(3) $y=\ln(1+x^2)$；

(4) $y=\dfrac{1}{x}+\ln x$.

11. 作出下列函数的图形：

(1) $y=x^3-x^2-x+1$；

(2) $y=e^{-(x-1)^2}$.

12. 设函数 $f(x)$ 在 $[0,1]$ 上连续，在 $(0,1)$ 内可导，且 $f(1)=0$，证明：存在 $\xi\in(0,1)$，使得

$$f'(\xi)=-\frac{f(\xi)}{\xi}.$$

13. 证明：

$$2\arctan x+\arcsin\frac{2x}{1+x^2}=\pi\quad(x\geqslant 1).$$

14. 若函数 $f(x)$ 在 $(-\infty,+\infty)$ 内满足 $f'(x)=f(x)$，且 $f(0)=1$，证明：

$$f(x)=e^x.$$

15. 设函数 $f(x)$ 在 $[a,b]$ 上连续，在 (a,b) 内有二阶导数，并且

$$f(a)=f(b)=0,\quad f(c)>0\quad(a<c<b),$$

证明：在 (a,b) 内至少有一点 ξ，使得 $f''(\xi)<0$.

16. 设函数 $f(x)$ 在 $[1,2]$ 上具有二阶导数，且 $f(1)=f(2)=0$，又设

$$F(x)=(x-1)f(x),$$

证明：至少存在一点 $\xi\in(1,2)$，使得 $F''(\xi)=0$.

(B)

1. 选择题：

(1) 曲线 $y=\dfrac{x^2+x}{x^2-1}$ 的渐近线的条数为(　　).

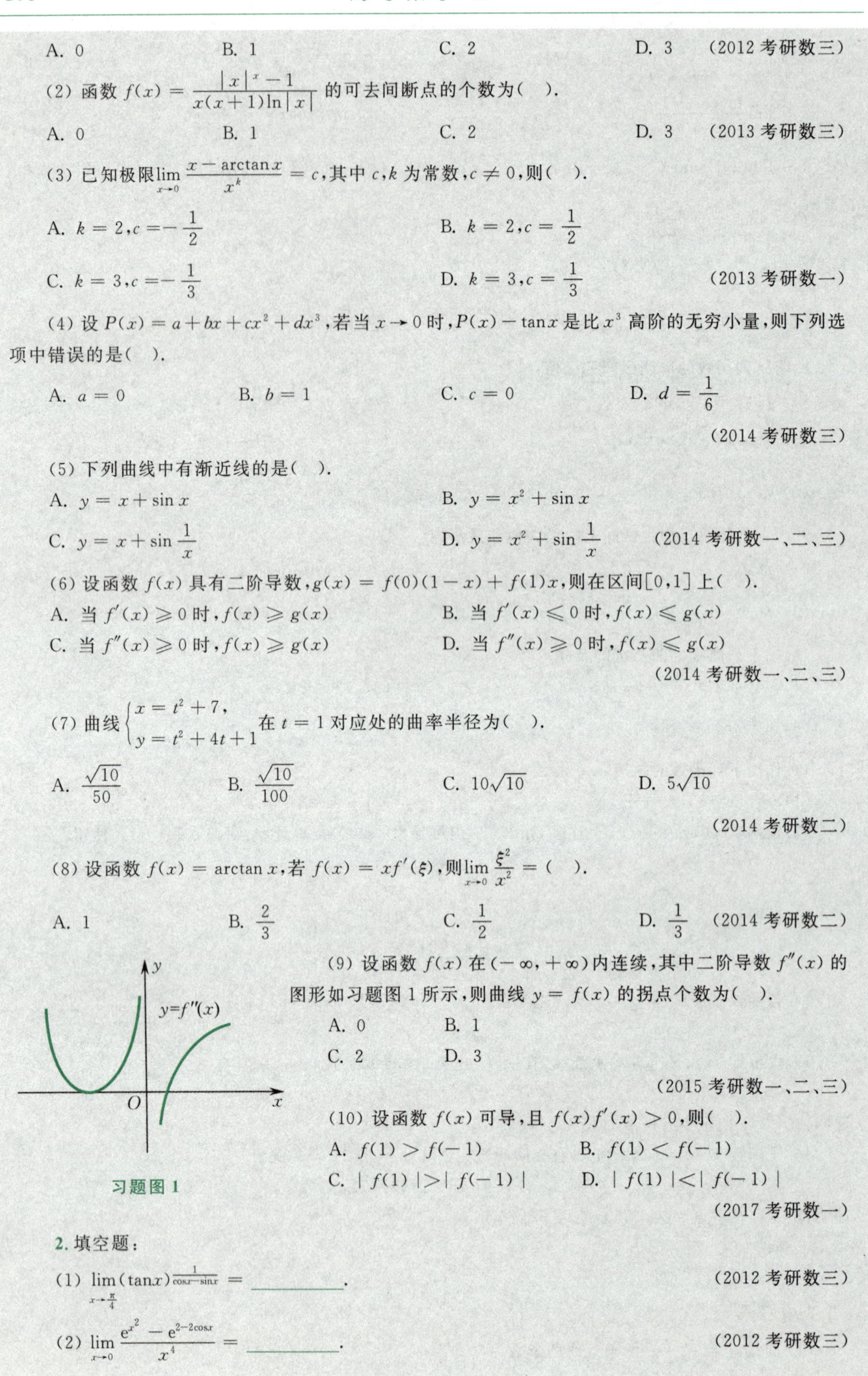

A. 0　　B. 1　　C. 2　　D. 3　　(2012 考研数三)

(2) 函数 $f(x)=\dfrac{|x|^x-1}{x(x+1)\ln|x|}$ 的可去间断点的个数为(　).

A. 0　　B. 1　　C. 2　　D. 3　　(2013 考研数三)

(3) 已知极限 $\lim\limits_{x\to 0}\dfrac{x-\arctan x}{x^k}=c$,其中 c,k 为常数,$c\neq 0$,则(　).

A. $k=2,c=-\dfrac{1}{2}$　　B. $k=2,c=\dfrac{1}{2}$

C. $k=3,c=-\dfrac{1}{3}$　　D. $k=3,c=\dfrac{1}{3}$　　(2013 考研数一)

(4) 设 $P(x)=a+bx+cx^2+dx^3$,若当 $x\to 0$ 时,$P(x)-\tan x$ 是比 x^3 高阶的无穷小量,则下列选项中错误的是(　).

A. $a=0$　　B. $b=1$　　C. $c=0$　　D. $d=\dfrac{1}{6}$

(2014 考研数三)

(5) 下列曲线中有渐近线的是(　).

A. $y=x+\sin x$　　B. $y=x^2+\sin x$

C. $y=x+\sin\dfrac{1}{x}$　　D. $y=x^2+\sin\dfrac{1}{x}$　　(2014 考研数一、二、三)

(6) 设函数 $f(x)$ 具有二阶导数,$g(x)=f(0)(1-x)+f(1)x$,则在区间$[0,1]$上(　).

A. 当 $f'(x)\geqslant 0$ 时,$f(x)\geqslant g(x)$　　B. 当 $f'(x)\leqslant 0$ 时,$f(x)\leqslant g(x)$

C. 当 $f''(x)\geqslant 0$ 时,$f(x)\geqslant g(x)$　　D. 当 $f''(x)\geqslant 0$ 时,$f(x)\leqslant g(x)$

(2014 考研数一、二、三)

(7) 曲线 $\begin{cases}x=t^2+7,\\ y=t^2+4t+1\end{cases}$ 在 $t=1$ 对应处的曲率半径为(　).

A. $\dfrac{\sqrt{10}}{50}$　　B. $\dfrac{\sqrt{10}}{100}$　　C. $10\sqrt{10}$　　D. $5\sqrt{10}$

(2014 考研数二)

(8) 设函数 $f(x)=\arctan x$,若 $f(x)=xf'(\xi)$,则 $\lim\limits_{x\to 0}\dfrac{\xi^2}{x^2}=$(　).

A. 1　　B. $\dfrac{2}{3}$　　C. $\dfrac{1}{2}$　　D. $\dfrac{1}{3}$　　(2014 考研数二)

(9) 设函数 $f(x)$ 在 $(-\infty,+\infty)$ 内连续,其中二阶导数 $f''(x)$ 的图形如习题图 1 所示,则曲线 $y=f(x)$ 的拐点个数为(　).

A. 0　　B. 1

C. 2　　D. 3

(2015 考研数一、二、三)

习题图 1

(10) 设函数 $f(x)$ 可导,且 $f(x)f'(x)>0$,则(　).

A. $f(1)>f(-1)$　　B. $f(1)<f(-1)$

C. $|f(1)|>|f(-1)|$　　D. $|f(1)|<|f(-1)|$

(2017 考研数一)

2. 填空题:

(1) $\lim\limits_{x\to\frac{\pi}{4}}(\tan x)^{\frac{1}{\cos x-\sin x}}=$ ________.　　(2012 考研数三)

(2) $\lim\limits_{x\to 0}\dfrac{e^{x^2}-e^{2-2\cos x}}{x^4}=$ ________.　　(2012 考研数三)

(3) $\lim\limits_{x\to 0}\left[2-\dfrac{\ln(1+x)}{x}\right]^{\frac{1}{x}}=$ ______. (2013 考研数二)

(4) 曲线 $y=x^2+x(x<0)$ 上曲率为$\dfrac{\sqrt{2}}{2}$ 的点的坐标为______. (2012 考研数二)

(5) $\lim\limits_{x\to 0}\dfrac{\ln(\cos x)}{x^2}=$ ______. (2015 考研数一、三)

(6) 曲线 $y=x\left(1+\arcsin\dfrac{2}{x}\right)$的斜渐近线为______. (2017 考研数二)

3. 已知函数 $f(x)=\dfrac{1+x}{\sin x}-\dfrac{1}{x}$,记 $a=\lim\limits_{x\to 0}f(x)$.

(1) 求 a 的值;

(2) 若当 $x\to 0$ 时,$f(x)-a$ 是 x^k 的同阶无穷小量,求 k. (2012 考研数二)

4. 证明:$x\ln\dfrac{1+x}{1-x}+\cos x\geqslant 1+\dfrac{x^2}{2}(-1<x<1)$. (2012 考研数三)

5. 设生产某产品的固定成本为 6 000 元,可变成本为 20 元 / 件,价格函数为 $P=60-\dfrac{Q}{1\,000}$,其中 P 表示价格(单位:元 / 件);Q 表示销量(单位:件),已知产销平衡,求:

(1) 该产品的边际利润;

(2) $P=50$ 元 / 件时的边际利润,并解释其意义;

(3) 使得利润最大的价格 P. (2013 考研数三)

6. 设奇函数 $f(x)$ 在$[-1,1]$ 上具有二阶导数,且 $f(1)=1$,证明:

(1) 存在 $\xi\in(0,1)$,使得 $f'(\xi)=1$;

(2) 存在 $\eta\in(-1,1)$,使得 $f''(\eta)+f'(\eta)=1$. (2013 考研数一)

7. 设函数 $f(x)=x+a\ln(1+x)+bx\sin x$,$g(x)=kx^3$,若 $f(x)$ 与 $g(x)$ 当 $x\to 0$ 时是等价无穷小量,求 a,b,k 的值. (2015 考研数一、二、三)

8. 已知函数 $f(x)$ 在区间$[a,+\infty)$ 上具有二阶导数,$f(a)=0$,$f'(x)>0$,$f''(x)>0$,设 $b>a$,曲线 $y=f(x)$ 在点$(b,f(b))$ 处的切线与 x 轴的交点是$(x_0,0)$,证明:$a<x_0<b$. (2015 考研数二)

9. 设函数 $f(x)$ 在区间$[0,1]$ 上具有二阶导数,且 $f(1)>0$,$\lim\limits_{x\to 0^+}\dfrac{f(x)}{x}<0$,证明:

(1) 方程 $f(x)=0$ 在区间$(0,1)$ 内至少存在一个实根;

(2) 方程 $f(x)f''(x)+(f'(x))^2=0$ 在区间$(0,1)$ 内至少存在两个不同的实根. (2017 考研数一)

10. 已知函数 $y=y(x)$ 由方程 $x^3+y^3-3x+3y-2=0$ 所确定,求函数 $y=y(x)$ 的极值. (2017 考研数一)

第 4 章数学实验　用 Matlab 求解导数应用题

导数是研究函数局部性质的有力工具,通过对函数导数的研究,我们可以清楚地描述出函数的变化趋势.结合本章的主要内容与 Matlab 的特点,下面我们主要通过例子来讨论函数的极值、单调性,函数曲线的凹凸性、拐点之间的关系.

例 1 讨论函数 $y=\frac{x^2}{1+x^2}$ 的极值、单调性、图形凹凸性和其导数的关系.

解 [Matlab 操作命令]

```
>> clear
>> syms x y dy d2y
>> y = x^2/(1 + x^2)
>> dy = diff(y)
```

[Matlab 输出结果]

```
dy =
    2 * x/(1 + x^2) - 2 * x^3(1 + x^2)^2
```

[Matlab 操作命令]

```
>> dy = simple(dy)
```

[Matlab 输出结果]

```
dy =
    2 * /(1 + x^2)^2
```

[Matlab 操作命令]

```
>> x1 = solve(dy)          % 求 dy = 0 的解
```

[Matlab 输出结果]

```
x1 =
    0
```

[Matlab 操作命令]

```
>> d2y = diff(y,2)
```

[Matlab 输出结果]

```
d2y =
    2/(1 + x^2) - 10 * x^2/(1 + x^2)^2 + 8 * x^4/(1 + x^2)^3
```

[Matlab 操作命令]

```
>> d2y = simple(d2y)
```

[Matlab 输出结果]

```
d2y =
    - 2 * (- 1 + 3 * x^2)/(1 + x^2)^3
```

[Matlab 操作命令]

```
>> x2 = solve(d2y)          % 求 d2y = 0 的解
```

[Matlab 输出结果]

```
x2 =
    [1/3 * 3^(1/2)]
    [- 1/3 * 3^(1/2)]
```

[Matlab 操作命令]

```
>> lims = [- 5,5]
```

[Matlab 输出结果]

```
lims =
    - 5   5
```

[Matlab 操作命令]

```
>> subplot(3,1,1)
```

```
>> fplot('x^2/(1+x^2)',lims)
>> subplot(3,1,2)
>> fplot('2*x/(1+x^2)^2',lims)
>> subplot(3,1,3)
>> fplot('-2*/(-1+3*x^2)/(1+x^2)^3',lims)
```

运行结果如图 1 所示.

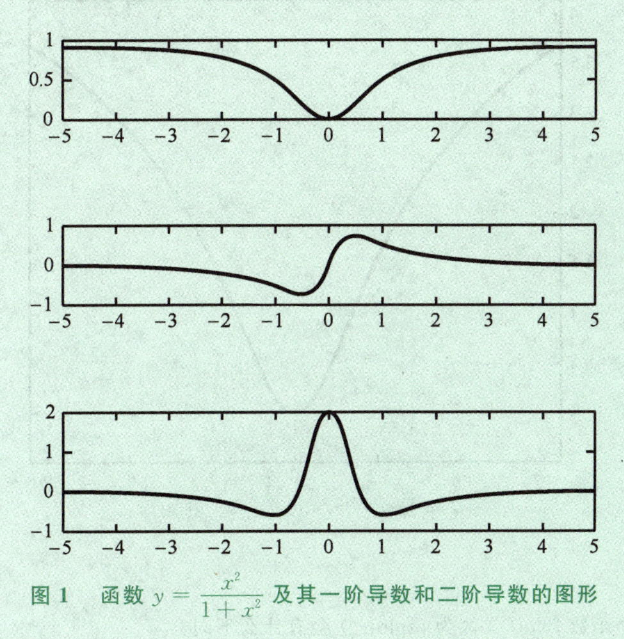

图 1　函数 $y=\dfrac{x^2}{1+x^2}$ 及其一阶导数和二阶导数的图形

结果分析：

(1) 命令函数 subplot(3,1,1) 是在同一个窗口中生成一个 3 行 1 列的绘图区域阵，并把第一绘图域激活. 图 1 中第一条曲线是函数 $y=\dfrac{x^2}{1+x^2}$ 的图形，第二条曲线是函数的一阶导数 y'(程序中用 dy 表示) 的图形，第三条曲线是函数的二阶导数 y''(程序中用 d2y 表示) 的图形.

(2) 显然给出的图形仅仅是在区间$[-5,5]$上的图形，但我们不难发现，该函数在区间$(-\infty,0]$上是严格单调减少函数，在区间$[0,+\infty)$上是严格单调增加函数，并且在 $x=0$ 处有一个极小值点，极小值为 0.

(3) 从函数的一阶导数 y' 的图形中看出，导数 y' 在区间$(-\infty,0]$上为负值，相应地，函数在区间$(-\infty,0]$上是严格单调减少函数；导数 y' 在区间$[0,+\infty)$上为正值，相应地，函数在区间$[0,+\infty)$上是严格单调增加函数；导数 y' 在 $x=0$ 处的值为 0，因此 $x=0$ 是极小值点.

(4) 从函数的二阶导数 y'' 的图形中看出，二阶导数 y'' 在区间$(-\infty,-1]$和$[1,+\infty)$上为负值，所以相应的函数曲线是凸弧；二阶导数 y'' 在 $x=0$ 的附近为正值，所以相应的函数曲线是凹弧. 因此函数曲线有两个拐点$\left(-\dfrac{\sqrt{3}}{3},\dfrac{1}{4}\right)$和$\left(\dfrac{\sqrt{3}}{3},\dfrac{1}{4}\right)$.

例 2　作出函数 $\ln(x^2+1)$ 的图形.

解　[Matlab 操作命令]

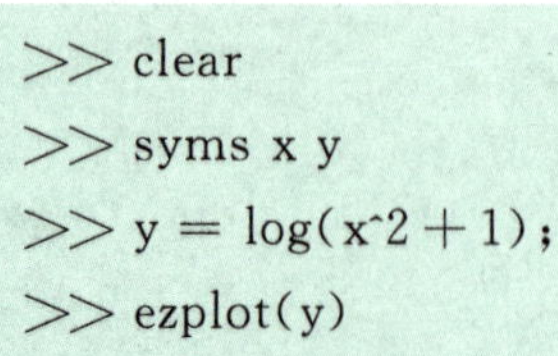

```
>> clear
>> syms x y
>> y = log(x^2 + 1);
>> ezplot(y)
```

运行结果如图 2 所示.

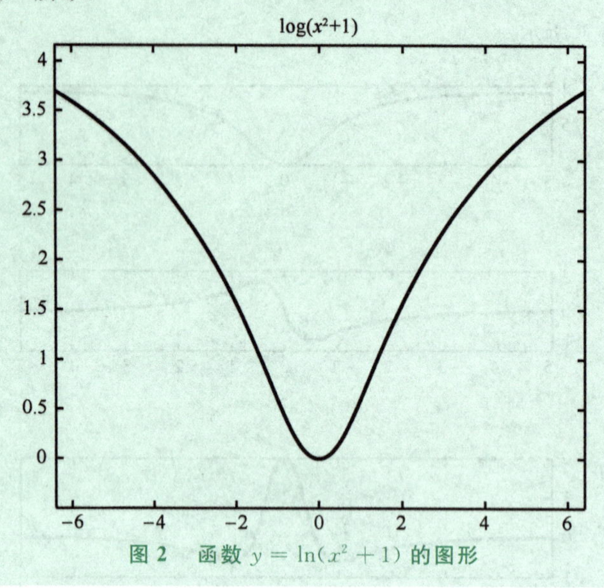

图 2　函数 $y=\ln(x^2+1)$ 的图形

【思考题】

1. 在例 1 中把命令函数 fplot( ) 改为 ezplot( ) 会有什么不同?

2. 用 Matlab 作函数 $y=\dfrac{x}{x^2-1}$ 的图形.

第5章 一元函数的积分

前面介绍了一元函数的微分学. 如果一个函数可导(可微),就可以求出它的导数(微分). 但在自然科学、工程技术和经济管理等领域的许多问题中,常常会遇到相反的问题:如果一个未知函数 $g(x)$ 的导数等于已知函数 $f(x)$,那么怎样求出未知函数 $g(x)$?这就是本章要研究的不定积分问题. 不定积分与定积分统称为一元函数的积分学.

§5.1 原函数与不定积分

一、原函数与不定积分的概念

1. 原函数

定义 1 设 $f(x)$ 是定义在区间 I 上的函数. 如果存在函数 $F(x)$,使得对任一 $x \in I$,都有

$$F'(x) = f(x) \quad 或 \quad \mathrm{d}F(x) = f(x)\mathrm{d}x,$$

则称 $F(x)$ 为 $f(x)$ 在区间 I 上的一个**原函数**.

例如,在区间 $(-\infty, +\infty)$ 上,$(\sin x)' = \cos x$,故 $\sin x$ 是 $\cos x$ 在 $(-\infty, +\infty)$ 上的一个原函数. 一般地,对任意常数 C,$\sin x + C$ 都是 $\cos x$ 的原函数.

由此可知,当一个函数具有原函数时,它的原函数有无穷多个.

什么样的函数其原函数一定存在呢?这里介绍一个充分条件.

定理 1(原函数存在定理) **如果函数 $f(x)$ 在区间 I 上连续,则 $f(x)$ 在 I 上一定存在原函数,即存在可导函数 $F(x)$,使得对任一 $x \in I$,都有**

$$F'(x) = f(x).$$

这个定理表明,连续函数一定有原函数. 因为初等函数在其定义区间内连续,所以初等函数在其定义区间内一定有原函数.

我们已经知道,如果函数 $f(x)$ 存在原函数 $F(x)$,那么 $f(x)$ 的原函数就有无穷多个. 于是有下面的定理:

定理 2 **如果 $F(x)$ 是 $f(x)$ 在区间 I 上的一个原函数,那么对于任意一个常数 C,$F(x) + C$ 也是 $f(x)$ 在区间 I 上的一个原函数.**

定理 3 **如果 $G(x)$ 和 $F(x)$ 是函数 $f(x)$ 在区间 I 上的任意两个原函数,则它们仅相差**

一个常数.

证　设 $H(x)=G(x)-F(x)$，则有

$$H'(x)=(G(x)-F(x))'=G'(x)-F'(x)=f(x)-f(x)\equiv 0.$$

由于导数恒等于零的函数是常数函数，因此

$$H(x)=G(x)-F(x)=C\quad(C\text{ 为常数}),$$

即

$$G(x)=F(x)+C.$$

这表明，$G(x)$ 与 $F(x)$ 只相差一个常数.

因此，只要找到 $f(x)$ 的一个原函数 $F(x)$，$F(x)+C$（C 为任意常数）就可以表示 $f(x)$ 的全体原函数.

2. 不定积分

定义 2　在区间 I 上，函数 $f(x)$ 的全体原函数称为 $f(x)$ 在区间 I 上的**不定积分**，记作

$$\int f(x)\mathrm{d}x,$$

其中记号 $\int$ 称为**积分号**，$f(x)$ 称为**被积函数**，$f(x)\mathrm{d}x$ 称为**被积表达式**，x 称为**积分变量**.

根据定义，如果 $F'(x)=f(x)$，则有

$$\int f(x)\mathrm{d}x=F(x)+C\quad(C\text{ 为任意常数}).$$

例 1　求 $\int\frac{1}{2\sqrt{x}}\mathrm{d}x\ (x>0)$.

解　由于 $(\sqrt{x})'=\frac{1}{2\sqrt{x}}$，因此有 $\int\frac{1}{2\sqrt{x}}\mathrm{d}x=\sqrt{x}+C$.

例 2　求 $\int\frac{1}{x^2}\mathrm{d}x\ (x\neq 0)$.

解　由于 $\left(-\frac{1}{x}\right)'=\frac{1}{x^2}$，因此有 $\int\frac{1}{x^2}\mathrm{d}x=-\frac{1}{x}+C$.

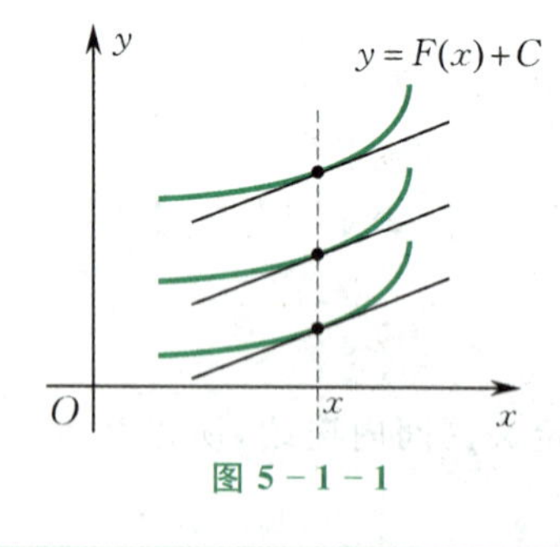

图 5-1-1

3. 不定积分的几何意义

若 $F(x)$ 是 $f(x)$ 的一个原函数，则称 $y=F(x)$ 的图形是 $f(x)$ 的一条**积分曲线**. 于是，函数 $f(x)$ 的不定积分 $\int f(x)\mathrm{d}x$ 在几何上表示 $f(x)$ 的**积分曲线族**，它可由 $f(x)$ 的一条积分曲线 $y=F(x)$ 沿 y 轴上、下平行移动而得到，且积分曲线族中每条曲线上横坐标相同的点处的切线互相平行，如图 5-1-1 所示.

例 3　设一曲线通过点 $(0,1)$，且其上任一点处的切线斜率都等于这一点横坐标的两倍，求此曲线的方程.

解　设所求的曲线方程为 $y=f(x)$. 按题设，该曲线上任一点 (x,y) 处的切线斜率为 $\frac{\mathrm{d}y}{\mathrm{d}x}=2x$，即 $f(x)$ 是 $2x$ 的一个原函数. 又因为 x^2 也是 $2x$ 的一个原函数，所以由定理 3 得

$$f(x)=\int 2x\mathrm{d}x=x^2+C\quad (C\text{ 为常数}),$$

即曲线方程为 $y=x^2+C$. 因所求的曲线通过点(0,1),故

$$1=0^2+C,\quad \text{即}\quad C=1.$$

于是所求的曲线方程为

$$y=x^2+1.$$

二、不定积分的性质

根据不定积分的定义,立即可得下述性质:

性质 1　$\left(\int f(x)\mathrm{d}x\right)'=f(x)$　或　$\mathrm{d}\left(\int f(x)\mathrm{d}x\right)=f(x)\mathrm{d}x$.

性质 2　$\int F'(x)\mathrm{d}x=F(x)+C$　或　$\int \mathrm{d}F(x)=F(x)+C$.

注:(1) 微分运算(以记号 d 表示)与求不定积分的运算$\left(\text{简称积分运算,以记号}\int\text{表示}\right)$互为逆运算;

(2) 要证明一个不定积分运算式成立,只要证明右边函数的导数等于左边被积函数即可.

性质 3　$\int(\alpha f(x)+\beta g(x))\mathrm{d}x=\alpha\int f(x)\mathrm{d}x+\beta\int g(x)\mathrm{d}x$,其中 α,β 是不同时为零的任意常数.

证　要证等式成立,只要证等式右端函数的导数等于左端的被积函数 $\alpha f(x)+\beta g(x)$ 即可. 将右端对 x 求导,得

$$\begin{aligned}\left(\alpha\int f(x)\mathrm{d}x+\beta\int g(x)\mathrm{d}x\right)'&=\left(\alpha\int f(x)\mathrm{d}x\right)'+\left(\beta\int g(x)\mathrm{d}x\right)'\\&=\alpha f(x)+\beta g(x).\end{aligned}$$

特别地,当 $\alpha=1,\beta=\pm 1$ 时,得到

$$\int(f(x)\pm g(x))\mathrm{d}x=\int f(x)\mathrm{d}x\pm\int g(x)\mathrm{d}x.$$

当 $\beta=0$ 时,得到

$$\int\alpha f(x)\mathrm{d}x=\alpha\int f(x)\mathrm{d}x\quad(\alpha\neq 0).$$

性质 3 可以推广到有限个函数的情形.

三、基本积分公式

既然积分运算是微分运算的逆运算,那么很自然地可以从基本初等函数的导数公式得到相应的积分公式.

例如,由于 $(\arctan x)'=\dfrac{1}{1+x^2}$,因此 $\arctan x$ 是 $\dfrac{1}{1+x^2}$ 的一个原函数,于是

$$\int\frac{1}{1+x^2}\mathrm{d}x=\arctan x+C.$$

类似地,可以得到其他积分公式. 下面我们把一些基本的积分公式列在一起,统称为基

本积分公式(或基本积分表).

(1) $\int 0\mathrm{d}x = C$;

(2) $\int k\mathrm{d}x = kx + C$　(k 为常数);

(3) $\int x^{\alpha}\mathrm{d}x = \frac{x^{\alpha+1}}{\alpha+1} + C$　(α 为常数且 $\alpha \neq -1$);

(4) $\int \frac{1}{x}\mathrm{d}x = \ln|x| + C$;

(5) $\int a^{x}\mathrm{d}x = \frac{1}{\ln a}a^{x} + C$　(a 为常数,$a > 0$ 且 $a \neq 1$);

(6) $\int \mathrm{e}^{x}\mathrm{d}x = \mathrm{e}^{x} + C$;

(7) $\int \cos x\mathrm{d}x = \sin x + C$;

(8) $\int \sin x\mathrm{d}x = -\cos x + C$;

(9) $\int \sec^{2}x\mathrm{d}x = \int \frac{1}{\cos^{2}x}\mathrm{d}x = \tan x + C$;

(10) $\int \csc^{2}x\mathrm{d}x = \int \frac{1}{\sin^{2}x}\mathrm{d}x = -\cot x + C$;

(11) $\int \sec x\tan x\mathrm{d}x = \sec x + C$;

(12) $\int \csc x\cot x\mathrm{d}x = -\csc x + C$;

(13) $\int \frac{\mathrm{d}x}{\sqrt{1-x^{2}}} = \arcsin x + C = -\arccos x + C$;

(14) $\int \frac{\mathrm{d}x}{1+x^{2}} = \arctan x + C = -\operatorname{arccot} x + C$.

以上 14 个基本积分公式是求不定积分的基础,读者必须熟记,因为很多不定积分最终将归结为这些基本积分公式.

例 4　求 $\int\left(3x^{2} + \frac{2}{\sqrt{x}} - \frac{1}{\sqrt{2-2x^{2}}} + \frac{1}{x}\right)\mathrm{d}x$.

解

$$\begin{aligned}
&\int\left(3x^{2} + \frac{2}{\sqrt{x}} - \frac{1}{\sqrt{2-2x^{2}}} + \frac{1}{x}\right)\mathrm{d}x \\
&= \int\left(3x^{2} + 2x^{-\frac{1}{2}} - \frac{1}{\sqrt{2}\sqrt{1-x^{2}}} + \frac{1}{x}\right)\mathrm{d}x \\
&= 3\int x^{2}\mathrm{d}x + 2\int x^{-\frac{1}{2}}\mathrm{d}x - \frac{1}{\sqrt{2}}\int \frac{1}{\sqrt{1-x^{2}}}\mathrm{d}x + \int \frac{1}{x}\mathrm{d}x \\
&= 3\cdot\frac{1}{2+1}x^{2+1} + 2\cdot\frac{1}{-\frac{1}{2}+1}x^{-\frac{1}{2}+1} - \frac{1}{\sqrt{2}}\arcsin x + \ln|x| + C \\
&= x^{3} + 4\sqrt{x} - \frac{1}{\sqrt{2}}\arcsin x + \ln|x| + C.
\end{aligned}$$

例 5　求$\int \frac{x^4}{1+x^2}\mathrm{d}x$.

解　$$\int \frac{x^4}{1+x^2}\mathrm{d}x = \int \frac{(x^4-1)+1}{1+x^2}\mathrm{d}x = \int\left(x^2-1+\frac{1}{1+x^2}\right)\mathrm{d}x$$
$$= \int x^2\mathrm{d}x - \int \mathrm{d}x + \int \frac{1}{1+x^2}\mathrm{d}x = \frac{1}{3}x^3 - x + \arctan x + C.$$

例 6　求$\int \tan^2 x\mathrm{d}x$.

解　$$\int \tan^2 x\mathrm{d}x = \int(\sec^2 x-1)\mathrm{d}x = \int \sec^2 x\mathrm{d}x - \int \mathrm{d}x = \tan x - x + C.$$

例 7　求$\int \cos^2\frac{x}{2}\mathrm{d}x$.

解　$$\int \cos^2\frac{x}{2}\mathrm{d}x = \int \frac{1+\cos x}{2}\mathrm{d}x = \frac{1}{2}\int \mathrm{d}x + \frac{1}{2}\int \cos x\mathrm{d}x$$
$$= \frac{1}{2}(x+\sin x) + C.$$

例 8　求$\int 3^x \mathrm{e}^x\mathrm{d}x$.

解　$$\int 3^x\mathrm{e}^x\mathrm{d}x = \int (3\mathrm{e})^x\mathrm{d}x = \frac{(3\mathrm{e})^x}{\ln(3\mathrm{e})} + C = \frac{(3\mathrm{e})^x}{1+\ln 3} + C.$$

例 9　设某工厂每日生产产品的总成本 y(单位:元)的变化率(即边际成本)是日产量 x(单位:件)的函数:$y' = 8 + \frac{25}{\sqrt{x}}$. 已知固定成本为 1 000 元,求总成本 y 与日产量 x 的函数关系.

解　由 $y' = 8 + \frac{25}{\sqrt{x}}$,得
$$y = \int\left(8+\frac{25}{\sqrt{x}}\right)\mathrm{d}x = 8x + 50\sqrt{x} + C.$$
因为固定成本为 1 000 元,所以当 $x=0$ 时,$y = 1\,000$. 代入上式,得 $C = 1\,000$. 故总成本 y 与日产量 x 的函数关系为
$$y = 8x + 50\sqrt{x} + 1\,000.$$

练习 5.1

1. 求下列不定积分:

(1) $\int \sqrt{x}(2-x)\mathrm{d}x$;　(2) $\int \frac{(x-1)^2}{x}\mathrm{d}x$;

(3) $\int 2^x\mathrm{e}^x\mathrm{d}x$;　(4) $\int \frac{2\cdot 3^x - 7\cdot 2^x}{3^x}\mathrm{d}x$;

(5) $\int \frac{1}{x^2(1+x^2)}\mathrm{d}x$;　(6) $\int \frac{x^2}{1+x^2}\mathrm{d}x$;

(7) $\int \sec x(\sec x - \tan x)\mathrm{d}x$;　(8) $\int \frac{\cos 2x}{\cos^2 x\cdot \sin^2 x}\mathrm{d}x$;

(9) $\int \sqrt{x\sqrt{x\sqrt{x}}}\,\mathrm{d}x$;　(10) $\int \sin^2\frac{x}{2}\mathrm{d}x$.

2. 若$\int f(x)\mathrm{d}x=\sqrt{1+x^2}+C$,求 $f(x)$.

3. 解下列各题:

(1) 设 $f'(\sin x)=\cos^2 x$,且 $f(0)=1$,求 $f(x)$;

(2) 设 $\ln x$ 为 $f(x)$ 的一个原函数,求$\int f'(x)\mathrm{d}x$.

4. 某商品的需求量 Q 是价格 P 的函数,已知该商品的最大需求量为 1 000(即当 $P=0$ 时,$Q=1\,000$),需求量的变化率(边际需求)为

$$Q'(P)=-1\,000\left(\frac{1}{3}\right)^P\ln 3,$$

求需求量与价格的函数关系 $Q(P)$.

5. 设曲线 $y=f(x)\ (x>0)$ 通过点$\left(\frac{1}{\mathrm{e}},0\right)$,且其上任一点$(x,y)$处的切线斜率为$\frac{1}{x}$,求该曲线的方程.

§5.2 换元积分法

利用基本积分公式和积分的性质,所能计算的不定积分是非常有限的.为了能求出更多的不定积分,本节将介绍求不定积分的一个基本方法:换元积分法.

一、第一类换元法

定理 1(第一类换元法) **设 $f(u)$ 连续且其原函数为 $F(u)$,$u=\varphi(x)$ 的导函数 $\varphi'(x)$ 连续,则有换元公式**

$$\int f(\varphi(x))\varphi'(x)\mathrm{d}x=\int f(u)\mathrm{d}u=F(\varphi(x))+C. \tag{5-2-1}$$

证 因为 $F(u)$ 是 $f(u)$ 的原函数,所以

$$\int f(u)\mathrm{d}u=F(u)+C=F(\varphi(x))+C.$$

又因为 $u=\varphi(x)$,且 $\varphi(x)$ 可导,所以根据复合函数的求导法则,有

$$(F(\varphi(x))+C)'=F'(u)\varphi'(x)=f(u)\varphi'(x)=f(\varphi(x))\varphi'(x).$$

由此得

$$\int f(\varphi(x))\varphi'(x)\mathrm{d}x=F(\varphi(x))+C=\int f(u)\mathrm{d}u.$$

公式(5-2-1)可看作直接做变量代换 $u=\varphi(x)$ 得到,这也是这种求不定积分的方法称为第一类换元法的原因.一般地,如果不定积分$\int g(x)\mathrm{d}x$ 不能直接利用基本积分公式来计算,而其被积表达式 $g(x)\mathrm{d}x$ 能表示为

$$g(x)\mathrm{d}x=f(\varphi(x))\varphi'(x)\mathrm{d}x=f(\varphi(x))\mathrm{d}\varphi(x)$$

的形式,且$\int f(u)\mathrm{d}u$ 较易计算,那么可令 $u=\varphi(x)$,代入后有

$$\int g(x)\mathrm{d}x=\int f(\varphi(x))\varphi'(x)\mathrm{d}x=\int f(\varphi(x))\mathrm{d}\varphi(x)=\int f(u)\mathrm{d}u.$$

这样就可求出 $g(x)$ 的不定积分. 由于在积分过程中, 先要从被积表达式中凑出一个微分因子 $d\varphi(x)=\varphi'(x)dx$, 因此第一类换元法也称为**凑微分法**.

例 1 求 $\int 2\cos 2x dx$.

解 由于 $\cos 2x$ 是 $\cos u$ 与 $u=2x$ 构成的复合函数, 因此可设 $u=2x$, 从而 $du=2dx$, 便有

$$\begin{aligned}\int 2\cos 2x dx&=\int \cos 2x\cdot 2dx=\int \cos u du=\sin u+C\\&=\sin 2x+C.\end{aligned}$$

例 2 求 $\int \frac{1}{2x-1}dx$.

解 设 $u=2x-1$, 则 $du=2dx$, $dx=\frac{1}{2}du$. 于是

$$\begin{aligned}\int \frac{1}{2x-1}dx&=\int \frac{1}{u}\cdot\frac{1}{2}du=\frac{1}{2}\int\frac{1}{u}du=\frac{1}{2}\ln|u|+C\\&=\frac{1}{2}\ln|2x-1|+C.\end{aligned}$$

在熟悉不定积分的第一类换元法后, 就可以略去设中间变量和换元的步骤. 例如, 例 2 可如下求解:

$$\begin{aligned}\int \frac{1}{2x-1}dx&=\int \frac{1}{2}\cdot\frac{1}{2x-1}\cdot 2dx=\frac{1}{2}\int\frac{1}{2x-1}d(2x-1)\\&=\frac{1}{2}\ln|2x-1|+C.\end{aligned}$$

运用第一类换元法时, 应熟记以下几种常见的凑微分形式:

(1) $dx=\frac{1}{a}d(ax+b)$;

(2) $x^{\mu}dx=\frac{1}{\mu+1}d(x^{\mu+1})\quad(\mu\neq-1)$;

(3) $\frac{1}{x}dx=d(\ln x)$;

(4) $a^{x}dx=\frac{1}{\ln a}d(a^{x})\quad(a>0, a\neq 1)$;

(5) $\sin x dx=-d(\cos x)$;

(6) $\cos x dx=d(\sin x)$;

(7) $\sec^{2}x dx=d(\tan x)$;

(8) $\csc^{2}x dx=-d(\cot x)$;

(9) $\frac{1}{\sqrt{1-x^{2}}}dx=d(\arcsin x)=-d(\arccos x)$;

(10) $\frac{1}{1+x^{2}}dx=d(\arctan x)=-d(\text{arccot}\, x)$.

例 3 求 $\int x\sqrt{1-x^{2}}dx$.

解 $\int x\sqrt{1-x^{2}}dx=\int\sqrt{1-x^{2}}\,x dx=-\frac{1}{2}\int(1-x^{2})^{\frac{1}{2}}d(1-x^{2})$

$$=-\frac{1}{2}\cdot\frac{1}{\frac{1}{2}+1}(1-x^{2})^{\frac{1}{2}+1}+C=-\frac{1}{3}(1-x^{2})^{\frac{3}{2}}+C.$$

例 4 求$\int \frac{e^{\arcsin x}}{\sqrt{1-x^2}}dx$.

解 $\int \frac{e^{\arcsin x}}{\sqrt{1-x^2}}dx = \int e^{\arcsin x}\frac{1}{\sqrt{1-x^2}}dx = \int e^{\arcsin x}d(\arcsin x) = e^{\arcsin x}+C.$

例 5 求$\int \frac{1}{a^2+x^2}dx \quad (a\neq 0)$.

解
$$\int \frac{1}{a^2+x^2}dx = \int \frac{1}{a^2}\cdot\frac{1}{1+\left(\frac{x}{a}\right)^2}dx = \frac{1}{a}\int \frac{1}{1+\left(\frac{x}{a}\right)^2}d\left(\frac{x}{a}\right)$$
$$= \frac{1}{a}\arctan\frac{x}{a}+C.$$

类似地,可得
$$\int \frac{1}{\sqrt{a^2-x^2}}dx = \arcsin\frac{x}{a}+C \quad (a>0).$$

例 6 求$\int \frac{1}{a^2-x^2}dx \quad (a\neq 0)$.

解
$$\int \frac{1}{a^2-x^2}dx = \frac{1}{2a}\int\left(\frac{1}{a+x}+\frac{1}{a-x}\right)dx = \frac{1}{2a}\int\frac{d(a+x)}{a+x}-\frac{1}{2a}\int\frac{d(a-x)}{a-x}$$
$$= \frac{1}{2a}\ln|a+x|-\frac{1}{2a}\ln|a-x|+C$$
$$= \frac{1}{2a}\ln\left|\frac{a+x}{a-x}\right|+C.$$

例 7 求$\int \cot x dx$.

解 $\int \cot x dx = \int \frac{\cos x}{\sin x}dx = \int \frac{d(\sin x)}{\sin x} = \ln|\sin x|+C.$

类似地,可得
$$\int \tan x dx = -\ln|\cos x|+C.$$

例 8 求$\int \sec x dx$.

解
$$\int \sec x dx = \int \frac{1}{\cos x}dx = \int \frac{\cos x}{\cos^2 x}dx = \int \frac{1}{1-\sin^2 x}d(\sin x)$$
$$= \frac{1}{2}\ln\left|\frac{1+\sin x}{1-\sin x}\right|+C \quad (\text{由例 } 6)$$
$$= \frac{1}{2}\ln\frac{(1+\sin x)^2}{1-\sin^2 x}+C = \frac{1}{2}\ln\frac{(1+\sin x)^2}{\cos^2 x}+C$$
$$= \frac{1}{2}\ln\left|\frac{1+\sin x}{\cos x}\right|^2+C = \ln\left|\frac{1+\sin x}{\cos x}\right|+C$$
$$= \ln\left|\frac{1}{\cos x}+\frac{\sin x}{\cos x}\right|+C = \ln|\sec x+\tan x|+C.$$

类似地，可得

$$\int \csc x \mathrm{d}x = \ln|\csc x - \cot x| + C.$$

例 9　求 $\int \cos^3 x \mathrm{d}x$.

解　$$\int \cos^3 x \mathrm{d}x = \int (1-\sin^2 x)\cos x \mathrm{d}x = \int (1-\sin^2 x)\mathrm{d}(\sin x)$$
$$= \int \mathrm{d}(\sin x) - \int \sin^2 x \mathrm{d}(\sin x) = \sin x - \frac{1}{3}\sin^3 x + C.$$

例 10　求 $\int \cos^2 x \mathrm{d}x$.

解　$$\int \cos^2 x \mathrm{d}x = \int \frac{1+\cos 2x}{2}\mathrm{d}x = \frac{1}{2}\int \mathrm{d}x + \frac{1}{4}\int \cos 2x \mathrm{d}(2x)$$
$$= \frac{1}{2}x + \frac{1}{4}\sin 2x + C.$$

二、第二类换元法

定理 2（第二类换元法）　设函数 $f(x)$，$\varphi(t)$ 及 $\varphi'(t)$ 均连续，$x=\varphi(t)$ 的导数 $\varphi'(t)\neq 0$. 若 $f(\varphi(t))\varphi'(t)$ 存在原函数 $F(t)$，则

$$\int f(x)\mathrm{d}x = \int f(\varphi(t))\varphi'(t)\mathrm{d}t = F(t) + C = F(\varphi^{-1}(x)) + C,$$

其中 $t=\varphi^{-1}(x)$ 是 $x=\varphi(t)$ 的反函数.

证　由于 $F(t)$ 为 $f(\varphi(t))\varphi'(t)$ 的原函数，记 $F(\varphi^{-1}(x))=\Phi(x)$，因此根据复合函数的求导法则和反函数的导数公式，有

$$\frac{\mathrm{d}\Phi(x)}{\mathrm{d}x} = F'(t)\frac{\mathrm{d}t}{\mathrm{d}x} = f(\varphi(t))\varphi'(t)\frac{1}{\frac{\mathrm{d}x}{\mathrm{d}t}}$$
$$= f(\varphi(t))\varphi'(t)\frac{1}{\varphi'(t)} = f(\varphi(t)) = f(x),$$

即 $\Phi(x)$ 是 $f(x)$ 的原函数，于是有

$$\int f(x)\mathrm{d}x = \Phi(x) + C = F(\varphi^{-1}(x)) + C$$
$$= F(t) + C = \int f(\varphi(t))\varphi'(t)\mathrm{d}t.$$

由定理 2 知，如果 $\int f(x)\mathrm{d}x$ 不易计算，则可通过变量代换 $x=\varphi(t)$，将不定积分 $\int f(x)\mathrm{d}x$ 化为容易计算的不定积分 $\int f(\varphi(t))\varphi'(t)\mathrm{d}t$，求出不定积分后，再用 $x=\varphi(t)$ 的反函数 $t=\varphi^{-1}(x)$ 代回即可.

例 11　求 $\int \frac{\mathrm{d}x}{1+\sqrt{x-1}}$.

解 当根式中变量 x 的最高指数是 1 时,可先通过适当的换元将被积函数中的根号去掉,再积分.

令 $\sqrt{x-1}=t$,则 $x=t^2+1$,$\mathrm{d}x=2t\mathrm{d}t$. 于是

$$\begin{aligned}\int\frac{\mathrm{d}x}{1+\sqrt{x-1}}&=\int\frac{2t\mathrm{d}t}{1+t}=2\int\frac{t+1-1}{1+t}\mathrm{d}t\\&=2\int\left(1-\frac{1}{1+t}\right)\mathrm{d}t=2\left(\int\mathrm{d}t-\int\frac{1}{1+t}\mathrm{d}t\right)\\&=2(t-\ln|1+t|)+C\\&=2(\sqrt{x-1}-\ln|1+\sqrt{x-1}|)+C.\end{aligned}$$

例 12 求 $\int\frac{\mathrm{d}x}{(1+\sqrt[3]{x})\sqrt{x}}$.

解 被积函数中出现了两个不同的根式,因为 2 和 3 的最小公倍数是 6,所以为了同时消去这两个根式,可以做如下代换:

令 $t=x^{\frac{1}{6}}$,则 $x=t^6$,$\mathrm{d}x=6t^5\mathrm{d}t$. 于是

$$\begin{aligned}\int\frac{\mathrm{d}x}{(1+\sqrt[3]{x})\sqrt{x}}&=\int\frac{6t^5}{(1+t^2)t^3}\mathrm{d}t=6\int\frac{t^2}{1+t^2}\mathrm{d}t=6\int\left(1-\frac{1}{1+t^2}\right)\mathrm{d}t\\&=6(t-\arctan t)+C=6(\sqrt[6]{x}-\arctan\sqrt[6]{x})+C.\end{aligned}$$

例 13 求 $\int\sqrt{a^2-x^2}\,\mathrm{d}x\ (a>0)$.

解 为了将被积函数有理化,利用三角公式 $\sin^2t+\cos^2t=1$.

令 $x=a\sin t$,$t\in\left(-\frac{\pi}{2},\frac{\pi}{2}\right)$,则 $\mathrm{d}x=a\cos t\mathrm{d}t$,$\sqrt{a^2-x^2}=a\cos t$. 于是

$$\begin{aligned}\int\sqrt{a^2-x^2}\,\mathrm{d}x&=\int a\cos t\cdot a\cos t\mathrm{d}t=a^2\int\cos^2t\mathrm{d}t\\&=a^2\int\frac{1+\cos 2t}{2}\mathrm{d}t=\frac{a^2}{2}\left(\int\mathrm{d}t+\frac{1}{2}\int\cos 2t\mathrm{d}(2t)\right)\\&=\frac{a^2}{2}\left(t+\frac{1}{2}\sin 2t\right)+C=\frac{a^2}{2}t+\frac{a^2}{2}\sin t\cos t+C.\end{aligned}$$

我们可用如下方法把 t 替换回 x:根据 $x=a\sin t$,$\frac{x}{a}=\sin t$ 作出如图 5-2-1 所示的直角三角形,从而 $\cos t=\frac{\sqrt{a^2-x^2}}{a}$,而 $x=a\sin t$ 的反函数为 $t=\arcsin\frac{x}{a}$,故

$$\int\sqrt{a^2-x^2}\,\mathrm{d}x=\frac{a^2}{2}t+\frac{a^2}{2}\sin t\cos t+C=\frac{a^2}{2}\arcsin\frac{x}{a}+\frac{1}{2}x\sqrt{a^2-x^2}+C.$$

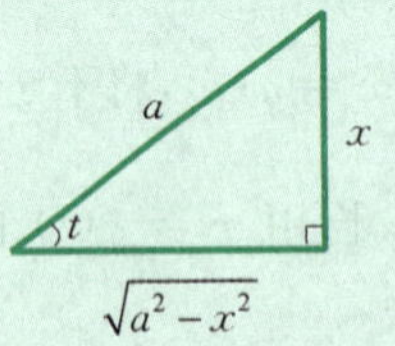

图 5-2-1

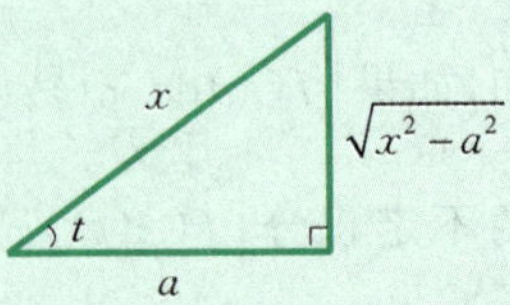

图 5-2-2

例 14 求 $\int\frac{1}{\sqrt{x^2-a^2}}\mathrm{d}x\ (a>0)$.

解　令 $x = a\sec t, t \in \left(0, \frac{\pi}{2}\right)$，则 $dx = a\sec t\tan t dt$，$\sqrt{x^2 - a^2} = a\tan t$. 于是

$$\int \frac{1}{\sqrt{x^2 - a^2}} dx = \int \frac{a\sec t\tan t dt}{a\tan t} = \int \sec t dt = \ln|\sec t + \tan t| + C_1.$$

根据 $x = a\sec t$，$\frac{x}{a} = \sec t$ 作出如图 5 - 2 - 2 所示的直角三角形，从而 $\tan t = \frac{\sqrt{x^2 - a^2}}{a}$，故

$$\int \frac{1}{\sqrt{x^2 - a^2}} dx = \ln|\sec t + \tan t| + C_1 = \ln\left|\frac{x}{a} + \frac{\sqrt{x^2 - a^2}}{a}\right| + C_1$$

$$= \ln|x + \sqrt{x^2 - a^2}| + C,$$

其中 $C = C_1 - \ln a$.

例 15　求 $\int \frac{1}{\sqrt{a^2 + x^2}} dx \quad (a > 0)$.

解　令 $x = a\tan t, t \in \left(-\frac{\pi}{2}, \frac{\pi}{2}\right)$，则 $dx = a\sec^2 t dt$，$\sqrt{x^2 + a^2} = a\sec t$. 于是

$$\int \frac{1}{\sqrt{a^2 + x^2}} dx = \int \frac{a\sec^2 t dt}{a\sec t} = \int \sec t dt = \ln|\sec t + \tan t| + C_1$$

$$= \ln\left|\frac{\sqrt{x^2 + a^2}}{a} + \frac{x}{a}\right| + C_1 = \ln|\sqrt{x^2 + a^2} + x| + C,$$

其中 $C = C_1 - \ln a$.

注：当被积函数含有形如 $\sqrt{a^2 - x^2}$，$\sqrt{a^2 + x^2}$，$\sqrt{x^2 - a^2}$ 的二次根式时，可以通过相应的换元 $x = a\sin t$，$x = a\tan t$，$x = a\sec t$ 将根号化去. 但是在具体解题时，要根据被积函数的具体情况，选取尽可能简洁的代换，不能只局限于以上几种代换.

例 16　求 $\int \frac{1}{x^2}\sqrt{\frac{1+x}{x}} dx$.

解　为了去掉根式，做代换 $t = \sqrt{\frac{1+x}{x}}$，则 $x = \frac{1}{t^2 - 1}$，$dx = -\frac{2t}{(t^2-1)^2} dt$. 于是

$$\int \frac{1}{x^2}\sqrt{\frac{1+x}{x}} dx = \int (t^2 - 1)^2 t \cdot \frac{-2t}{(t^2-1)^2} dt = -2\int t^2 dt$$

$$= -\frac{2}{3}t^3 + C = -\frac{2}{3}\left(\frac{1+x}{x}\right)^{\frac{3}{2}} + C.$$

在被积函数中如果出现分式函数，而且分母的次数大于分子的次数，则可以尝试利用**倒代换**，即令 $x = \frac{1}{t}$. 利用此代换，常常可以消去被积函数中分母的变量因子 x.

例 17　求 $\int \frac{dx}{x(x^6 + 1)}$.

解 令 $x=\frac{1}{t}$,则 $dx=-\frac{1}{t^2}dt$. 于是

$$\int\frac{dx}{x(x^6+1)}=\int\frac{-\frac{1}{t^2}dt}{\frac{1}{t}\left(\frac{1}{t^6}+1\right)}=-\int\frac{t^5}{1+t^6}dt=-\frac{1}{6}\int\frac{d(t^6+1)}{1+t^6}$$

$$=-\frac{1}{6}\ln|1+t^6|+C=-\frac{1}{6}\ln\left(1+\frac{1}{x^6}\right)+C.$$

一般地,可按被积函数的不同形式做不同的代换,具体如下:

(1) 若被积函数含有形如 $\sqrt[n]{ax+b}$ 的根式,则可做代换 $t=\sqrt[n]{ax+b}$;

(2) 若被积函数含有形如 $\sqrt[n]{ax+b}$,$\sqrt[m]{ax+b}$ 的根式,则可做代换 $t=\sqrt[p]{ax+b}$,其中 p 是 m,n 的最小公倍数;

(3) 若被积函数含有形如 $\sqrt[n]{\frac{ax+b}{cx+d}}$ 的根式,则可做代换 $t=\sqrt[n]{\frac{ax+b}{cx+d}}$.

运用这些代换就可以将被积函数中的根号去掉,被积函数就化为有理函数.

在本节的例题中,有几个积分结果通常也被当作公式使用. 这样,除了基本积分表中的 14 个积分公式外,可再添加下面几个积分公式:

(15) $\int\tan x\,dx=-\ln|\cos x|+C$; (16) $\int\cot x\,dx=\ln|\sin x|+C$;

(17) $\int\sec x\,dx=\ln|\sec x+\tan x|+C$; (18) $\int\csc x\,dx=\ln|\csc x-\cot x|+C$;

(19) $\int\frac{dx}{a^2+x^2}=\frac{1}{a}\arctan\frac{x}{a}+C$; (20) $\int\frac{dx}{a^2-x^2}=\frac{1}{2a}\ln\left|\frac{x+a}{x-a}\right|+C$;

(21) $\int\frac{dx}{\sqrt{a^2-x^2}}=\arcsin\frac{x}{a}+C$; (22) $\int\frac{dx}{\sqrt{x^2\pm a^2}}=\ln|x+\sqrt{x^2\pm a^2}|+C$.

练习 5.2

1. 求下列不定积分:

(1) $\int\cos(2x+3)dx$; (2) $\int e^{5x}dx$;

(3) $\int\frac{1}{6x+1}dx$; (4) $\int 3^{2x+5}dx$;

(5) $\int x\sin x^2dx$; (6) $\int\frac{\cos\sqrt{x}}{\sqrt{x}}dx$;

(7) $\int\frac{(\ln x)^2}{x}dx$; (8) $\int\frac{\arctan x}{1+x^2}dx$;

(9) $\int\frac{1}{x^2+2x+5}dx$; (10) $\int\frac{f'(x)\ln f(x)}{f(x)}dx$.

2. 求下列不定积分:

(1) $\int\frac{1}{\sqrt{2x-3}+1}dx$; (2) $\int\frac{\sqrt{x}}{1+x}dx$;

(3) $\int \frac{x^2}{\sqrt{1-x^2}}dx$；

(4) $\int \frac{dx}{\sqrt{(x^2+1)^3}}$；

(5) $\int \frac{\sqrt{x^2-9}}{x}dx$；

(6) $\int \frac{1}{\sqrt{x}+\sqrt[3]{x}}dx$；

(7) $\int \frac{dx}{\sqrt{1+e^x}}$；

(8) $\int \frac{\sqrt{a^2-x^2}}{x^4}dx \quad (a>0)$.

§ 5.3　分部积分法

设函数 $u=u(x)$ 及 $v=v(x)$ 具有连续导数，则由两个函数乘积的导数公式得

$$(uv)'=u'v+uv',$$

移项得

$$uv'=(uv)'-u'v.$$

对这个等式两边求不定积分，得

$$\int uv'dx=uv-\int u'vdx,$$

即

$$\int udv=uv-\int vdu.$$

该公式称为**分部积分公式**. 这种求不定积分的方法称为**分部积分法**. 如果不定积分 $\int udv$ 不易求出，而不定积分 $\int vdu$ 比较容易求出，就可以使用分部积分公式.

例 1　求 $\int x\cos x dx$.

解　易知 $\int x\cos x dx=\int xd(\sin x)$. 令 $u=u(x)=x, v=v(x)=\sin x$，则由分部积分公式得

$$\int x\cos x dx=\int xd(\sin x)=x\sin x-\int \sin x dx$$
$$=x\sin x+\cos x+C.$$

注：在上例中，如果把 x 放到微分符号里面，则有

$$\int x\cos x dx=\int \cos x d\left(\frac{1}{2}x^2\right)=\frac{1}{2}x^2\cos x-\frac{1}{2}\int x^2 d(\cos x)$$
$$=\frac{1}{2}x^2\cos x+\frac{1}{2}\int x^2\sin x dx.$$

显然，上式右端的不定积分比原不定积分更烦琐，很难求出结果. 由此可见，如果放到微分符号里面的函数 u 或 v 选取不当，就很难求出结果，甚至求不出结果，要以 $\int vdu$ 比 $\int udv$ 易求出为

原则.

例 2 求$\int x^2\ln x\mathrm{d}x$.

解 $$\int x^2\ln x\mathrm{d}x=\frac{1}{3}\int\ln x\mathrm{d}(x^3)=\frac{1}{3}\left(x^3\ln x-\int x^3\mathrm{d}(\ln x)\right)$$
$$=\frac{1}{3}\left(x^3\ln x-\int x^2\mathrm{d}x\right)=\frac{1}{3}\left(x^3\ln x-\frac{1}{3}x^3\right)+C$$
$$=\frac{1}{3}x^3\left(\ln x-\frac{1}{3}\right)+C.$$

例 3 求$\int x^2\mathrm{e}^x\mathrm{d}x$.

解 $$\int x^2\mathrm{e}^x\mathrm{d}x=\int x^2\mathrm{d}(\mathrm{e}^x)=x^2\mathrm{e}^x-\int\mathrm{e}^x\mathrm{d}(x^2)$$
$$=x^2\mathrm{e}^x-2\int x\mathrm{e}^x\mathrm{d}x=x^2\mathrm{e}^x-2\int x\mathrm{d}(\mathrm{e}^x)$$
$$=x^2\mathrm{e}^x-2x\mathrm{e}^x+2\int\mathrm{e}^x\mathrm{d}x$$
$$=x^2\mathrm{e}^x-2x\mathrm{e}^x+2\mathrm{e}^x+C.$$

例 4 求$\int x\arctan x\mathrm{d}x$.

解 $$\int x\arctan x\mathrm{d}x=\frac{1}{2}\int\arctan x\mathrm{d}(x^2)=\frac{1}{2}x^2\arctan x-\frac{1}{2}\int x^2\mathrm{d}(\arctan x)$$
$$=\frac{1}{2}x^2\arctan x-\frac{1}{2}\int\frac{x^2}{1+x^2}\mathrm{d}x$$
$$=\frac{1}{2}x^2\arctan x-\frac{1}{2}\int\left(1-\frac{1}{1+x^2}\right)\mathrm{d}x$$
$$=\frac{1}{2}x^2\arctan x-\frac{1}{2}\int\mathrm{d}x+\frac{1}{2}\int\frac{1}{1+x^2}\mathrm{d}x$$
$$=\frac{1}{2}x^2\arctan x-\frac{1}{2}x+\frac{1}{2}\arctan x+C.$$

例 5 求$\int\arcsin x\mathrm{d}x$.

解 $$\int\arcsin x\mathrm{d}x=x\arcsin x-\int x\mathrm{d}(\arcsin x)=x\arcsin x-\int\frac{x\mathrm{d}x}{\sqrt{1-x^2}}$$
$$=x\arcsin x+\frac{1}{2}\int\frac{\mathrm{d}(1-x^2)}{\sqrt{1-x^2}}=x\arcsin x+\sqrt{1-x^2}+C.$$

一般地，如果被积函数是反三角函数或对数函数与幂函数的积，则可以考虑把幂函数放到微分符号里面；如果被积函数是三角函数或指数函数与幂函数的积，则可以考虑把三角函数或指数函数放到微分符号里面，即按“反、对、幂、三、指”的顺序，后者优先.

例 6 求$\int\mathrm{e}^x\sin x\mathrm{d}x$.

解　设 $I=\int e^x\sin x\mathrm{d}x$，则

$$\begin{aligned}\int e^x\sin x\mathrm{d}x&=\int\sin x\mathrm{d}(e^x)=e^x\sin x-\int e^x\mathrm{d}(\sin x)\\&=e^x\sin x-\int e^x\cos x\mathrm{d}x=e^x\sin x-\int\cos x\mathrm{d}(e^x)\\&=e^x\sin x-e^x\cos x+\int e^x\mathrm{d}(\cos x)\\&=e^x\sin x-e^x\cos x-\int e^x\sin x\mathrm{d}x\\&=e^x\sin x-e^x\cos x-I.\end{aligned}$$

上式右端的不定积分与原不定积分相同，把它移到左边与原不定积分合并，再加上任意常数 C，即得

$$I=\int e^x\sin x\mathrm{d}x=\frac{1}{2}(e^x\sin x-e^x\cos x)+C.$$

练习 5.3

1. 求下列不定积分：

(1) $\int x\sin x\mathrm{d}x$；　(2) $\int\ln(1+x^2)\mathrm{d}x$；

(3) $\int\arctan x\mathrm{d}x$；　(4) $\int x\ln(x-1)\mathrm{d}x$；

(5) $\int xe^{-x}\mathrm{d}x$；　(6) $\int\cos\sqrt{x}\mathrm{d}x$；

(7) $\int\frac{\ln x}{x^2}\mathrm{d}x$；　(8) $\int(1+x)^2e^x\mathrm{d}x$；

(9) $\int\frac{xe^x}{\sqrt{e^x-3}}\mathrm{d}x$；　(10) $\int\sec^3x\mathrm{d}x$.

§5.4　定积分的概念与性质

定积分是积分学中另一个重要概念，它在自然科学、工程技术、经济管理中有着广泛的应用. 在 §5.4 ～ §5.7 中，我们先从实际问题出发，引入定积分的概念，然后讨论定积分的性质及其计算方法，并揭示它与不定积分的关系，最后介绍定积分的应用.

一、引例

1. 曲边梯形的面积

设 $y=f(x)(f(x)\geqslant 0)$ 在区间 $[a,b]$ 上连续，则称由曲线 $y=f(x)$ 及直线 $x=a$，$x=b$，$y=0$ 所围成的图形为**曲边梯形**. 下面我们讨论怎样求这个曲边梯形的面积（见图 5-4-1）.

（1）在区间$[a,b]$上任意插入$n-1$个分点

$$a=x_0<x_1<x_2<\cdots<x_{n-1}<x_n=b,$$

那么整个曲边梯形就被直线$x=x_i(i=1,2,\cdots,n-1)$分成n个小曲边梯形，区间$[a,b]$被分成n个小区间

$$[x_0,x_1],[x_1,x_2],\cdots,[x_{i-1},x_i],\cdots,[x_{n-1},x_n],$$

第i个小区间的长度为$\Delta x_i=x_i-x_{i-1}(i=1,2,\cdots,n)$.

（2）对于第i个小曲边梯形来说，当其底边长Δx_i很小时，由$y=f(x)$连续可知，其高度的变化也是非常小的. 这时它的面积可以用小矩形的面积来近似表示. 在每个小区间$[x_{i-1},x_i]$上任取一点ξ_i，用$f(\xi_i)$作为第i个小矩形的高（见图5-4-1），则第i个小曲边梯形的面积ΔS_i的近似值为

$$\Delta S_i\approx f(\xi_i)\Delta x_i\quad(i=1,2,\cdots,n).$$

这样，将n个小矩形的面积相加，就得到整个曲边梯形面积S的近似值，即

$$S=\sum_{i=1}^{n}\Delta S_i\approx\sum_{i=1}^{n}f(\xi_i)\Delta x_i.$$

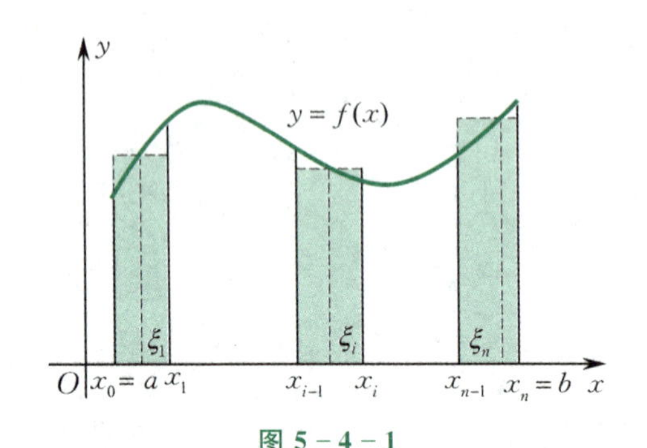

图 5-4-1

（3）显然，当分点越密时，和式$\sum_{i=1}^{n}f(\xi_i)\Delta x_i$与曲边梯形的面积$S$越接近. 于是，令$\lambda=\max_{1\leqslant i\leqslant n}\{\Delta x_i\}$，当$\lambda\to0$时，和式$\sum_{i=1}^{n}f(\xi_i)\Delta x_i$的极限即为曲边梯形的面积$S$，即

$$S=\lim_{\lambda\to0}\sum_{i=1}^{n}f(\xi_i)\Delta x_i.$$

2. 变速直线运动的路程

设某物体做直线运动，已知其速度$v=v(t)$是时间区间$[T_1,T_2]$上的连续函数，求该物体在这段时间内所经过的路程s.

当物体做匀速直线运动时，有路程公式：

$$\text{路程}=\text{速度}\times\text{时间}.$$

当速度不是常量而是随时间变化的变量时，所求路程s不能直接按匀速直线运动的路程公式来计算. 类似于前面曲边梯形面积的计算方法，我们可以求变速直线运动物体在一段时间内所经过的路程.

（1）在区间$[T_1,T_2]$上任意插入$n-1$个分点

$$T_1=t_0<t_1<t_2<\cdots<t_{n-1}<t_n=T_2,$$

则这$n-1$个分点将区间$[T_1,T_2]$分成n个小区间

$$[t_0,t_1],[t_1,t_2],\cdots,[t_{n-1},t_n],$$

各小区间的长度依次为 $\Delta t_1,\Delta t_2,\cdots,\Delta t_n$，其中 $\Delta t_i = t_i - t_{i-1}(i=1,2,\cdots,n)$.

(2) 任取一点 $\xi_i \in [t_{i-1},t_i]$，由于在很小的时间区间 $[t_{i-1},t_i]$ 内，速度变化很小，因此可以认为在时间区间 $[t_{i-1},t_i]$ 内，该物体运动的速度近似等于 $v(\xi_i)$，从而物体在时间区间 $[t_{i-1},t_i]$ 内经过的路程 Δs_i 的近似值为 $v(\xi_i)\Delta t_i$，即

$$\Delta s_i \approx v(\xi_i)\Delta t_i \quad (i=1,2,\cdots,n).$$

于是，该物体在整个时间区间 $[T_1,T_2]$ 内经过的路程为

$$s = \sum_{i=1}^{n}\Delta s_i \approx \sum_{i=1}^{n} v(\xi_i)\Delta t_i.$$

(3) 记 $\lambda = \max\limits_{1\leqslant i\leqslant n}\{\Delta t_i\}$，当 $\lambda \to 0$ 时，和式 $\sum\limits_{i=1}^{n} v(\xi_i)\Delta t_i$ 的极限即为该物体在时间区间 $[T_1,T_2]$ 内所经过的路程，即

$$s = \lim_{\lambda\to 0}\sum_{i=1}^{n} v(\xi_i)\Delta t_i.$$

二、定积分的定义

从上面的两个例子可以看到，虽然所要计算的量的实际意义各不相同，但这些量的计算方法与步骤都是相同的，反映在数量上可归结为具有相同结构的和式的极限，即

$$S = \lim_{\lambda\to 0}\sum_{i=1}^{n} f(\xi_i)\Delta x_i,$$

$$s = \lim_{\lambda\to 0}\sum_{i=1}^{n} v(\xi_i)\Delta t_i.$$

在解决实际问题过程中，经常应用这种方法. 抛开这些问题的具体意义，可以抽象出下面定积分的概念：

定义 1　设函数 $f(x)$ 在区间 $[a,b]$ 上有定义，在 $[a,b]$ 上任意插入 $n-1$ 个分点

$$a = x_0 < x_1 < x_2 < \cdots < x_{n-1} < x_n = b,$$

把区间 $[a,b]$ 分成 n 个小区间

$$[x_0,x_1],[x_1,x_2],\cdots,[x_{n-1},x_n],$$

各小区间的长度分别记为

$$\Delta x_1 = x_1 - x_0,\quad \Delta x_2 = x_2 - x_1,\quad \cdots,\quad \Delta x_n = x_n - x_{n-1}.$$

在第 i 个小区间 $[x_{i-1},x_i]$ 上任取一点 ξ_i，做乘积 $f(\xi_i)\Delta x_i(i=1,2,\cdots,n)$，再做和

$$\sum_{i=1}^{n} f(\xi_i)\Delta x_i = f(\xi_1)\Delta x_1 + f(\xi_2)\Delta x_2 + \cdots + f(\xi_n)\Delta x_n.$$

记 $\lambda = \max\limits_{1\leqslant i\leqslant n}\{\Delta x_i\}$，如果不论 $[a,b]$ 的分法怎样，也不论点 ξ_i 在小区间 $[x_{i-1},x_i]$ 上的取法怎样，当 $\lambda\to 0$ 时，和式 $\sum\limits_{i=1}^{n} f(\xi_i)\Delta x_i$ 总趋向于确定的值 I，则称这个极限值 I 为函数 $f(x)$ 在区间 $[a,b]$ 上的**定积分**，记作

$$\int_a^b f(x)\mathrm{d}x,$$

即

$$\int_a^b f(x)\mathrm{d}x = \lim_{\lambda \to 0}\sum_{i=1}^{n} f(\xi_i)\Delta x_i,$$

其中 $f(x)$ 称为**被积函数**,$f(x)\mathrm{d}x$ 称为**被积表达式**,x 称为**积分变量**,a 称为**积分下限**,b 称为**积分上限**,$[a,b]$称为**积分区间**.

注: 当和式 $\sum_{i=1}^{n} f(\xi_i)\Delta x_i$ 的极限存在时,其极限值仅与被积函数 $f(x)$ 及积分区间 $[a,b]$有关,而与积分变量用什么字母表示无关,即

$$\int_a^b f(x)\mathrm{d}x = \int_a^b f(t)\mathrm{d}t = \int_a^b f(u)\mathrm{d}u.$$

和式 $\sum_{i=1}^{n} f(\xi_i)\Delta x_i$ 通常称为**积分和**. 如果 $f(x)$ 在$[a,b]$上的定积分存在,则称 $f(x)$ 在$[a,b]$上**可积**.

对于定积分,有这样一个重要问题:函数 $f(x)$ 在$[a,b]$上满足怎样的条件时才会在$[a,b]$上一定可积呢?我们有以下两个充分条件:

定理 1 设 $f(x)$ 在区间$[a,b]$上连续,则 $f(x)$ 在$[a,b]$上可积.

定理 2 设 $f(x)$ 在区间$[a,b]$上有界,且只有有限个间断点,则 $f(x)$ 在$[a,b]$上可积.

另外,还有如下可积的必要条件:

定理 3 若 $f(x)$ 在区间$[a,b]$上可积,则 $f(x)$ 在$[a,b]$上有界.

三、定积分的几何意义

如果在区间$[a,b]$上 $f(x) \geqslant 0$,则定积分$\int_a^b f(x)\mathrm{d}x$ 在几何上表示由曲线 $y = f(x)$、直线 $x = a$,$x = b$ 及 x 轴所围成的曲边梯形的面积.

如果在$[a,b]$上 $f(x) \leqslant 0$,由曲线 $y = f(x)$、直线 $x = a$,$x = b$ 及 x 轴所围成的曲边梯形位于 x 轴的下方,则定积分$\int_a^b f(x)\mathrm{d}x$ 在几何上表示上述曲边梯形面积的负值.

如果在$[a,b]$上 $f(x)$ 既取得正值又取得负值,即函数 $f(x)$ 的图形某些部分在 x 轴上方,而其他部分在 x 轴的下方(见图 5-4-2),则定积分$\int_a^b f(x)\mathrm{d}x$ 表示介于 x 轴、曲线 $y = f(x)$ 及两条直线 $x = a$,$x = b$ 之间的各部分面积的代数和(在 x 轴上方部分取"+",在 x 轴下方部分取"−"). 此时,由曲线 $y = f(x)$、直线 $x = a$,$x = b$ 及 x 轴所围成图形的面积为

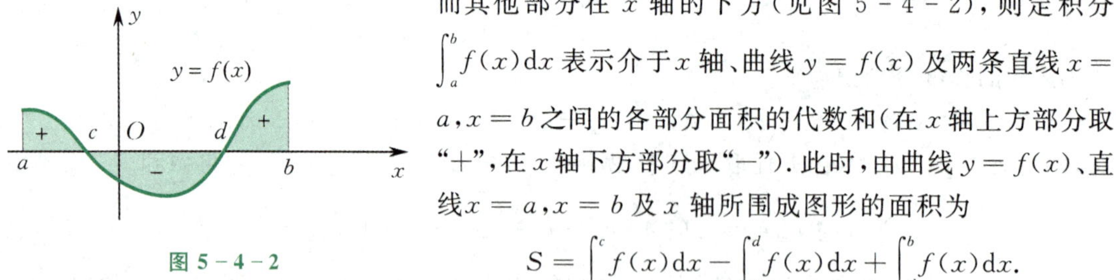

图 5-4-2

$$S = \int_a^c f(x)\mathrm{d}x - \int_c^d f(x)\mathrm{d}x + \int_d^b f(x)\mathrm{d}x.$$

四、定积分的性质

为了以后计算及应用方便,对定积分做以下补充规定:

(1) 当 $a = b$ 时,$\int_a^b f(x)\mathrm{d}x = 0$;

(2) 当 $a > b$ 时，$\int_a^b f(x)\mathrm{d}x = -\int_b^a f(x)\mathrm{d}x$.

在下面的讨论中，总是假定所讨论的函数在给定的闭区间上可积.

性质 1　函数的和(差)的定积分等于它们的定积分的和(差)，即

$$\int_a^b (f(x) \pm g(x))\mathrm{d}x = \int_a^b f(x)\mathrm{d}x \pm \int_a^b g(x)\mathrm{d}x.$$

证　$$\begin{aligned}\int_a^b (f(x) \pm g(x))\mathrm{d}x &= \lim_{\lambda \to 0} \sum_{i=1}^{n} (f(\xi_i) \pm g(\xi_i))\Delta x_i \\ &= \lim_{\lambda \to 0} \sum_{i=1}^{n} f(\xi_i)\Delta x_i \pm \lim_{\lambda \to 0} \sum_{i=1}^{n} g(\xi_i)\Delta x_i \\ &= \int_a^b f(x)\mathrm{d}x \pm \int_a^b g(x)\mathrm{d}x.\end{aligned}$$

性质 1 对于有限个函数也是成立的. 类似地，可以证明如下性质：

性质 2　被积函数的常数因子可以提到积分号外面，即

$$\int_a^b kf(x)\mathrm{d}x = k\int_a^b f(x)\mathrm{d}x \quad (k\text{ 是常数}).$$

如图 5-4-3 所示，由曲线 $y = f(x)$、直线 $x = a$，$x = b$ 及 x 轴所围成图形的面积 $\int_a^b f(x)\mathrm{d}x$，等于由曲线 $y = f(x)$、直线 $x = a$，$x = c$ 及 x 轴所围成图形的面积 $\int_a^c f(x)\mathrm{d}x$ 与由曲线 $y = f(x)$、直线 $x = c$，$x = b$ 及 x 轴所围成图形的面积 $\int_c^b f(x)\mathrm{d}x$ 之和. 于是我们有性质 3：

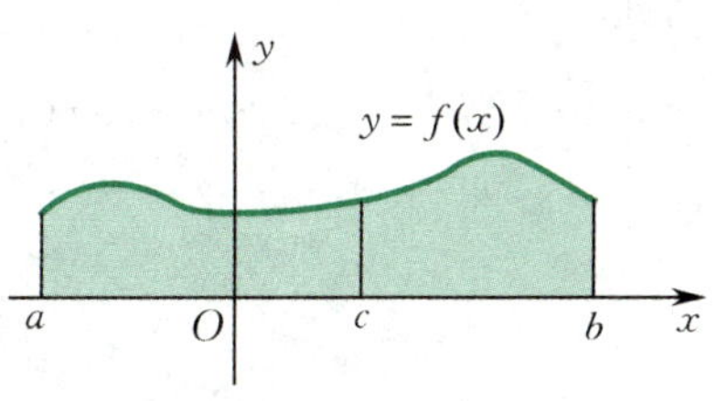

图 5-4-3

性质 3　若 $a < c < b$，函数 $f(x)$ 在 $[a,b]$ 上可积，则

$$\int_a^b f(x)\mathrm{d}x = \int_a^c f(x)\mathrm{d}x + \int_c^b f(x)\mathrm{d}x.$$

注：(1) 如果在 a 与 b 之间插入有限个分点，性质 3 仍然成立.

(2) 按定积分补充规定，不论 a,b,c 的大小关系如何，总有等式

$$\int_a^b f(x)\mathrm{d}x = \int_a^c f(x)\mathrm{d}x + \int_c^b f(x)\mathrm{d}x$$

成立. 例如，设 $c < a < b$，因为

$$\int_c^b f(x)\mathrm{d}x = \int_c^a f(x)\mathrm{d}x + \int_a^b f(x)\mathrm{d}x,$$

所以

$$\begin{aligned}\int_a^b f(x)\mathrm{d}x &= \int_c^b f(x)\mathrm{d}x - \int_c^a f(x)\mathrm{d}x = \int_c^b f(x)\mathrm{d}x + \int_a^c f(x)\mathrm{d}x \\ &= \int_a^c f(x)\mathrm{d}x + \int_c^b f(x)\mathrm{d}x.\end{aligned}$$

性质 4　如果在区间 $[a,b]$ 上 $f(x) = 1$，则

$$\int_a^b f(x)\mathrm{d}x = \int_a^b \mathrm{d}x = b - a.$$

性质 5　如果在区间 $[a,b]$ 上 $f(x) \geqslant 0$，则

$$\int_a^b f(x)\mathrm{d}x \geqslant 0.$$

证 因为 $f(x) \geqslant 0$,所以 $f(\xi_i) \geqslant 0(i=1,2,\cdots,n)$. 又因为 $\Delta x_i \geqslant 0(i=1,2,\cdots,n)$,所以

$$\sum_{i=1}^{n} f(\xi_i)\Delta x_i \geqslant 0.$$

令 $\lambda = \max\limits_{1\leqslant i\leqslant n}\{\Delta x_i\} \to 0$,则由函数极限的保号性便得到所要证的不等式.

由性质 5 易得下面的推论 1:

推论 1 如果在区间 $[a,b]$ 上 $f(x) \geqslant g(x)$,则

$$\int_a^b f(x)\mathrm{d}x \geqslant \int_a^b g(x)\mathrm{d}x.$$

推论 2 $\left|\int_a^b f(x)\mathrm{d}x\right| \leqslant \int_a^b |f(x)|\mathrm{d}x \quad (a<b).$

证 由于

$$-|f(x)| \leqslant f(x) \leqslant |f(x)|,$$

因此

$$-\int_a^b |f(x)|\mathrm{d}x \leqslant \int_a^b f(x)\mathrm{d}x \leqslant \int_a^b |f(x)|\mathrm{d}x,$$

即

$$\left|\int_a^b f(x)\mathrm{d}x\right| \leqslant \int_a^b |f(x)|\mathrm{d}x.$$

性质 6 设 M 及 m 分别是函数 $f(x)$ 在区间 $[a,b]$ 上的最大值和最小值,则

$$m(b-a) \leqslant \int_a^b f(x)\mathrm{d}x \leqslant M(b-a).$$

证 因为 $m \leqslant f(x) \leqslant M$,所以有

$$\int_a^b m\,\mathrm{d}x \leqslant \int_a^b f(x)\mathrm{d}x \leqslant \int_a^b M\mathrm{d}x.$$

而

$$\int_a^b m\,\mathrm{d}x = m\int_a^b \mathrm{d}x = m(b-a), \quad \int_a^b M\mathrm{d}x = M\int_a^b \mathrm{d}x = M(b-a),$$

故有

$$m(b-a) \leqslant \int_a^b f(x)\mathrm{d}x \leqslant M(b-a).$$

这个性质常常用来估计被积函数在积分区间上积分值的大致范围.

性质 7(定积分中值定理) 如果函数 $f(x)$ 在闭区间 $[a,b]$ 上连续,则在区间 $[a,b]$ 上至少存在一点 ξ,使得下式成立:

$$\int_a^b f(x)\mathrm{d}x = f(\xi)(b-a).$$

证 因为函数 $f(x)$ 在闭区间 $[a,b]$ 上连续,所以函数 $f(x)$ 在闭区间 $[a,b]$ 上存在最大值 M 和最小值 m,从而

$$m \leqslant f(x) \leqslant M.$$

由性质 6 得

$$m(b-a) \leqslant \int_a^b f(x)\mathrm{d}x \leqslant M(b-a),$$

即

$$m \leqslant \frac{1}{b-a}\int_a^b f(x)\mathrm{d}x \leqslant M.$$

这说明，数值$\frac{1}{b-a}\int_a^b f(x)\mathrm{d}x$介于函数$f(x)$的最小值$m$与最大值$M$之间. 根据闭区间上连续函数的介值定理，在$[a,b]$上至少存在一点$\xi$，使得

$$\frac{1}{b-a}\int_a^b f(x)\mathrm{d}x = f(\xi),$$

从而证明等式

$$\int_a^b f(x)\mathrm{d}x = f(\xi)(b-a)$$

成立.

定积分中值定理的几何解释是：在区间$[a,b]$上至少存在一点ξ，使得以区间$[a,b]$为底边，以曲线$y=f(x)$为曲边的曲边梯形的面积等于以区间$[a,b]$为底边，以$f(\xi)$为高的矩形的面积（见图 5-4-4）.

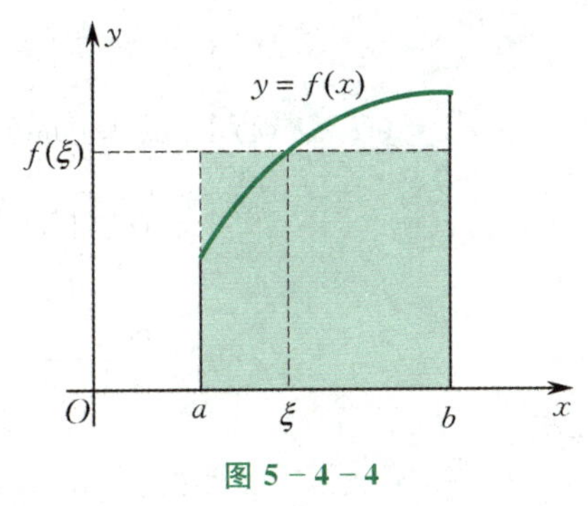

图 5-4-4

例 1　用定义计算定积分$\int_0^1 x^2\mathrm{d}x$.

解　由于$f(x)=x^2$在$[0,1]$上连续，因此在$[0,1]$上可积，故$f(x)$在$[0,1]$上的定积分的值与区间$[0,1]$的分法及每个小区间上点ξ_i的取法无关. 为了计算方便，我们对区间$[0,1]$做n等分，则每个小区间的长度为$\Delta x_i=\frac{1}{n}$，即$\lambda=\max\limits_{1\leqslant i\leqslant n}\{\Delta x_i\}=\frac{1}{n}$. 取每个小区间的右端点作为$\xi_i$，即$\xi_i=\frac{i}{n}\ (i=1,2,\cdots,n)$，于是积分和为

$$\begin{aligned}\sum_{i=1}^n f(\xi_i)\Delta x_i &= \sum_{i=1}^n\left(\frac{i}{n}\right)^2\frac{1}{n}=\frac{1}{n^3}\sum_{i=1}^n i^2=\frac{1}{n^3}(1^2+2^2+\cdots+n^2)\\&=\frac{1}{n^3}\cdot\frac{n(n+1)(2n+1)}{6}=\frac{1}{6}\left(1+\frac{1}{n}\right)\left(2+\frac{1}{n}\right),\end{aligned}$$

所以

$$\int_0^1 x^2\mathrm{d}x=\lim_{\lambda\to0}\sum_{i=1}^n f(\xi_i)\Delta x_i=\lim_{n\to\infty}\frac{1}{6}\left(1+\frac{1}{n}\right)\left(2+\frac{1}{n}\right)=\frac{1}{3}.$$

例 2　估计定积分$\int_1^3 \mathrm{e}^{x^2-2x}\mathrm{d}x$的值.

解 因为 x^2-2x 在$[1,3]$上严格单调增加,所以 $f(x)=e^{x^2-2x}$ 在$[1,3]$上也严格单调增加,故 $f(x)$ 在$[1,3]$ 上的最小值为 $m=f(1)=\dfrac{1}{e}$,最大值为 $M=f(3)=e^3$,即

$$\frac{1}{e}\leqslant f(x)\leqslant e^3.$$

于是由性质 6 有

$$\frac{2}{e}\leqslant\int_1^3 f(x)\mathrm{d}x\leqslant 2e^3.$$

1. 利用定积分的定义计算下列定积分:

(1) $\int_0^1 x\mathrm{d}x$;　　(2) $\int_0^1 e^x\mathrm{d}x$.

2. 利用定积分的几何意义求下列定积分的值:

(1) $\int_{-\pi}^{\pi}\sin x\mathrm{d}x$;　　(2) $\int_0^1\sqrt{1-x^2}\mathrm{d}x$.

3. 根据定积分的性质,比较下列定积分值的大小:

(1) $\int_0^1 x^2\mathrm{d}x$ 与 $\int_0^1 x^3\mathrm{d}x$;　　(2) $\int_3^4\ln x\mathrm{d}x$ 与 $\int_3^4(\ln x)^2\mathrm{d}x$;

(3) $\int_0^{\frac{\pi}{2}}\sin x\mathrm{d}x$ 与 $\int_0^{\frac{\pi}{2}}x\mathrm{d}x$;　　(4) $\int_0^1 x\mathrm{d}x$ 与 $\int_0^1\ln(1+x)\mathrm{d}x$;

(5) $\int_{-\frac{\pi}{2}}^0\sin x\mathrm{d}x$ 与 $\int_0^{\frac{\pi}{2}}\sin x\mathrm{d}x$;　　(6) $\int_0^1 e^x\mathrm{d}x$ 与 $\int_0^1(1+x)\mathrm{d}x$.

4. 估计下列定积分值的范围:

(1) $I=\int_0^2(x^2-2x+2)\mathrm{d}x$;　　(2) $I=\int_1^2\dfrac{x}{1+x^2}\mathrm{d}x$.

5. 将如下和式的极限表示成定积分:

$$\lim_{n\to\infty}\frac{1^5+2^5+\cdots+n^5}{n^6}.$$

§5.5 微积分基本公式

我们已经介绍了定积分的定义和性质,但如果利用定义来计算定积分是十分麻烦的.因此必须寻求新的计算定积分的方法.牛顿(Newton)和莱布尼茨找到了定积分与不定积分之间的关系 —— 牛顿-莱布尼茨公式,为定积分的计算提供了一个有效的方法.

一、积分上限函数

设函数 $f(x)$ 在区间$[a,b]$上连续,任意取一点 $x\in[a,b]$,则定积分 $\int_a^x f(t)\mathrm{d}t$ 一定存在,且定积分值 $\int_a^x f(t)\mathrm{d}t$ 随着 x 的变化而变化.也就是说,在区间$[a,b]$上任取一点 x,都有唯一

确定的数值$\int_a^x f(t)\mathrm{d}t$与x对应.这样就定义了区间$[a,b]$上的一个函数,称这个函数为**积分上限函数**(或**变上限函数**),记作$\Phi(x)$,即

$$\Phi(x)=\int_a^x f(t)\mathrm{d}t \quad (a\leqslant x\leqslant b).$$

积分上限函数具有下述重要性质:

定理 1　**如果函数$f(x)$在区间$[a,b]$上连续,则积分上限函数**

$$\Phi(x)=\int_a^x f(t)\mathrm{d}t$$

在$[a,b]$上可导,且

$$\Phi'(x)=\frac{\mathrm{d}}{\mathrm{d}x}\int_a^x f(t)\mathrm{d}t=f(x) \quad (a\leqslant x\leqslant b).$$

证　给x一个增量Δx,且$x+\Delta x\in(a,b)$,则

$$\begin{aligned}\Delta\Phi=\Phi(x+\Delta x)-\Phi(x)&=\int_a^{x+\Delta x}f(t)\mathrm{d}t-\int_a^x f(t)\mathrm{d}t\\&=\int_a^x f(t)\mathrm{d}t+\int_x^{x+\Delta x}f(t)\mathrm{d}t-\int_a^x f(t)\mathrm{d}t\\&=\int_x^{x+\Delta x}f(t)\mathrm{d}t.\end{aligned}$$

因为$f(x)$在区间$[a,b]$上连续,所以由定积分中值定理有

$$\Delta\Phi=\int_x^{x+\Delta x}f(t)\mathrm{d}t=f(\xi)\Delta x \quad (\xi\text{ 在 }x\text{ 与 }x+\Delta x\text{ 之间}),$$

即

$$\frac{\Delta\Phi}{\Delta x}=f(\xi).$$

由于当$\Delta x\to 0$时,$\xi\to x$,而$f(x)$是连续函数,故对上式两边取极限,得

$$\lim_{\Delta x\to 0}\frac{\Delta\Phi}{\Delta x}=\lim_{\Delta x\to 0}f(\xi)=\lim_{\xi\to x}f(\xi)=f(x),$$

即

$$\Phi'(x)=\frac{\mathrm{d}}{\mathrm{d}x}\int_a^x f(t)\mathrm{d}t=f(x).$$

由定理 1 知,在闭区间$[a,b]$上连续的函数$f(x)$一定存在原函数,且函数

$$\Phi(x)=\int_a^x f(t)\mathrm{d}t$$

就是$f(x)$在$[a,b]$上的一个原函数.

推论 1　若函数$u=\varphi(x)$在$[a,b]$上可导,且函数$f(t)$在以a和$u=\varphi(x)$为端点的区间上连续,则函数

$$y=\Phi(x)=\int_a^{\varphi(x)}f(t)\mathrm{d}t$$

在$[a,b]$上可导,且

$$\Phi'(x)=\frac{\mathrm{d}}{\mathrm{d}x}\int_a^{\varphi(x)}f(t)\mathrm{d}t=f(\varphi(x))\varphi'(x).$$

证　因为函数$\Phi(x)=\int_a^{\varphi(x)}f(t)\mathrm{d}t$是由函数$y=y(u)=\int_a^u f(t)\mathrm{d}t$与函数$u=\varphi(x)$复合

而成的,所以由复合函数的求导法则得

$$\Phi'(x)=\frac{\mathrm{d}y}{\mathrm{d}u}\cdot\frac{\mathrm{d}u}{\mathrm{d}x}=f(u)\varphi'(x)=f(\varphi(x))\varphi'(x).$$

例 1 求$\frac{\mathrm{d}}{\mathrm{d}x}\int_0^x \sin t\sqrt{1+t^2}\,\mathrm{d}t$.

解 令 $f(t)=\sin t\sqrt{1+t^2}$,则由定理 1 得

$$\frac{\mathrm{d}}{\mathrm{d}x}\int_0^x \sin t\sqrt{1+t^2}\,\mathrm{d}t=\sin x\sqrt{1+x^2}.$$

例 2 求$\frac{\mathrm{d}}{\mathrm{d}x}\int_{x^2}^{x^3} \mathrm{e}^{-t}\,\mathrm{d}t$.

解 因为

$$\int_{x^2}^{x^3}\mathrm{e}^{-t}\,\mathrm{d}t=\int_{x^2}^{0}\mathrm{e}^{-t}\,\mathrm{d}t+\int_0^{x^3}\mathrm{e}^{-t}\,\mathrm{d}t=-\int_0^{x^2}\mathrm{e}^{-t}\,\mathrm{d}t+\int_0^{x^3}\mathrm{e}^{-t}\,\mathrm{d}t,$$

所以

$$\begin{aligned}\frac{\mathrm{d}}{\mathrm{d}x}\int_{x^2}^{x^3}\mathrm{e}^{-t}\,\mathrm{d}t&=\left(-\int_0^{x^2}\mathrm{e}^{-t}\,\mathrm{d}t\right)'+\left(\int_0^{x^3}\mathrm{e}^{-t}\,\mathrm{d}t\right)'\\&=-\mathrm{e}^{-x^2}\cdot 2x+\mathrm{e}^{-x^3}\cdot 3x^2=3x^2\mathrm{e}^{-x^3}-2x\mathrm{e}^{-x^2}.\end{aligned}$$

例 3 求$\lim\limits_{x\to 0}\frac{\int_0^x \sin t^2\,\mathrm{d}t}{x^3}$.

解 由洛必达法则有

$$\lim_{x\to 0}\frac{\int_0^x \sin t^2\,\mathrm{d}t}{x^3}=\lim_{x\to 0}\left(\frac{1}{3}\cdot\frac{\sin x^2}{x^2}\right)=\frac{1}{3}.$$

例 4 求$\lim\limits_{x\to\infty}\frac{\int_0^x \mathrm{e}^{t^2}\,\mathrm{d}t}{\mathrm{e}^{x^2}}$.

解 由洛必达法则有

$$\lim_{x\to\infty}\frac{\int_0^x \mathrm{e}^{t^2}\,\mathrm{d}t}{\mathrm{e}^{x^2}}=\lim_{x\to\infty}\frac{\mathrm{e}^{x^2}}{2x\mathrm{e}^{x^2}}=\lim_{x\to\infty}\frac{1}{2x}=0.$$

二、微积分基本公式

定理 2(牛顿-莱布尼茨公式) 设函数 $f(x)$ 在区间$[a,b]$上连续,$F(x)$ 是 $f(x)$ 在$[a,b]$上的一个原函数,则

$$\int_a^b f(x)\,\mathrm{d}x=F(b)-F(a).$$

证 由于 $F(x)$ 和$\int_a^x f(t)\,\mathrm{d}t$ 都是 $f(x)$ 在$[a,b]$上的原函数,因此它们之间相差一个常数 C,即

$$\int_a^x f(t)\mathrm{d}t = F(x) + C.$$

令 $x = a$，则由 $\int_a^a f(t)\mathrm{d}t = 0$ 得 $C = -F(a)$. 故

$$\int_a^x f(t)\mathrm{d}t = F(x) - F(a).$$

在上式中令 $x = b$，即得

$$\int_a^b f(t)\mathrm{d}t = \int_a^b f(x)\mathrm{d}x = F(b) - F(a).$$

为方便起见，以后把 $F(b) - F(a)$ 记成 $F(x)\Big|_a^b$ 或 $\Big[F(x)\Big]_a^b$，于是牛顿-莱布尼茨公式又可写成

$$\int_a^b f(x)\mathrm{d}x = F(x)\Big|_a^b = \Big[F(x)\Big]_a^b.$$

牛顿-莱布尼茨公式表明，一个连续函数在区间 $[a,b]$ 上的定积分等于它的任意一个原函数在区间 $[a,b]$ 上的改变量. 牛顿-莱布尼茨公式揭示了定积分与被积函数的原函数之间的联系，给定积分的计算提供了一个有效而简便的方法.

例 5　计算 $\int_0^1 \sqrt{x}\,\mathrm{d}x$.

解　由于 $\frac{2}{3}x^{\frac{3}{2}}$ 是 $\sqrt{x}$ 的一个原函数，因此由牛顿-莱布尼茨公式有

$$\int_0^1 \sqrt{x}\,\mathrm{d}x = \frac{2}{3}x^{\frac{3}{2}}\Big|_0^1 = \frac{2}{3}.$$

例 6　计算 $\int_0^\pi \sin x\mathrm{d}x$.

解　由于 $-\cos x$ 是 $\sin x$ 的一个原函数，因此由牛顿-莱布尼茨公式有

$$\int_0^\pi \sin x\mathrm{d}x = (-\cos x)\Big|_0^\pi = -\cos\pi + \cos 0 = 2.$$

例 7　计算 $\int_0^2 |x-1|\mathrm{d}x$.

解
$$\begin{aligned}\int_0^2 |x-1|\mathrm{d}x &= \int_0^1 |x-1|\mathrm{d}x + \int_1^2 |x-1|\mathrm{d}x = \int_0^1 (1-x)\mathrm{d}x + \int_1^2 (x-1)\mathrm{d}x \\ &= -\frac{1}{2}(1-x)^2\Big|_0^1 + \frac{1}{2}(x-1)^2\Big|_1^2 = \frac{1}{2} + \frac{1}{2} = 1.\end{aligned}$$

练习 5.5

1. 求下列导数：

(1) $\frac{\mathrm{d}}{\mathrm{d}x}\int_0^x t\mathrm{e}^t\mathrm{d}t$；　　(2) $\frac{\mathrm{d}}{\mathrm{d}x}\int_x^1 \sqrt{1+t^3}\,\mathrm{d}t$；

(3) $\frac{\mathrm{d}}{\mathrm{d}x}\int_0^{\sin x}(1-t^2)\mathrm{d}t$；　　(4) $\frac{\mathrm{d}}{\mathrm{d}x}\int_x^{x^2}\sin t\mathrm{d}t$.

2. 求下列极限：

(1) $\lim\limits_{x\to1}\dfrac{\int_1^x \sin(t-1)\mathrm{d}t}{(x-1)^2}$；　(2) $\lim\limits_{x\to0}\dfrac{\int_0^{x^2}(\mathrm{e}^t-1)\mathrm{d}t}{\int_0^x t^3\mathrm{d}t}$.

3. 计算下列定积分：

(1) $\int_0^1\sqrt{x+1}\,\mathrm{d}x$；　(2) $\int_1^{\mathrm{e}}\dfrac{\ln x}{x}\mathrm{d}x$；

(3) $\int_{-\frac{1}{2}}^{\frac{1}{2}}\dfrac{1}{\sqrt{1-x^2}}\mathrm{d}x$；　(4) $\int_0^{\frac{\pi}{2}}\sqrt{1-\sin 2x}\,\mathrm{d}x$.

4. 设函数 $y=y(x)$ 由方程$\int_0^y \mathrm{e}^t\mathrm{d}t+\int_0^x\cos t\mathrm{d}t=0$ 所确定，求$\dfrac{\mathrm{d}y}{\mathrm{d}x}$.

5. 求函数 $\Phi(x)=\int_0^x t\mathrm{e}^{-t^2}\mathrm{d}t$ 的极值.

6. 设函数 $f(x)$ 在区间$[a,b]$上连续，在(a,b)内可导，且 $f'(x)\leqslant0$，证明：$F(x)=\dfrac{1}{x-a}\int_a^x f(t)\mathrm{d}t$ 在(a,b)内满足 $F'(x)\leqslant0$.

§5.6　定积分的换元积分法和分部积分法

我们用换元积分法可以求出一些函数的不定积分. 在一定条件下，也可以用换元积分法来计算定积分.

一、定积分的换元积分法

定理 1（定积分换元公式）　**设函数 $f(x)$ 在区间$[a,b]$上连续. 若函数 $x=\varphi(t)$ 满足：**

(1) $\varphi(\alpha)=a,\varphi(\beta)=b$；

(2) $\varphi(t)$ 在$[\alpha,\beta]$（或$[\beta,\alpha]$）上具有连续导数，且当 $t\in[\alpha,\beta]$（或$[\beta,\alpha]$）时，$a\leqslant\varphi(t)\leqslant b$，则有

$$\int_a^b f(x)\mathrm{d}x=\int_\alpha^\beta f(\varphi(t))\varphi'(t)\mathrm{d}t. \tag{5-6-1}$$

证　由假设知，(5-6-1)式两边的被积函数都是连续的，因此(5-6-1)式两边的定积分都存在，而且被积函数的原函数也都存在.

设 $F(x)$ 是 $f(x)$ 的一个原函数，则

$$\int_a^b f(x)\mathrm{d}x=F(b)-F(a).$$

令 $\Phi(t)=F(\varphi(t))(t\in(\alpha,\beta))$，则由复合函数的求导法则得

$$\begin{aligned}\Phi'(t)&=(F(\varphi(t)))'=F'(x)\varphi'(t)\\&=f(x)\varphi'(t)=f(\varphi(t))\varphi'(t),\end{aligned}$$

即 $\Phi(t)=F(\varphi(t))$ 是 $f(\varphi(t))\varphi'(t)$ 的一个原函数，所以

$$\int_\alpha^\beta f(\varphi(t))\varphi'(t)\mathrm{d}t=F(\varphi(\beta))-F(\varphi(\alpha))=F(b)-F(a).$$

综上，得

$$\int_a^b f(x)\mathrm{d}x = \int_\alpha^\beta f(\varphi(t))\varphi'(t)\mathrm{d}t.$$

这就证明了定积分换元公式(5-6-1).

应用定积分换元公式时，有两点值得注意：

(1) 通过 $x=\varphi(t)$ 把原来的积分变量 x 变换成新积分变量 t 时，原定积分的上、下限也要换成对应于新积分变量 t 的上、下限(新积分的下限不必小于上限)；

(2) 求出 $f(\varphi(t))\varphi'(t)$ 的原函数 $\Phi(t)$ 后，不必回代原积分变量，而只要把新积分变量 t 的上、下限分别代入 $\Phi(t)$ 中，然后相减即可.

例 1　计算 $\int_0^4 \frac{1}{1+\sqrt{x}}\mathrm{d}x$.

解　设 $\sqrt{x}=t$，则 $x=t^2$，$\mathrm{d}x=2t\mathrm{d}t$. 当 $x=0$ 时，$t=0$；当 $x=4$ 时，$t=2$. 于是

$$\begin{aligned}\int_0^4 \frac{1}{1+\sqrt{x}}\mathrm{d}x &= \int_0^2 \frac{1}{1+t}\cdot 2t\mathrm{d}t = 2\int_0^2 \frac{t}{1+t}\mathrm{d}t \\ &= 2\int_0^2 \frac{t+1-1}{1+t}\mathrm{d}t = 2\int_0^2 \left(1-\frac{1}{1+t}\right)\mathrm{d}t \\ &= 2[t-\ln(1+t)]\Big|_0^2 = 2(2-\ln 3).\end{aligned}$$

例 2　计算 $\int_0^a \sqrt{a^2-x^2}\,\mathrm{d}x\ \ (a>0)$.

解　设 $x=a\sin t\left(-\frac{\pi}{2}\leqslant t\leqslant \frac{\pi}{2}\right)$，则 $\mathrm{d}x=a\cos t\mathrm{d}t$. 当 $x=0$ 时，$t=0$；当 $x=a$ 时，$t=\frac{\pi}{2}$. 于是

$$\begin{aligned}\int_0^a \sqrt{a^2-x^2}\,\mathrm{d}x &= \int_0^{\frac{\pi}{2}} \sqrt{a^2-(a\sin t)^2}\,a\cos t\mathrm{d}t \\ &= a^2\int_0^{\frac{\pi}{2}} \cos^2 t\mathrm{d}t = \frac{a^2}{2}\int_0^{\frac{\pi}{2}}(1+\cos 2t)\mathrm{d}t \\ &= \frac{a^2}{2}\left(\int_0^{\frac{\pi}{2}}\mathrm{d}t+\frac{1}{2}\int_0^{\frac{\pi}{2}}\cos 2t\mathrm{d}(2t)\right) \\ &= \frac{a^2}{2}\left(t+\frac{1}{2}\sin 2t\right)\Big|_0^{\frac{\pi}{2}} = \frac{\pi a^2}{4}.\end{aligned}$$

例 3　计算 $\int_0^{\frac{\pi}{2}} \cos^3 x\sin x\mathrm{d}x$.

解　**方法 1**　设 $t=\cos x$，则 $-\mathrm{d}t=\sin x\mathrm{d}x$. 当 $x=0$ 时，$t=1$；当 $x=\frac{\pi}{2}$ 时，$t=0$. 于是

$$\int_0^{\frac{\pi}{2}} \cos^3 x\sin x\mathrm{d}x = -\int_1^0 t^3\mathrm{d}t = \int_0^1 t^3\mathrm{d}t = \frac{t^4}{4}\Big|_0^1 = \frac{1}{4}.$$

方法 2　$\int_0^{\frac{\pi}{2}} \cos^3 x\sin x\mathrm{d}x = -\int_0^{\frac{\pi}{2}} \cos^3 x\mathrm{d}(\cos x)$

$$=-\frac{\cos^4 x}{4}\Big|_0^{\frac{\pi}{2}}=-\left(0-\frac{1}{4}\right)=\frac{1}{4}.$$

从上例方法 2 可以看出,如果我们不写出新积分变量 t,那么上、下限就不用变更了.

例 4 设函数 $f(x)$ 在区间 $[-a,a]$ 上连续,证明:

(1) 当 $f(x)$ 为奇函数时,$\int_{-a}^{a} f(x)\mathrm{d}x=0$;

(2) 当 $f(x)$ 为偶函数时,$\int_{-a}^{a} f(x)\mathrm{d}x=2\int_0^a f(x)\mathrm{d}x$.

证 因为

$$\int_{-a}^{a} f(x)\mathrm{d}x=\int_{-a}^{0} f(x)\mathrm{d}x+\int_0^a f(x)\mathrm{d}x.$$

对于 $\int_{-a}^{0} f(x)\mathrm{d}x$,令 $x=-t$,则 $\mathrm{d}x=-\mathrm{d}t$. 当 $x=-a$ 时,$t=a$;当 $x=0$ 时,$t=0$. 于是

$$\int_{-a}^{0} f(x)\mathrm{d}x=-\int_a^0 f(-t)\mathrm{d}t=\int_0^a f(-x)\mathrm{d}x,$$

所以

$$\int_{-a}^{a} f(x)\mathrm{d}x=\int_0^a f(-x)\mathrm{d}x+\int_0^a f(x)\mathrm{d}x=\int_0^a (f(-x)+f(x))\mathrm{d}x.$$

(1) 当 $f(x)$ 为奇函数时,$f(-x)+f(x)=0$,因此

$$\int_{-a}^{a} f(x)\mathrm{d}x=0.$$

(2) 当 $f(x)$ 为偶函数时,$f(-x)+f(x)=2f(x)$,因此

$$\int_{-a}^{a} f(x)\mathrm{d}x=2\int_0^a f(x)\mathrm{d}x.$$

利用例 4 的结论,可简化某些特殊定积分的计算.

例 5 计算 $\int_{-1}^{1}\frac{x^6\sin^3 x}{1+x^2}\mathrm{d}x$.

解 由于被积函数 $\frac{x^6\sin^3 x}{1+x^2}$ 是奇函数,且积分区间 $[-1,1]$ 关于原点对称,因此

$$\int_{-1}^{1}\frac{x^6\sin^3 x}{1+x^2}\mathrm{d}x=0.$$

例 6 设 $f(x)$ 是定义在 $(-\infty,+\infty)$ 上的周期为 T 的周期函数,且在任意区间上都可积,证明:对任意实数 a,都有

$$\int_a^{a+T} f(x)\mathrm{d}x=\int_0^T f(x)\mathrm{d}x.$$

证 设 $\Phi(x)=\int_x^{x+T} f(t)\mathrm{d}t\,(x\in\mathbf{R})$. 由于

$$\Phi(x)=\int_x^{x+T} f(t)\mathrm{d}t=\int_x^0 f(t)\mathrm{d}t+\int_0^{x+T} f(t)\mathrm{d}t$$

$$= -\int_0^x f(t)\mathrm{d}t + \int_0^{x+T} f(t)\mathrm{d}t,$$

因此

$$\Phi'(x) = -f(x) + f(x+T) = 0,$$

故 $\Phi(x) = C$(C 为常数). 于是,对任意实数 a,都有 $\Phi(a) = \Phi(0)$,即

$$\int_a^{a+T} f(x)\mathrm{d}x = \int_0^T f(x)\mathrm{d}x.$$

二、定积分的分部积分法

设函数 $u = u(x)$,$v = v(x)$ 在区间$[a,b]$上具有连续导数,则

$$(u(x)v(x))' = u'(x)v(x) + u(x)v'(x),$$

从而

$$u(x)v'(x) = (u(x)v(x))' - u'(x)v(x),$$

上式两边在区间$[a,b]$上取定积分,得

$$\int_a^b u(x)v'(x)\mathrm{d}x = u(x)v(x)\Big|_a^b - \int_a^b v(x)u'(x)\mathrm{d}x,$$

从而得分部积分公式

$$\int_a^b u(x)\mathrm{d}v(x) = u(x)v(x)\Big|_a^b - \int_a^b v(x)\mathrm{d}u(x).$$

例 7　计算$\int_1^{\mathrm{e}} \ln x\mathrm{d}x$.

解

$$\int_1^{\mathrm{e}} \ln x\mathrm{d}x = x\ln x\Big|_1^{\mathrm{e}} - \int_1^{\mathrm{e}} x\mathrm{d}(\ln x) = x\ln x\Big|_1^{\mathrm{e}} - \int_1^{\mathrm{e}} \mathrm{d}x$$

$$= x\ln x\Big|_1^{\mathrm{e}} - x\Big|_1^{\mathrm{e}} = 1.$$

例 8　计算$\int_0^1 \mathrm{e}^{\sqrt{x}}\mathrm{d}x$.

解　先用换元积分法去掉根号. 令$\sqrt{x} = t$,则 $x = t^2$,$\mathrm{d}x = 2t\mathrm{d}t$. 当 $x = 0$ 时,$t = 0$;当$x = 1$ 时,$t = 1$. 于是

$$\int_0^1 \mathrm{e}^{\sqrt{x}}\mathrm{d}x = 2\int_0^1 t\mathrm{e}^t\mathrm{d}t.$$

再用分部积分法,得

$$2\int_0^1 t\mathrm{e}^t\mathrm{d}t = 2\int_0^1 t\mathrm{d}(\mathrm{e}^t) = 2t\mathrm{e}^t\Big|_0^1 - 2\int_0^1 \mathrm{e}^t\mathrm{d}t$$

$$= 2\mathrm{e} - 2\mathrm{e}^t\Big|_0^1 = 2,$$

所以

$$\int_0^1 \mathrm{e}^{\sqrt{x}}\mathrm{d}x = 2\int_0^1 t\mathrm{e}^t\mathrm{d}t = 2.$$

例 9　计算$\int_0^{\pi} x\sin x\mathrm{d}x$.

解 $\int_0^{\pi} x\sin x\mathrm{d}x = -\int_0^{\pi} x\mathrm{d}(\cos x) = -x\cos x\Big|_0^{\pi} + \int_0^{\pi}\cos x\mathrm{d}x$

$= \pi + \sin x\Big|_0^{\pi} = \pi.$

练习 5.6

1. 计算下列定积分：

(1) $\int_{-1}^{1}(x^3-3x^2)\mathrm{d}x$；

(2) $\int_1^8 \frac{\mathrm{d}x}{\sqrt[3]{x}}$；

(3) $\int_1^3 (x-1)^3\mathrm{d}x$；

(4) $\int_0^5 \frac{x^3}{1+x^2}\mathrm{d}x$；

(5) $\int_0^4 \frac{x+2}{\sqrt{2x+1}}\mathrm{d}x$；

(6) $\int_0^{\ln 2}\sqrt{\mathrm{e}^x-1}\,\mathrm{d}x$；

(7) $\int_0^{\frac{\pi}{2}}\cos^2 x\mathrm{d}x$；

(8) $\int_{\ln 2}^{\ln 3}\frac{\mathrm{d}x}{\mathrm{e}^x-\mathrm{e}^{-x}}$；

(9) $\int_{-1}^{0}\frac{\mathrm{d}x}{x^2+2x+2}$；

(10) $\int_0^{\sqrt{2}}\sqrt{2-x^2}\,\mathrm{d}x$.

2. 计算下列定积分：

(1) $\int_0^1 x\mathrm{e}^{-x}\mathrm{d}x$；

(2) $\int_0^{\frac{\pi}{2}} x\cos x\mathrm{d}x$；

(3) $\int_1^{\mathrm{e}} x\ln x\mathrm{d}x$；

(4) $\int_0^1 x\arctan x\mathrm{d}x$.

3. 已知函数 $f(x)$ 在$[0,1]$上连续，证明：

(1) $\int_0^{\frac{\pi}{2}} f(\sin x)\mathrm{d}x = \int_0^{\frac{\pi}{2}} f(\cos x)\mathrm{d}x$；

(2) $\int_0^{\pi} xf(\sin x)\mathrm{d}x = \pi\int_0^{\frac{\pi}{2}} f(\cos x)\mathrm{d}x$.

4. 若 $f(x)$ 在$(-\infty,+\infty)$上是以 T 为周期的连续函数，证明：对于任意常数 $a\in(-\infty,+\infty)$ 及任意自然数 n，有

$$\int_a^{a+nT} f(x)\mathrm{d}x = n\int_0^T f(x)\mathrm{d}x.$$

§5.7 定积分的应用

定积分的应用十分广泛. 在本节，我们将运用学过的定积分知识来分析和解决一些实际问题.

一、定积分的微元法

如果某一实际问题中的所求量 U 符合下列条件：

(1) 所求量 U 与自变量 x 的变化区间$[a,b]$有关；

(2) 所求量 U 对于区间$[a,b]$具有可加性，即如果把区间$[a,b]$任意分成许多小区间$[x_{i-1},x_i]$，则 U 相应地分成许多部分量 ΔU_i，而且 U 等于所有部分量 ΔU_i 之和；

(3) 部分量 ΔU_i 可近似表示为

$$f(\xi_i)\Delta x_i \quad (\xi_i \in [x_{i-1}, x_i]),$$

那么就可以考虑用定积分来表示所求量 U.

用定积分表示所求量的具体步骤如下:

(1) 根据具体问题,选择适当的积分变量 x,并确定它的变化区间$[a,b]$;

(2) 在区间$[a,b]$内任取一个小区间记为$[x, x+\mathrm{d}x]$,求出与这一小区间对应的部分量 ΔU 的近似值,一般记为

$$\mathrm{d}U = f(x)\mathrm{d}x,$$

这里要求 ΔU 与 $f(x)\mathrm{d}x$ 的差是 $\mathrm{d}x$ 的一个高阶无穷小量;

(3) 以 $f(x)\mathrm{d}x$ 为被积表达式,在$[a,b]$上做定积分,即可得到所求量 U 的积分表达式为

$$U = \int_a^b f(x)\mathrm{d}x.$$

这种方法称为**微元法**(或**元素法**),其中 $\mathrm{d}U$ 称为所求量 U 的**微元**.

下面,我们利用微元法来解决一些几何学及经济学中的实际问题.

二、平面图形的面积

设一平面图形由连续曲线 $y=f(x)$,$y=g(x)$ 和直线 $x=a$,$x=b$ 所围成,其中 $f(x) \geqslant g(x)(a \leqslant x \leqslant b)$(见图 5-7-1),现在来计算它的面积 S.

取 x 为积分变量,它的变化区间为$[a,b]$. 我们在$[a,b]$上任取一小区间$[x, x+\mathrm{d}x]$,与这个小区间对应的部分平面图形(窄条)的面积 ΔS 近似地等于高为$f(x)-g(x)$,底为 $\mathrm{d}x$ 的窄矩形的面积,从而得到面积微元为

$$\mathrm{d}S = (f(x)-g(x))\mathrm{d}x,$$

所以

$$S = \int_a^b (f(x)-g(x))\mathrm{d}x.$$

类似地,若一平面图形由连续曲线 $x=\varphi(y)$,$x=\psi(y)(\varphi(y) \leqslant \psi(y))$ 及直线 $y=c$,$y=d(c<d)$ 所围成(见图 5-7-2),则其面积 S 为

$$S = \int_c^d (\psi(y)-\varphi(y))\mathrm{d}y.$$

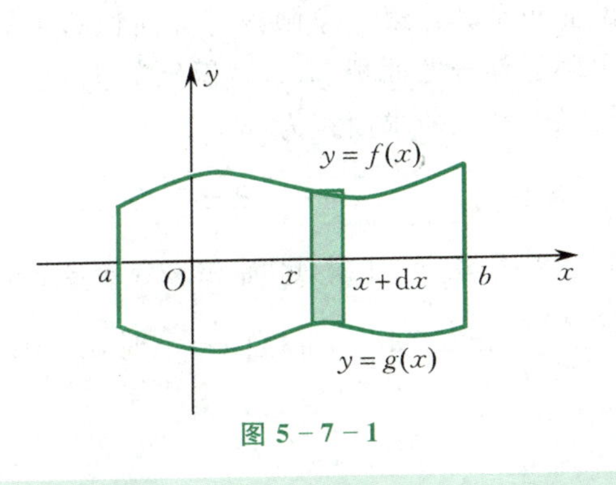

图 5-7-1

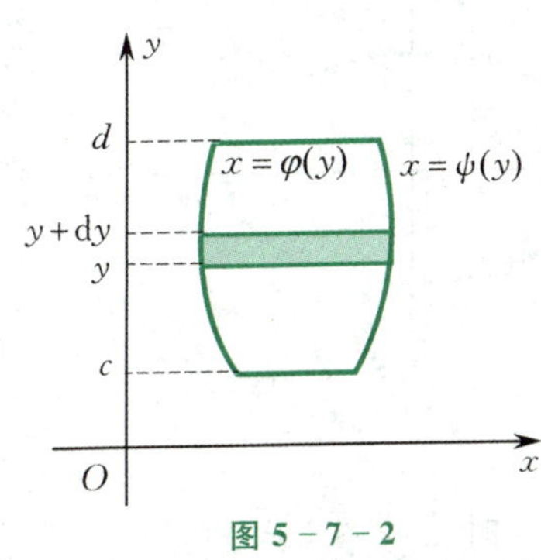

图 5-7-2

例 1　计算由抛物线 $y=-x^2+1$ 与直线 $y=x-1$ 所围成的平面图形的面积 S(见图 5-7-3).

解 由方程组

$$\begin{cases} y=-x^2+1, \\ y=x-1, \end{cases}$$

解得两交点为$(-2,-3)$及$(1,0)$，于是图形位于直线$x=-2$与$x=1$之间. 取x为积分变量，则$-2\leqslant x\leqslant 1$，所求图形面积为

$$\begin{aligned} S &= \int_{-2}^{1}[-x^2+1-(x-1)]\mathrm{d}x=\int_{-2}^{1}(-x^2-x+2)\mathrm{d}x \\ &= \left(-\frac{1}{3}x^3-\frac{1}{2}x^2+2x\right)\Big|_{-2}^{1}=\frac{9}{2}. \end{aligned}$$

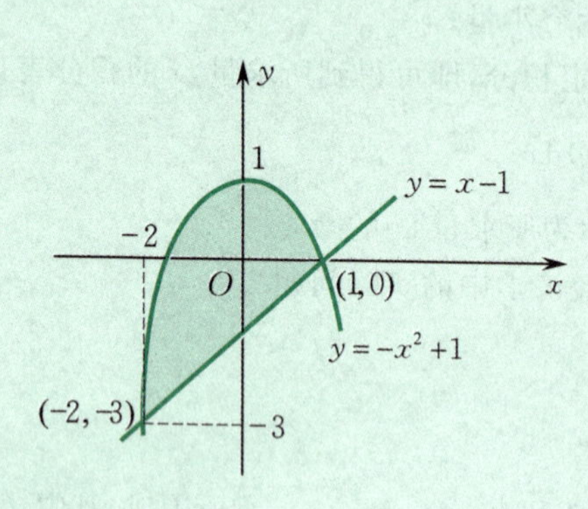

图 5-7-3

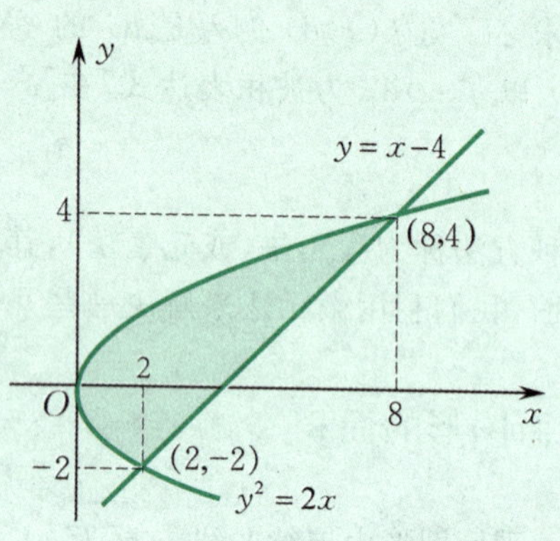

图 5-7-4

例 2 计算抛物线$y^2=2x$与直线$y=x-4$所围成的平面图形的面积S(见图5-7-4).

解 由方程组

$$\begin{cases} y^2=2x, \\ y=x-4, \end{cases}$$

解得两交点为$(2,-2)$及$(8,4)$. 取y为积分变量，则$-2\leqslant y\leqslant 4$，于是得

$$S=\int_{-2}^{4}\left(y+4-\frac{1}{2}y^2\right)\mathrm{d}y=\left(\frac{y^2}{2}+4y-\frac{y^3}{6}\right)\Big|_{-2}^{4}=18.$$

例 3 求椭圆$\dfrac{x^2}{a^2}+\dfrac{y^2}{b^2}=1(a>0,b>0)$所围平面图形的面积$S$.

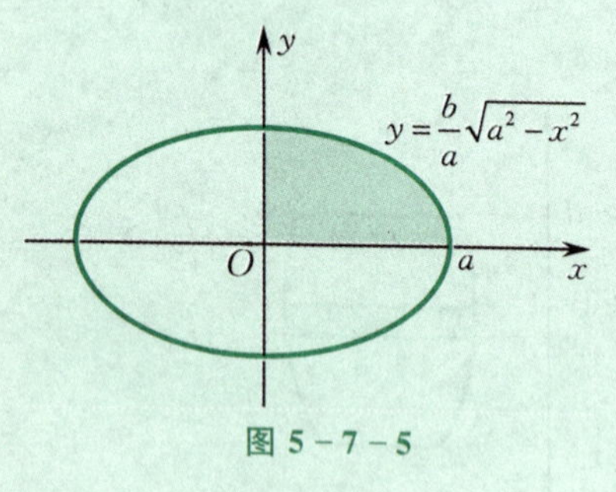

图 5-7-5

解 由椭圆的对称性可知(见图5-7-5)，椭圆所围平面图形的面积是其在第一象限内部分面积的4倍. 对于在第一象限那部分的面积，取x为积分变量，则x的取值范围为$[0,a]$，从而所求面积为

$$S=4\int_0^a\frac{b}{a}\sqrt{a^2-x^2}\,\mathrm{d}x.$$

用定积分换元积分法来计算此面积. 令$x=a\sin t$ $\left(-\frac{\pi}{2}\leqslant t\leqslant\frac{\pi}{2}\right)$，则$\mathrm{d}x=a\cos t\mathrm{d}t$. 当$x=0$时，$t=0$；当$x=a$时，$t=\frac{\pi}{2}$. 于是

$$S=4\int_0^{\frac{\pi}{2}}b\cos t\cdot(a\cos t)\mathrm{d}t=4ab\int_0^{\frac{\pi}{2}}\cos^2 t\mathrm{d}t=4ab\int_0^{\frac{\pi}{2}}\frac{1+\cos 2t}{2}\mathrm{d}t$$

$$= 4ab\left(\frac{1}{2}t + \frac{1}{4}\sin 2t\right)\Big|_0^{\frac{\pi}{2}} = \pi ab.$$

特别地，在上例中，当 $a = b$ 时，得圆的面积为 $S = \pi a^2$.

三、体积

1. 平行截面面积为已知的立体的体积

如果一个立体上垂直于某条定轴的各个截面（平行截面）的面积为已知函数，那么这个立体的体积也可以用定积分来计算.

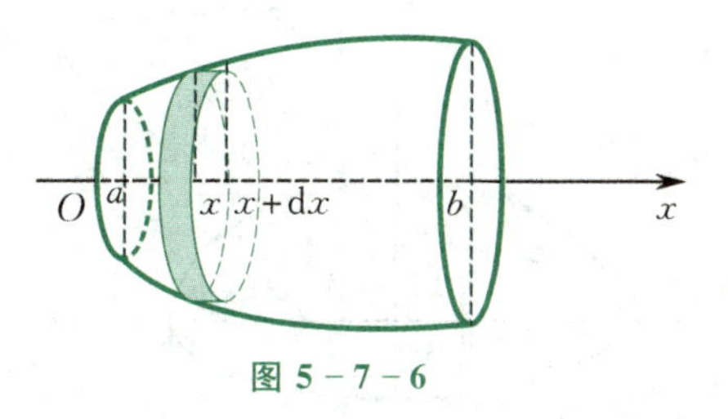

图 5-7-6

如图 5-7-6 所示，取 x 轴为定轴，设一立体位于过点 $x = a, x = b$ 且垂直于 x 轴的两个平面之间，过点 x 且垂直于 x 轴的截面的面积为 $S(x)$.

在 $[a,b]$ 上任取一小区间 $[x, x+\mathrm{d}x]$，立体中相应于小区间 $[x, x+\mathrm{d}x]$ 的薄片的体积近似等于底面积为 $S(x)$，高为 $\mathrm{d}x$ 的小柱体的体积，从而得体积元素为

$$\mathrm{d}V = S(x)\mathrm{d}x,$$

故该立体的体积为

$$V = \int_a^b S(x)\mathrm{d}x.$$

2. 旋转体的体积

旋转体是平行截面面积为已知的立体的特殊情况. 设一旋转体是由连续曲线 $y = f(x)$、直线 $x = a, x = b(a < b)$ 及 x 轴所围成的平面图形绕 x 轴旋转一周而形成的，如图 5-7-7 所示.

取 x 为积分变量，则它的变化区间为 $[a,b]$. 在 $[a,b]$ 上任取一小区间 $[x, x+\mathrm{d}x]$，则与其对应的窄平面图形绕 x 轴旋转而成的薄片的体积近似等于以 $|f(x)|$ 为底圆半径，以 $\mathrm{d}x$ 为高的小圆柱体的体积，从而得体积元素为

$$\mathrm{d}V_x = \pi f^2(x)\mathrm{d}x.$$

故该旋转体的体积为

$$V_x = \pi\int_a^b f^2(x)\mathrm{d}x.$$

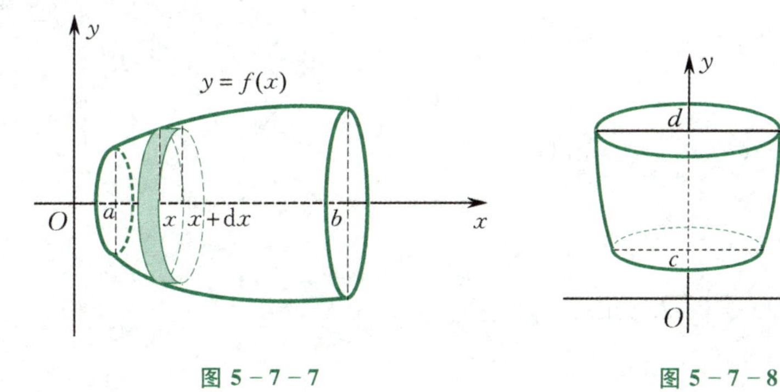

图 5-7-7　　图 5-7-8

类似地,如图 5-7-8 所示,由连续曲线 $x=\varphi(y)$、直线 $y=c$,$y=d(c<d)$ 及 y 轴所围成的平面图形绕 y 轴旋转一周而形成的旋转体的体积为

$$V_y=\pi\int_c^d\varphi^2(y)\mathrm{d}y.$$

例 4 计算由椭圆 $\frac{x^2}{a^2}+\frac{y^2}{b^2}=1(a>0,b>0)$ 所围平面图形绕 x 轴旋转而成的旋转体的体积. 该旋转体称为**旋转椭球体**(见图 5-7-9).

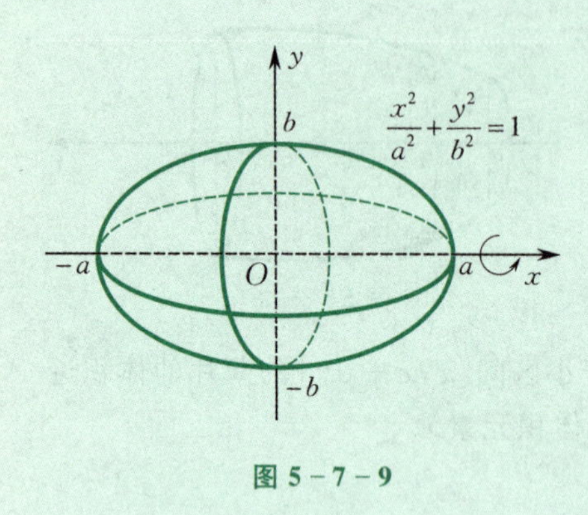

图 5-7-9

解 这个旋转体实际上就是半个椭圆 $y=\frac{b}{a}\sqrt{a^2-x^2}$ 与 x 轴所围平面图形绕 x 轴旋转而成的旋转体. 取 x 为积分变量,则 $-a\leqslant x\leqslant a$,体积元素为

$$\mathrm{d}V_x=\pi\left(\frac{b}{a}\sqrt{a^2-x^2}\right)^2\mathrm{d}x=\frac{b^2}{a^2}\pi(a^2-x^2)\mathrm{d}x.$$

于是所求体积为

$$V_x=\pi\int_{-a}^a\frac{b^2}{a^2}(a^2-x^2)\mathrm{d}x=2\pi\int_0^a\frac{b^2}{a^2}(a^2-x^2)\mathrm{d}x$$

$$=2\pi\frac{b^2}{a^2}\left(a^2x-\frac{x^3}{3}\right)\bigg|_0^a=\frac{4}{3}\pi ab^2.$$

特别地,在上例中,当 $a=b$ 时,就得到半径为 a 的球的体积为 $\frac{4}{3}\pi a^3$.

例 5 一平面经过半径为 R 的圆柱体的底圆中心,并与底面成夹角 α(见图 5-7-10). 计算该平面截圆柱体所得立体的体积.

解 如图 5-7-10 所示建立直角坐标系,则底面圆方程为 $x^2+y^2=R^2$. 对任意的 $x\in[-R,R]$,过点 x 且垂直于 x 轴的截面是一个直角三角形,其两直角边的长度分别为

$$y=\sqrt{R^2-x^2},$$

$$y\tan\alpha=\tan\alpha\sqrt{R^2-x^2},$$

则截面的面积为

$$S(x)=\frac{1}{2}\sqrt{R^2-x^2}\cdot\tan\alpha\sqrt{R^2-x^2}$$

$$=\frac{1}{2}(R^2-x^2)\tan\alpha.$$

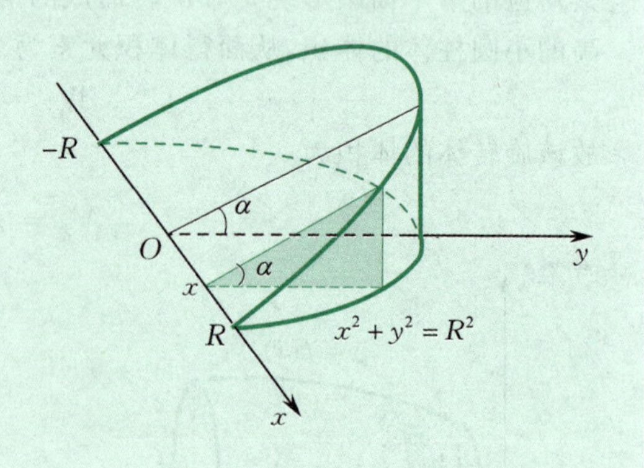

图 5-7-10

于是所求立体体积为

$$V=\int_{-R}^R S(x)\mathrm{d}x=\frac{1}{2}\int_{-R}^R(R^2-x^2)\tan\alpha\mathrm{d}x$$

$$=\tan\alpha\int_0^R(R^2-x^2)\mathrm{d}x$$

$$=\tan\alpha\left(R^2x-\frac{1}{3}x^3\right)\bigg|_0^R=\frac{2}{3}R^3\tan\alpha.$$

四、定积分在经济学中的应用

在经济学中，已知某个量的变化率，求其总量，这种问题可用定积分来解决．假设某产品的边际成本函数为 $C'(x)$，边际收益函数为 $R'(x)$，其中 x 为产量，则根据经济学的有关理论及定积分的知识，有

成本函数　$C(x)=\int_0^x C'(t)\mathrm{d}t+C(0)$；

收益函数　$R(x)=\int_0^x R'(t)\mathrm{d}t$；

利润函数　$L(x)=R(x)-C(x)=\int_0^x (R'(t)-C'(t))\mathrm{d}t-C(0)$，

其中 $C(0)$ 是该产品的固定成本．

例 6　设某种产品每天生产 x 单位时的固定成本为 30 元，边际成本函数为 $C'(x)=\frac{1}{2}x+3$(单位：元 / 单位)，求：

(1) 成本函数 $C(x)$．

(2) 如果这种产品的销售价格为 27 元，求利润函数 $L(x)$；问：每天生产多少单位时，利润最大？并求最大利润．

解　(1) 由于固定成本为 $C(0)=30$ 元，因此成本函数为

$$C(x)=\int_0^x C'(x)\mathrm{d}x+C(0)=\int_0^x\left(\frac{1}{2}x+3\right)\mathrm{d}x+30$$
$$=\frac{1}{4}x^2+3x+30.$$

(2) 利润函数为

$$L(x)=R(x)-C(x)=27x-\left(\frac{1}{4}x^2+3x+30\right)$$
$$=-\frac{1}{4}x^2+24x-30.$$

求导并令其导数等于零，得

$$L'(x)=-\frac{1}{2}x+24=0,$$

解得 $x=48$．又因为 $L''(48)=-\frac{1}{2}<0$，所以每天生产 48 单位时，总利润最大，最大利润为

$$L(48)=-\frac{1}{4}\times 48^2+24\times 48-30=546(\text{单位：元}).$$

例 7　已知生产某产品 x 单位时，边际收益函数为 $R'(x)=100-\frac{x}{2}$(单位：元 / 单位)，试求生产此产品的收益函数 $R(x)$ 及平均收益函数 $\overline{R}(x)$，并求生产 100 单位产品时的总收益及平均收益．

解　由于 $R(0)=0$，因此生产此产品的收益函数为

$$R(x)=\int_0^x R'(t)\mathrm{d}t=\int_0^x\left(100-\frac{t}{2}\right)\mathrm{d}t=100x-\frac{1}{4}x^2;$$

平均收益函数为

$$\overline{R}(x)=\frac{R(x)}{x}=100-\frac{1}{4}x.$$

于是,生产 100 单位产品时的总收益为

$$R(100)=100\times100-\frac{1}{4}\times100^2=7\,500(\text{单位:元});$$

平均收益为

$$\overline{R}(100)=100-\frac{100}{4}=75(\text{单位:元 / 单位}).$$

练习 5.7

1. 求由下列曲线所围成的平面图形的面积:

(1) $y=x^2$ 与 $y^2=x$;

(2) $y=x^2$ 与 $y=2-x^2$;

(3) $y=x^2$ 与 $y=x$ 及 $y=2x$;

(4) $y=\mathrm{e}^x$ 与 $x=0$ 及 $y=\mathrm{e}$;

(5) $y=\sin x$ 与 $x=0,x=\pi,y=1$.

2. 求由下列曲线所围成的平面图形绕指定坐标轴旋转而成的旋转体的体积:

(1) $y=x^2,x=0,x=1,y=0$,绕 x 轴;

(2) $y=\sin x,x=0,x=\pi,y=0$,绕 x 轴;

(3) $y=\sqrt{x},x=1,x=4,y=0$,分别绕 x 轴与 y 轴.

3. 设某产品的边际成本函数为 $C'(x)=3+\frac{x}{4}$(单位:万元 / 百台),固定成本为 $C(0)=1$ 万元,边际收益函数为 $R'(x)=8-x$(单位:万元 / 百台).

(1) 求成本函数 $C(x)$ 和收益函数 $R(x)$.

(2) 求利润函数 $L(x)$;问:产量为多少时,利润最大?并求最大利润.

§5.8 反常积分与 Γ 函数

前面我们讨论的定积分,要求积分区间$[a,b]$是有限区间,且被积函数是有界函数. 但为了解决某些问题,不得不考虑无穷区间上的积分或无界函数的积分. 我们将这两种积分统称为**反常积分**(或**广义积分**).

一、无穷区间上的反常积分

定义 1 设函数 $f(x)$ 在区间$[a,+\infty)$上连续. 任意取实数 $t>a$,如果极限

$$\lim_{t \to +\infty} \int_a^t f(x) \mathrm{d}x$$

存在，则称此极限值为**函数 $f(x)$ 在无穷区间 $[a, +\infty)$ 上的反常积分**，记作 $\int_a^{+\infty} f(x) \mathrm{d}x$，即

$$\int_a^{+\infty} f(x) \mathrm{d}x = \lim_{t \to +\infty} \int_a^t f(x) \mathrm{d}x.$$

这时也称**反常积分 $\int_a^{+\infty} f(x) \mathrm{d}x$ 收敛**；如果此极限不存在，则称**该反常积分发散**.

类似地，可定义：

(1) 函数 $f(x)$ 在区间 $(-\infty, b]$ 上的反常积分为

$$\int_{-\infty}^b f(x) \mathrm{d}x = \lim_{t \to -\infty} \int_t^b f(x) \mathrm{d}x \quad (t < b);$$

(2) 函数 $f(x)$ 在区间 $(-\infty, +\infty)$ 上的反常积分为

$$\begin{aligned} \int_{-\infty}^{+\infty} f(x) \mathrm{d}x &= \int_{-\infty}^0 f(x) \mathrm{d}x + \int_0^{+\infty} f(x) \mathrm{d}x \\ &= \lim_{s \to -\infty} \int_s^0 f(x) \mathrm{d}x + \lim_{t \to +\infty} \int_0^t f(x) \mathrm{d}x. \end{aligned}$$

对于反常积分 $\int_{-\infty}^{+\infty} f(x) \mathrm{d}x$，其收敛的定义是：$\int_{-\infty}^0 f(x) \mathrm{d}x$ 与 $\int_0^{+\infty} f(x) \mathrm{d}x$ 同时收敛.

设 $F(x)$ 是 $f(x)$ 的一个原函数，对于反常积分 $\int_a^{+\infty} f(x) \mathrm{d}x$，为书写方便，可记为

$$\int_a^{+\infty} f(x) \mathrm{d}x = \lim_{t \to +\infty} F(x) \Big|_a^t = F(x) \Big|_a^{+\infty} = F(+\infty) - F(a).$$

类似地，记

$$\int_{-\infty}^b f(x) \mathrm{d}x = \lim_{s \to -\infty} F(x) \Big|_s^b = F(x) \Big|_{-\infty}^b = F(b) - F(-\infty).$$

例 1　计算反常积分 $\int_0^{+\infty} x \mathrm{e}^{-x^2} \mathrm{d}x$.

解　$$\begin{aligned} \int_0^{+\infty} x \mathrm{e}^{-x^2} \mathrm{d}x &= \lim_{t \to +\infty} \int_0^t x \mathrm{e}^{-x^2} \mathrm{d}x = \lim_{t \to +\infty} \left(-\frac{1}{2} \int_0^t \mathrm{e}^{-x^2} \mathrm{d}(-x^2) \right) \\ &= \lim_{t \to +\infty} \left(-\frac{1}{2} \mathrm{e}^{-x^2} \Big|_0^t \right) = \lim_{t \to +\infty} \left[-\frac{1}{2} \left(\frac{1}{\mathrm{e}^{t^2}} - 1 \right) \right] = \frac{1}{2}. \end{aligned}$$

例 2　计算反常积分 $\int_{-\infty}^{+\infty} \frac{\mathrm{d}x}{1+x^2}$.

解　由定义有

$$\begin{aligned} \int_{-\infty}^{+\infty} \frac{\mathrm{d}x}{1+x^2} &= \int_{-\infty}^0 \frac{\mathrm{d}x}{1+x^2} + \int_0^{+\infty} \frac{\mathrm{d}x}{1+x^2} = \arctan x \Big|_{-\infty}^0 + \arctan x \Big|_0^{+\infty} \\ &= -\lim_{s \to -\infty} \arctan s + \lim_{t \to +\infty} \arctan t = -\left(-\frac{\pi}{2} \right) + \frac{\pi}{2} = \pi. \end{aligned}$$

关于无穷区间上的反常积分的收敛性，我们有下面的判定定理：

定理 1　**设 $\lim_{x \to +\infty} x^p f(x) = l$，且函数 $f(x)$ 在区间 $[a, +\infty)$ 上连续，$f(x) \geqslant 0$，则**

(1) 当 $0 \leqslant l < +\infty$，$p > 1$ 时，反常积分 $\int_a^{+\infty} f(x) \mathrm{d}x$ 收敛；

(2) 当 $0 < l \leqslant +\infty, p \leqslant 1$ 时,反常积分 $\int_a^{+\infty} f(x)\mathrm{d}x$ 发散.

二、被积函数为无界函数的反常积分

定义 2 设函数 $f(x)$ 在区间 $(a,b]$ 上连续,而 $\lim\limits_{x\to a^+} f(x) = \infty$(称 a 为 $f(x)$ 的**瑕点**). 取 $\varepsilon > 0$,如果极限

$$\lim_{\varepsilon\to 0^+}\int_{a+\varepsilon}^{b} f(x)\mathrm{d}x$$

存在,则称该极限值为**函数 $f(x)$ 在区间 $[a,b]$ 上的反常积分**(或**瑕积分**),仍记为 $\int_a^b f(x)\mathrm{d}x$,即

$$\int_a^b f(x)\mathrm{d}x = \lim_{\varepsilon\to 0^+}\int_{a+\varepsilon}^{b} f(x)\mathrm{d}x.$$

这时也称此**反常积分收敛**;如果该极限不存在,则称此**反常积分发散**.

类似地,有以下定义:

(1) 设函数 $f(x)$ 在区间 $[a,b)$ 上连续,而 $\lim\limits_{x\to b^-} f(x) = \infty$(称 b 为 $f(x)$ 的**瑕点**),则定义函数 $f(x)$ 在区间 $[a,b]$ 上的反常积分为

$$\int_a^b f(x)\mathrm{d}x = \lim_{\varepsilon\to 0^+}\int_{a}^{b-\varepsilon} f(x)\mathrm{d}x;$$

(2) 设 $f(x)$ 在 $[a,b]$ 上除点 $c(a<c<b)$ 外连续,而 $\lim\limits_{x\to c} f(x) = \infty$(称 c 为 $f(x)$ 的**瑕点**),则定义函数 $f(x)$ 在区间 $[a,b]$ 上的反常积分为

$$\begin{aligned}\int_a^b f(x)\mathrm{d}x &= \int_a^c f(x)\mathrm{d}x + \int_c^b f(x)\mathrm{d}x \\ &= \lim_{\varepsilon_1\to 0^+}\int_a^{c-\varepsilon_1} f(x)\mathrm{d}x + \lim_{\varepsilon_2\to 0^+}\int_{c+\varepsilon_2}^{b} f(x)\mathrm{d}x.\end{aligned}$$

此时 $\int_a^b f(x)\mathrm{d}x$ 收敛的定义是:$\int_a^c f(x)\mathrm{d}x$ 与 $\int_c^b f(x)\mathrm{d}x$ 同时收敛.

例 3 计算反常积分 $\int_0^a \frac{1}{\sqrt{a^2-x^2}}\mathrm{d}x \quad (a>0)$.

解 因为 $\lim\limits_{x\to a^-}\frac{1}{\sqrt{a^2-x^2}} = +\infty$,所以 $x=a$ 是被积函数的一个瑕点. 于是

$$\begin{aligned}\int_0^a \frac{1}{\sqrt{a^2-x^2}}\mathrm{d}x &= \lim_{\varepsilon\to 0^+}\int_0^{a-\varepsilon}\frac{1}{\sqrt{a^2-x^2}}\mathrm{d}x = \lim_{\varepsilon\to 0^+}\arcsin\frac{x}{a}\Big|_0^{a-\varepsilon} \\ &= \lim_{\varepsilon\to 0^+}\left(\arcsin\frac{a-\varepsilon}{a} - 0\right) = \arcsin 1 = \frac{\pi}{2}.\end{aligned}$$

例 4 计算反常积分 $\int_{-1}^{1}\frac{\mathrm{d}x}{x^2}$.

解 因为 $\lim\limits_{x\to 0}\frac{1}{x^2} = +\infty$,所以 $x=0$ 是被积函数的一个瑕点. 于是

$$\int_{-1}^{1}\frac{\mathrm{d}x}{x^2} = \int_{-1}^{0}\frac{\mathrm{d}x}{x^2} + \int_0^1\frac{\mathrm{d}x}{x^2}.$$

由于

$$\int_0^1 \frac{\mathrm{d}x}{x^2} = \lim_{\varepsilon \to 0^+}\left(-\frac{1}{x}\right)\Big|_\varepsilon^1 = \lim_{\varepsilon \to 0^+}\left(-1+\frac{1}{\varepsilon}\right) = +\infty,$$

因此反常积分 $\int_{-1}^1 \frac{\mathrm{d}x}{x^2}$ 发散.

在上例中,如果疏忽了 $x=0$ 是被积函数的瑕点,则会得到下面的错误结果:

$$\int_{-1}^1 \frac{\mathrm{d}x}{x^2} = \left(-\frac{1}{x}\right)\Big|_{-1}^1 = -2.$$

关于无界函数的反常积分的收敛性,我们有下面的判定定理:

定理 2　**设 $\lim\limits_{x\to a^+}(x-a)^p f(x) = l$,且 $x=a$ 是函数 $f(x)$ 在区间 $[a,b]$ 上的唯一瑕点,$f(x)$ 在区间 $(a,b]$ 上连续,$f(x)\geqslant 0$,则**

(1) 当 $0\leqslant l<+\infty$,$p<1$ 时,反常积分 $\int_a^b f(x)\mathrm{d}x$ 收敛;

(2) 当 $0<l\leqslant+\infty$,$p\geqslant 1$ 时,反常积分 $\int_a^b f(x)\mathrm{d}x$ 发散.

对于其他类型的无界函数的反常积分,也有类似的结果.

三、Γ 函数

下面介绍一个在概率统计中要用到的积分区间无限且含有参变量的反常积分——Γ 函数.

定义 3　反常积分

$$\Gamma(r) = \int_0^{+\infty} x^{r-1}\mathrm{e}^{-x}\mathrm{d}x \quad (r>0) \tag{5-8-1}$$

是参变量 r 的函数,称之为 **Γ 函数**.

可以证明,反常积分(5-8-1)是收敛的.

性质 1　Γ 函数有下列重要性质:

(1) $\Gamma(r+1) = r\Gamma(r) \quad (r>0)$;

(2) $\Gamma(1)=1$,$\Gamma(n+1)=n!$;

(3) $\Gamma\left(\frac{1}{2}\right) = 2\int_0^{+\infty}\mathrm{e}^{-y^2}\mathrm{d}y = \sqrt{\pi}$.

证　(1) $\Gamma(r+1) = \int_0^{+\infty} x^r \mathrm{e}^{-x}\mathrm{d}x = -\int_0^{+\infty} x^r \mathrm{d}(\mathrm{e}^{-x})$

$$= -x^r\mathrm{e}^{-x}\Big|_0^{+\infty} + r\int_0^{+\infty} x^{r-1}\mathrm{e}^{-x}\mathrm{d}x$$

$$= 0 + r\int_0^{+\infty} x^{r-1}\mathrm{e}^{-x}\mathrm{d}x = r\Gamma(r).$$

(2) $\Gamma(1) = \int_0^{+\infty}\mathrm{e}^{-x}\mathrm{d}x = -\mathrm{e}^{-x}\Big|_0^{+\infty} = 1$,再由(1)递推得 $\Gamma(n+1)=n!$.

(3) 令 $x=y^2$,则 $\mathrm{d}x = 2y\mathrm{d}y$. 于是

$$\Gamma(r) = \int_0^{+\infty} x^{r-1}\mathrm{e}^{-x}\mathrm{d}x = \int_0^{+\infty} y^{2r-2}\mathrm{e}^{-y^2}\cdot 2y\mathrm{d}y$$

$$= 2\int_0^{+\infty} y^{2r-1} e^{-y^2} dy.$$

当 $r=\frac{1}{2}$ 时，$\Gamma\left(\frac{1}{2}\right)=2\int_0^{+\infty} e^{-y^2} dy$. 而用二重积分知识可证明(见下册第10章)

$$\int_0^{+\infty} e^{-y^2} dy = \frac{\sqrt{\pi}}{2},$$

故得

$$\Gamma\left(\frac{1}{2}\right)=2\int_0^{+\infty} e^{-y^2} dy = \sqrt{\pi}.$$

例 5 计算下列各值:

(1) $\frac{\Gamma(7)}{2\Gamma(3)}$; (2) $\frac{\Gamma\left(\frac{7}{2}\right)}{\Gamma\left(\frac{1}{2}\right)}$.

解 (1) $\frac{\Gamma(7)}{2\Gamma(3)}=\frac{6!}{2\cdot 2!}=6\cdot 5\cdot 3\cdot 2\cdot 1=180.$

(2) $\frac{\Gamma\left(\frac{7}{2}\right)}{\Gamma\left(\frac{1}{2}\right)}=\frac{\frac{5}{2}\Gamma\left(\frac{5}{2}\right)}{\Gamma\left(\frac{1}{2}\right)}=\frac{\frac{5}{2}\cdot\frac{3}{2}\Gamma\left(\frac{3}{2}\right)}{\Gamma\left(\frac{1}{2}\right)}=\frac{\frac{5}{2}\cdot\frac{3}{2}\cdot\frac{1}{2}\Gamma\left(\frac{1}{2}\right)}{\Gamma\left(\frac{1}{2}\right)}=\frac{15}{8}.$

练习 5.8

1. 判断下列反常积分的敛散性;若收敛,则求其值:

(1) $\int_1^{+\infty}\frac{dx}{x^3}$; (2) $\int_0^{+\infty} e^{-3x} dx$;

(3) $\int_1^{+\infty}\frac{dx}{2\sqrt{x}}$; (4) $\int_0^1\frac{dx}{\sqrt{x}}$;

(5) $\int_0^1 \ln x dx$; (6) $\int_{-1}^1\frac{dx}{\sqrt{1-x^2}}$.

2. 计算下列各值:

(1) $\frac{\Gamma(7)}{2\Gamma(4)\Gamma(3)}$; (2) $\frac{\Gamma(3)\Gamma\left(\frac{3}{2}\right)}{\Gamma\left(\frac{9}{2}\right)}$.

3. 利用 $\Gamma\left(\frac{1}{2}\right)=2\int_0^{+\infty} e^{-y^2} dy=\sqrt{\pi}$,计算

$$\int_{-\infty}^{+\infty}\frac{1}{\sqrt{2\pi}} e^{-\frac{y^2}{2}} dy.$$

4. 证明:反常积分 $\int_a^{+\infty}\frac{dx}{x^p}(a>0)$ 当 $p>1$ 时收敛,当 $p\leqslant 1$ 时发散.

5. 证明:反常积分 $\int_a^b\frac{dx}{(x-a)^q}$ 当 $q<1$ 时收敛,当 $q\geqslant 1$ 时发散.

习　题　5

(A)

1. 求下列不定积分：

(1) $\int (2-x)^{\frac{5}{2}}\mathrm{d}x$；

(2) $\int \frac{\mathrm{d}x}{\sqrt{2x-1}}$；

(3) $\int \mathrm{e}^{-2x}\mathrm{d}x$；

(4) $\int 2^{3x}\mathrm{d}x$；

(5) $\int \frac{2x}{1+x^2}\mathrm{d}x$；

(6) $\int x\sqrt{x^2-1}\,\mathrm{d}x$；

(7) $\int \frac{\mathrm{d}x}{x\ln x}$；

(8) $\int \sqrt{\frac{1+x}{1-x}}\mathrm{d}x$；

(9) $\int \frac{2x-1}{x^2-x+2}\mathrm{d}x$；

(10) $\int \frac{\mathrm{e}^x}{\mathrm{e}^x+1}\mathrm{d}x$；

(11) $\int \frac{\arcsin x}{\sqrt{1-x^2}}\mathrm{d}x$；

(12) $\int \frac{\mathrm{d}x}{4x^2+4x+10}$；

(13) $\int \frac{\mathrm{e}^{\frac{1}{x}}}{x^2}\mathrm{d}x$；

(14) $\int \sin^3 x\mathrm{d}x$；

(15) $\int \sin^2 x\mathrm{d}x$；

(16) $\int \frac{\mathrm{d}x}{\mathrm{e}^x+\mathrm{e}^{-x}}$；

(17) $\int \frac{x\tan\sqrt{1+x^2}}{\sqrt{1+x^2}}\mathrm{d}x$；

(18) $\int \frac{\arctan\frac{1}{x}}{1+x^2}\mathrm{d}x$；

(19) $\int \frac{1}{\sqrt{x(1-x)}}\mathrm{d}x$；

(20) $\int \frac{\sin x-\cos x}{1+\sin 2x}\mathrm{d}x$.

2. 求下列不定积分：

(1) $\int \frac{x+2}{\sqrt{x+1}}\mathrm{d}x$；

(2) $\int \frac{\sqrt{x}}{1+x^3}\mathrm{d}x$；

(3) $\int \frac{\mathrm{d}x}{(2-x)\sqrt{1-x}}$；

(4) $\int \frac{\mathrm{d}x}{\sqrt{1+x}+\sqrt{(1+x)^3}}$；

(5) $\int \mathrm{e}^{\sqrt{x}}\mathrm{d}x$；

(6) $\int (x+1)\mathrm{e}^x\mathrm{d}x$；

(7) $\int \arccos x\mathrm{d}x$；

(8) $\int \arctan\sqrt{x}\,\mathrm{d}x$；

(9) $\int \frac{\ln(\ln x)}{x}\mathrm{d}x$；

(10) $\int \sin(\ln x)\mathrm{d}x$.

3. 解答下列各题：

(1) 设 $f'(x^3)=x$，且满足 $f(0)=0$，求 $f(x)$；

(2) 设 $f'(\sin^2 x)=\cos^2 x+\tan^2 x$，且满足 $f(0)=0$，求 $f(x)$；

(3) 设 $f'(\mathrm{e}^x)=1+x$，且满足 $f(1)=0$，求 $f(x)$.

4. 解答下列各题：

(1) 若 e^x 是 $f(x)$ 的一个原函数，求 $\int x^5 f(\ln x)\mathrm{d}x$；

(2) 若 $\sec^2 x$ 是 $f(x)$ 的一个原函数，求 $\int xf(x)\mathrm{d}x$.

5.(1) 若函数 $f(x)$ 可导,证明:

$$\int \cos x f'(1-2\sin x)\mathrm{d}x = -\frac{1}{2}f(1-2\sin x)+C;$$

(2) 若函数 $f(x)$ 严格单调、可导,$f^{-1}(x)$ 是它的反函数,且 $F(x)$ 是 $f(x)$ 的一个原函数,证明:

$$\int f^{-1}(x)\mathrm{d}x = xf^{-1}(x) - F(f^{-1}(x))+C.$$

6. 求下列定积分:

(1) $\int_2^6 (x^2-1)\mathrm{d}x$;

(2) $\int_0^1 \frac{x^2+x-1}{x+2}\mathrm{d}x$;

(3) $\int_0^3 \mathrm{e}^{\frac{x}{3}}\mathrm{d}x$;

(4) $\int_{-1}^1 \frac{\sin x}{(1+x^2)^2}\mathrm{d}x$;

(5) $\int_0^1 \frac{x}{1+x^2}\mathrm{d}x$;

(6) $\int_1^2 \frac{\mathrm{e}^{\frac{1}{x}}}{x^2}\mathrm{d}x$;

(7) $\int_0^\pi \sin^2\frac{x}{2}\mathrm{d}x$;

(8) $\int_0^\pi |\cos x|\mathrm{d}x$;

(9) $\int_1^5 \frac{\sqrt{x-1}}{x}\mathrm{d}x$;

(10) $\int_0^2 \frac{\mathrm{d}x}{\sqrt{x+1}+\sqrt{(x+1)^3}}$;

(11) $\int_0^1 \frac{\mathrm{d}x}{\sqrt{4-x^2}}$;

(12) $\int_0^{\frac{\sqrt{3}}{2}} \arccos x\mathrm{d}x$;

(13) $\int_{\frac{\pi}{4}}^{\frac{\pi}{3}} \frac{x}{\cos^2 x}\mathrm{d}x$;

(14) $\int_1^{\mathrm{e}} x(\ln x)^2\mathrm{d}x$.

7. 求下列极限:

(1) $\lim\limits_{x\to 0}\frac{\int_0^x (\mathrm{e}^{2t}-1)\mathrm{d}t}{\int_0^x t\mathrm{d}t}$;

(2) $\lim\limits_{x\to 1}\frac{\int_1^x \arctan(t-1)\mathrm{d}t}{(x-1)^2}$.

8. 求由下列曲线所围成的平面图形的面积:

(1) $y=x^2+3$ 与 $x=0, x=1, y=0$;

(2) $y=x^2-1$ 与 $y=x+1$;

(3) $y=\sin x$ 与 $x=0, x=\frac{\pi}{2}, y=1$;

(4) $y=\frac{1}{x}$ 与 $y=x, x=2$.

9. 求由下列曲线所围成的平面图形绕 x 轴和 y 轴旋转而成的旋转体的体积:

(1) $y=\sin x$ 与 $x=0, x=\frac{\pi}{2}, y=0$;

(2) $y=x^3$ 与 $x=0, x=2, y=0$.

10. 判断下列反常积分的敛散性;若收敛,则求其值:

(1) $\int_1^{+\infty} \frac{\mathrm{d}x}{x^4}$;

(2) $\int_1^{+\infty} \frac{\mathrm{d}x}{\sqrt[3]{x}}$;

(3) $\int_1^{+\infty} \frac{\mathrm{d}x}{1+x^2}$;

(4) $\int_1^{\mathrm{e}} \frac{\mathrm{d}x}{x\sqrt{1-(\ln x)^2}}$;

(5) $\int_0^2 \frac{x}{\sqrt{4-x^2}}\mathrm{d}x$;

(6) $\int_1^2 \frac{x}{\sqrt{x-1}}\mathrm{d}x$.

11. 设函数 $f(x)$ 在 $[-l,l]$ 上连续,且 $\Phi(x)=\int_0^x f(t)\mathrm{d}t$,证明:

(1) 若 $f(t)$ 是偶函数,则 $\Phi(x)$ 是 $[-l,l]$ 上的奇函数;

(2) 若 $f(t)$ 是奇函数,则 $\Phi(x)$ 是 $[-l,l]$ 上的偶函数.

12. 证明下列等式：

(1) $\int_0^1 x^m(1-x)^n\mathrm{d}x=\int_0^1 x^n(1-x)^m\mathrm{d}x$；

(2) $\int_x^1 \frac{\mathrm{d}x}{1+x^2}=\int_1^{\frac{1}{x}}\frac{\mathrm{d}x}{1+x^2}\quad(x>0)$.

13. 设函数 $f(x)$ 连续，$f(0)=-1$，且满足

$$\int_0^1 f(xt)\mathrm{d}t=f(x)+x\mathrm{e}^x,$$

求函数 $f(x)$.

14. 设当 $x>0$ 时，函数 $f(x)$ 可导，且满足

$$f(x)=1+\int_1^x \frac{1}{x}f(t)\mathrm{d}t,$$

求函数 $f(x)$.

15. 设连续函数 $f(x)$ 满足

$$\int_0^x f(x-t)\mathrm{d}t=\mathrm{e}^{-2x}-1,$$

求定积分$\int_0^1 f(x)\mathrm{d}x$.

16. 求函数 $F(x)=\int_0^x t(t-4)\mathrm{d}t$ 在$[-1,5]$上的最大值和最小值.

17. 设某产品的边际成本函数为 $C'(x)=\frac{x}{4}+4$(单位：万元/万台)，固定成本为 $C(0)=1$ 万元，边际收益函数为 $R'(x)=9-x$(单位：万元/万台)，其中 x 代表产量，试求：

(1) 成本函数、收益函数和利润函数；

(2) 获得最大利润时的产量.

18. 若 $f(x)$ 为奇函数，在$(-\infty,+\infty)$上连续且单调增加，设

$$F(x)=\int_0^x (x-2t)f(t)\mathrm{d}t,$$

证明：(1) $F(x)$ 为奇函数；(2) $F(x)$ 在$[0,+\infty)$上单调减少.

(B)

1. 选择题：

(1) 设 $I_k=\int_0^{k\pi}\mathrm{e}^{x^2}\sin x\mathrm{d}x\,(k=1,2,3)$，则有(　).

A. $I_1<I_2<I_3$　　B. $I_3<I_2<I_1$

C. $I_1<I_3<I_2$　　D. $I_2<I_1<I_3$　　(2012 考研数一、二、三)

(2) 下列反常积分中，收敛的是(　).

A. $\int_2^{+\infty}\frac{1}{\sqrt{x}}\mathrm{d}x$　　B. $\int_2^{+\infty}\frac{\ln x}{x}\mathrm{d}x$

C. $\int_2^{+\infty}\frac{1}{x\ln x}\mathrm{d}x$　　D. $\int_2^{+\infty}\frac{x}{\mathrm{e}^x}\mathrm{d}x$　　(2015 考研数二)

(3) 已知函数 $f(x)=\begin{cases}2(x-1), & x<1,\\ \ln x, & x\geqslant 1,\end{cases}$ 则 $f(x)$ 的一个原函数是(　).

A. $F(x)=\begin{cases}(x-1)^2, & x<1,\\ x(\ln x-1), & x\geqslant 1\end{cases}$　　B. $F(x)=\begin{cases}(x-1)^2, & x<1,\\ x(\ln x+1)-1, & x\geqslant 1\end{cases}$

C. $F(x)=\begin{cases}(x-1)^2, & x<1,\\ x(\ln x+1)+1, & x\geqslant 1\end{cases}$　　D. $F(x)=\begin{cases}(x-1)^2, & x<1,\\ x(\ln x-1)+1, & x\geqslant 1\end{cases}$

(2016 考研数一)

(4) 若反常积分$\int_0^{+\infty}\frac{1}{x^a(1+x)^b}\mathrm{d}x$收敛,则( ).

A. $a<1$且$b>1$　　B. $a>1$且$b>1$

C. $a<1$且$a+b>1$　　D. $a>1$且$a+b>1$　　(2016考研数一)

(5) 设二阶可导函数$f(x)$满足$f(1)=f(-1)=1,f(0)=-1$,且$f''(x)>0$,则( ).

A. $\int_{-1}^{1}f(x)\mathrm{d}x>0$　　B. $\int_{-1}^{1}f(x)\mathrm{d}x<0$

C. $\int_{-1}^{0}f(x)\mathrm{d}x>\int_0^1 f(x)\mathrm{d}x$　　D. $\int_{-1}^{0}f(x)\mathrm{d}x<\int_0^1 f(x)\mathrm{d}x$　　(2017考研数二)

2. 填空题:

(1) $\lim\limits_{n\to\infty}n\left(\frac{1}{1+n^2}+\frac{1}{2^2+n^2}+\cdots+\frac{1}{n^2+n^2}\right)=$________.　　(2012考研数二)

(2) 由曲线$y=\frac{4}{x}$、直线$y=x$及$y=4x$在第一象限内所围成的平面图形的面积为________.

(2012考研数三)

(3) $\int_0^2 x\sqrt{2x-x^2}\,\mathrm{d}x=$________.　　(2012考研数一)

(4) 设函数$f(x)=\int_{-1}^{x}\sqrt{1-\mathrm{e}^t}\,\mathrm{d}t$,则$y=f(x)$的反函数$x=f^{-1}(y)$在$y=0$处的导数$\left.\frac{\mathrm{d}x}{\mathrm{d}y}\right|_{y=0}=$________.　　(2013考研数二)

(5) 设$\int_0^a x\mathrm{e}^{2x}\mathrm{d}x=\frac{1}{4}$,则$a=$________.　　(2014考研数三)

(6) $\int_{-\infty}^{1}\frac{\mathrm{d}x}{x^2+2x+5}=$________.　　(2014考研数二)

(7) 设D是由曲线$xy+1=0$与直线$y+x=0$及$y=2$所围成的有界区域,则D的面积为________.　　(2014考研数三)

(8) $\int_{-\frac{\pi}{2}}^{\frac{\pi}{2}}\left(\frac{\sin x}{1+\cos x}+|x|\right)\mathrm{d}x=$________.　　(2015考研数一)

(9) 设函数$f(x)$连续,$\varphi(x)=\int_0^{x^2}xf(t)\mathrm{d}t$,若$\varphi(1)=1,\varphi'(1)=5$,则$f(1)=$________.

(2015考研数二、三)

(10) $\lim\limits_{x\to0}\frac{\int_0^x t\ln(1+t\sin t)\mathrm{d}t}{1-\cos x^2}=$________.　　(2016考研数一)

3. 过点$(0,1)$作曲线$L:y=\ln x$的切线,切点为A.又L与x轴交于B点,区域D由L与直线AB及x轴所围成,求:

(1) 区域D的面积;

(2) 区域D绕x轴旋转一周所得旋转体的体积.　　(2012考研数二)

4. 设D是由曲线$y=x^{\frac{1}{3}}$,直线$x=a(a>0)$及x轴所围成的平面图形,V_x,V_y分别为D绕x轴和y轴旋转一周所得旋转体的体积.若$V_y=10V_x$,求a的值.　　(2013考研数三)

5. 求极限$\lim\limits_{x\to\infty}\frac{\int_1^x\left[t^2\left(\mathrm{e}^{\frac{1}{t}}-1\right)-t\right]\mathrm{d}t}{x^2\ln\left(1+\frac{1}{x}\right)}$.　　(2014考研数一、二、三)

6. 设函数$f(x),g(x)$在$[a,b]$上连续,且$f(x)$单调增加,$0\leqslant g(x)\leqslant1$,证明:

(1) $0\leqslant\int_a^x g(t)\mathrm{d}t\leqslant x-a$;

(2) $\int_a^{a+\int_a^b g(t)\mathrm{d}t}f(x)\mathrm{d}x\leqslant\int_a^b f(x)g(x)\mathrm{d}x$.　　(2014考研数二、三)

7. 设函数 $f(x)=\frac{x}{1+x}(x\in[0,1])$，定义函数列 $f_1(x)=f(x)$，$f_2(x)=f(f_1(x))$，…，$f_n(x)=f(f_{n-1}(x))$，…. 记 S_n 为由曲线 $y=f_n(x)$、直线 $x=1$ 及 x 轴所围成平面图形的面积，求 $\lim\limits_{n\to\infty}nS_n$.

（2014 考研数二）

8. 设 $A>0$，D 是由曲线段 $y=A\sin x\left(0\leqslant x\leqslant\frac{\pi}{2}\right)$ 及直线 $y=0$，$x=\frac{\pi}{2}$ 所围成的平面区域，V_1，V_2 分别表示 D 绕 x 轴和 y 轴旋转而成的旋转体的体积. 若 $V_1=V_2$，求 A 的值.　（2015 考研数二）

9. 求 $\lim\limits_{n\to\infty}\sum\limits_{k=1}^{n}\frac{k}{n^2}\ln\left(1+\frac{k}{n}\right)$.　（2017 考研数一、三）

第 5 章数学实验　用 Matlab 求一元函数的积分

一元函数的积分包括不定积分、定积分和反常积分等. Matlab 为积分运算提供了一个简单而又功能强大的工具，从而可十分有效地利用计算机求积分，但有时可能占用机器时间较长. 完成积分运算的命令函数为 int( )，其具体格式如下：

(1) int(f) 表示对 findsym 函数返回的独立变量求不定积分；

(2) int(f,v) 表示对指定变量 v 求不定积分；

(3) int(f,a,b) 表示对 findsym 函数返回的独立变量求从 a 到 b 的定积分；

(4) int(f,v,a,b) 表示对指定变量 v 求从 a 到 b 的定积分.

上述命令中的 f 为被积函数的符号表达式，不定积分运算结果中不带积分常数.

例 1　计算不定积分 $\int\frac{1}{x^2-x-6}dx$.

解　[Matlab 操作命令]

```
>> clear
>> y = sym('1/(x^2 - x - 6)')
```

[Matlab 输出结果]

```
y =
    1/(x^2 - x - 6)
```

[Matlab 操作命令]

```
>> int(y)
```

[Matlab 输出结果]

```
ans =
    -1/5 * log(x + 2) + 1/5 * log(x - 3)
```

例 2　计算定积分 $\int_0^{\frac{\pi}{2}}x\sin x dx$.

解　[Matlab 操作命令]

```
>> clear
```

```
>> syms x y
>> y = x * sin(x);
>> int(y,x,0,pi/2)
```

[Matlab 输出结果]

```
ans =
    1
```

例 3 计算反常积分$\int_0^{+\infty}\frac{1}{100+x^2}dx$.

解 [Matlab 操作命令]

```
>> clear
>> syms x y
>> y = 1/(100 + x^2)
>> int(y,0, + inf)
```

[Matlab 输出结果]

```
ans =
    1/20 * pi
```

例 4 计算不定积分$\int \sin ax \sin bx\,dx$.

解 [Matlab 操作命令]

```
>> clear
>> syms x y a b
>> y = sin(a * x) * sin(b * x)
>> int(y,x)
```

[Matlab 输出结果]

```
ans =
    1/2/(a - b) * sin((a - b) * x) - 1/2/(a + b) * sin((a + b) * x)
```

[Matlab 操作命令]

```
>> pretty(ans)
```

[Matlab 输出结果]

```
      sin((a - b)x)      sin((a + b)x)
1/2  ..............  1/2 ..............
          a - b              a + b
```

从以上几个例题中我们不难发现,无论是不定积分、定积分,还是反常积分、带参数的积分等,用 Matlab 来计算都是非常简单的事.

【思考题】

1. 例 1 与例 2 的程序设计有何不同?
2. 命令函数 sym( ) 与 syms 在使用时应注意什么?

第6章 微分方程与差分方程

利用微积分可以研究变量之间函数关系的性质.但在实际问题中,往往很难直接得到所研究变量之间的函数关系,却比较容易建立这些变量与它们的导数或微分之间的关系,即微分方程.微分方程是数学联系实际并应用于实际的重要途径和桥梁,是各个学科进行科学研究的强有力工具.

本章前四节主要介绍微分方程的基本概念、几种常用的微分方程的求解方法及线性微分方程解的理论,后两节专门介绍在经济管理的实际问题中应用较广泛的差分方程知识.

§6.1 微分方程的基本概念

一、引例

例 1 (商品的价格调整模型) 如果某商品在时刻 t 的价格为 P,社会对该商品的需求量和该商品的供给量分别是价格 P 的函数 $Q(P)$,$S(P)$,则在时刻 t 的价格 P 对于时间的变化率可认为与该商品在同时刻的超额需求量 $Q(P)-S(P)$ 成正比,即有

$$\frac{\mathrm{d}P}{\mathrm{d}t}=k(Q(P)-S(P)) \quad (k>0). \tag{6-1-1}$$

在 $Q(P)$ 和 $S(P)$ 确定的情况下,可解出价格 P 与时间 t 的函数关系.这就是商品的价格调整模型.

例 2 设质量为 m 的物体仅在重力的作用下由静止开始下落,求该物体下落的距离 s 与时间 t 的函数关系.

解 设重力加速度为常数 g,该物体下落的距离 s 与时间 t 的函数关系为 $s=s(t)$,则根据物理学知识有

$$s''=g. \tag{6-1-2}$$

对(6-1-2)式两边同取不定积分,得

$$s'=v(t)=gt+C_1,$$

其中 $v(t)$ 为该物体在时刻 t 的速度.对上式两边再次同取不定积分,得

$$s=\frac{1}{2}gt^2+C_1t+C_2 \quad (C_1,C_2\text{ 为任意常数}).$$

由 $t=0$ 时,$s'=v=0$,$s=0$,得 $C_1=C_2=0$.故该物体下落的距离 s 与时间 t 的函数关

系为

$$s=\frac{1}{2}gt^2.$$

二、基本概念

定义 1 含有未知函数及未知函数的导数(或微分)的方程称为**微分方程**.未知函数为一元函数的微分方程称为**常微分方程**,简称微分方程.

例如,前面的例1和例2中所列的方程(6-1-1),(6-1-2)都是微分方程.

微分方程中未知函数的导数的最高阶数称为**微分方程的阶**.

例如,$y'=2x$ 是一阶微分方程,$s''=g$ 是二阶微分方程.

n 阶微分方程有下面两种一般形式:

(1) $F(x,y,y',y'',\cdots,y^{(n)})=0$;

(2) $y^{(n)}=f(x,y,y',y'',\cdots,y^{(n-1)})$,

其中 x 是自变量,y 为未知函数,F 和 f 是已知多元函数(多元函数的概念参见下册第8章),且 $y^{(n)}$ 必须出现.

定义 2 如果函数 $y=y(x)$ 代入一微分方程能使该微分方程成为恒等式,则称函数 $y=y(x)$ 为该**微分方程的解**.

定义 3 若微分方程的解中含有相互独立的任意常数,且独立的任意常数的个数与微分方程的阶数相等,则称这样的解为微分方程的**通解**(或**一般解**);而不含任意常数的解称为微分方程的**特解**.用于确定通解中任意常数值的条件称为**初始条件**.带有初始条件的微分方程称为微分方程的**初值问题**.

例如,$y=x^2+C$ 是微分方程 $y'=2x$ 的通解,$y=x^2+1$ 是微分方程 $y'=2x$ 满足初始条件 $y(0)=1$ 的特解.

微分方程的解的图形是一条曲线,称为微分方程的**积分曲线**.

例如,$y=x^2+C$ 是一族积分曲线,$y=x^2+1$ 是其中的一条积分曲线.显然,n 阶微分方程的通解在几何上表示一族以 n 个独立的任意常数为参数的曲线.

例 3 验证函数 $y=C_1e^x+C_2e^{-x}$(C_1,C_2 是两个独立的任意常数)是微分方程 $y''-y=0$ 的通解,并求满足初始条件 $y\big|_{x=0}=2,y'\big|_{x=0}=0$ 的特解.

解 要验证一个函数是否是某微分方程的通解,只需将函数代入该微分方程,看其是否成为恒等式,再看函数式中所含的独立任意常数的个数是否与该微分方程的阶数相同即可.

对 $y=C_1e^x+C_2e^{-x}$ 求导,得

$$y'=C_1e^x-C_2e^{-x},\quad y''=C_1e^x+C_2e^{-x}.$$

将 $y''=C_1e^x+C_2e^{-x}$ 和 $y=C_1e^x+C_2e^{-x}$ 代入原微分方程,得

$$y''-y=(C_1e^x+C_2e^{-x})-(C_1e^x+C_2e^{-x})=0,$$

所以含有两个独立任意常数的函数

$$y=C_1e^x+C_2e^{-x}$$

是原微分方程的通解.

把 $y\big|_{x=0}=2, y'\big|_{x=0}=0$ 代入 $y=C_1\mathrm{e}^x+C_2\mathrm{e}^{-x}$ 和 $y'=C_1\mathrm{e}^x-C_2\mathrm{e}^{-x}$，得

$$C_1=C_2=1.$$

故所求的特解为

$$y=\mathrm{e}^x+\mathrm{e}^{-x}.$$

练习 6.1

1. 指出下列微分方程的阶数：

(1) $x^5y'''-y''+2xy^7=0$；

(2) $\dfrac{\mathrm{d}^2S}{\mathrm{d}t^2}+t\dfrac{\mathrm{d}S}{\mathrm{d}t}+\dfrac{S}{3}=0$；

(3) $\dfrac{\mathrm{d}\rho}{\mathrm{d}\theta}+\rho=\sin\theta$；

(4) $(1-y^2)\mathrm{d}x+(x-1)y\mathrm{d}y=0$.

2. 验证下列给出的函数是否为相应微分方程的解：

(1) $xy'=3y, y=Cx^3$；

(2) $y'+y=\mathrm{e}^{-x}, y=(x+C)\mathrm{e}^{-x}$；

(3) $y''+y=0, y=3\sin x-4\cos x$；

(4) $y''-y'+y=0, y=x\mathrm{e}^x$；

(5) $y''-(\lambda_1+\lambda_2)y'+\lambda_1\lambda_2y=0, y=C_1\mathrm{e}^{\lambda_1x}+C_2\mathrm{e}^{\lambda_2x}$.

3. 验证函数 $y=(C_1+C_2x)\mathrm{e}^x$ 是微分方程 $y''-2y'+y=0$ 的通解，并求满足初始条件 $y\big|_{x=0}=2$，$y'\big|_{x=0}=3$ 的特解.

4. 设曲线 $y=f(x)$ 在任意点 $M(x,y)(x\neq0)$ 处的切线与 x 轴、y 轴的交点分别为点 P,Q，且 Q 是线段 MP 的中点，试写出该曲线所满足的微分方程.

5. 已知函数 $y=f(x)$ 连续，$f(0)=1$，且满足 $\int_0^1 f(tx)\mathrm{d}t=f(x)+x\sin x$，求 $f(x)$.

§6.2　一阶微分方程

一阶微分方程的一般形式为

$$F(x,y,y')=0$$

或

$$y'=f(x,y).$$

本节介绍一阶微分方程 $y'=f(x,y)$ 的一些解法.

一、可分离变量的微分方程

如果要求微分方程 $y'=2xy^2$ 的通解，因为 y 是未知的，所以不定积分 $\int 2xy^2\mathrm{d}x$ 无法进行，即微分方程两边直接积分不能求出其通解. 但原微分方程可化为

$$\frac{\mathrm{d}y}{y^2}=2x\mathrm{d}x \quad (y\neq 0),$$

上式两端积分,即得微分方程 $y'=2xy^2$ 的通解为

$$-\frac{1}{y}=x^2+C,$$

其中 C 是任意常数.此外,$y=0$ 也是微分方程 $y'=2xy^2$ 的解.

定义 1 如果一个一阶微分方程能写成

$$g(y)\mathrm{d}y=f(x)\mathrm{d}x \tag{6-2-1}$$

的形式,那么该微分方程就称为**可分离变量的微分方程**.

解可分离变量的微分方程的具体步骤如下:

(1) 分离变量,将原微分方程化为如下形式

$$g(y)\mathrm{d}y=f(x)\mathrm{d}x.$$

(2) 对(1)中所得到的微分方程两端分别积分:

$$\int g(y)\mathrm{d}y=\int f(x)\mathrm{d}x,$$

得到

$$G(y)=F(x)+C,$$

其中 $G(y)$ 与 $F(x)$ 分别是 $g(y)$ 与 $f(x)$ 的一个原函数,C 是任意常数.它就是原微分方程的通解.

例 1 求微分方程 $y'=\dfrac{y}{x}$ 的通解.

解 分离变量,得

$$\frac{1}{y}\mathrm{d}y=\frac{1}{x}\mathrm{d}x \quad (y\neq 0);$$

两端分别积分,得

$$\ln|y|=\ln|x|+C_1,$$

即

$$y=\pm \mathrm{e}^{C_1}x.$$

由于 $\pm \mathrm{e}^{C_1}$ 为任意非零常数,因此把它记作 C.又因为 $y=0$ 也是原微分方程的解,所以常数 C 可取零.故所求通解为

$$y=Cx \quad (C\text{ 为任意常数}).$$

例 2 求微分方程 $\dfrac{\mathrm{d}y}{\mathrm{d}x}=1+x+y^2+xy^2$ 的通解.

解 所给微分方程可化为

$$\frac{\mathrm{d}y}{\mathrm{d}x}=(1+x)(1+y^2).$$

分离变量,得

$$\frac{1}{1+y^2}\mathrm{d}y=(1+x)\mathrm{d}x;$$

两端分别积分,得

$$\arctan y=\frac{1}{2}x^2+x+C.$$

于是所求通解为 $\arctan y = \frac{1}{2}x^2 + x + C$($C$ 为任意常数). 这是隐函数形式的通解.

例 3　求微分方程

$$\frac{\mathrm{d}p}{\mathrm{d}t} = kp(N-p)$$

的通解,其中 $N, k > 0$ 为常数.

解　分离变量,得

$$\frac{\mathrm{d}p}{p(N-p)} = k\mathrm{d}t.$$

上式可化为

$$\frac{1}{N}\left(\frac{1}{p} + \frac{1}{N-p}\right)\mathrm{d}p = k\mathrm{d}t.$$

两端分别积分,得

$$\frac{1}{N}\ln\frac{|p|}{|N-p|} = kt + C_1.$$

对上式做如下变形:

$$\ln\left|\frac{p}{N-p}\right| = Nkt + NC_1,$$

$$\left|\frac{p}{N-p}\right| = \mathrm{e}^{Nkt+NC_1} = \mathrm{e}^{NC_1} \cdot \mathrm{e}^{Nkt},$$

$$\frac{p}{N-p} = \pm\mathrm{e}^{NC_1} \cdot \mathrm{e}^{Nkt} = C\mathrm{e}^{Nkt},\quad C = \pm\mathrm{e}^{NC_1},$$

$$p = \frac{CN\mathrm{e}^{Nkt}}{1+C\mathrm{e}^{Nkt}}.$$

故所求通解为

$$p = \frac{CN\mathrm{e}^{Nkt}}{1+C\mathrm{e}^{Nkt}}\quad (C\text{ 为任意非零常数}).$$

注: 在上述计算过程中,用 $p(N-p)$ 除微分方程的两边时,要求 $p \neq 0$ 和 $p \neq N$. 而 $p = 0$ 和 $p = N$ 显然也是微分方程的解,且 $p = N$ 不包含在通解中.

在例 3 的通解 $p = \frac{CN\mathrm{e}^{Nkt}}{1+C\mathrm{e}^{Nkt}}$ 中,如果令 $a = Nk$,则通解化为

$$p = \frac{CN\mathrm{e}^{Nkt}}{1+C\mathrm{e}^{Nkt}} = \frac{CN\mathrm{e}^{at}}{1+C\mathrm{e}^{at}}.$$

如果分子、分母同时除以 $C\mathrm{e}^{at}$,则通解可进一步化为

$$p = \frac{N}{1+b\mathrm{e}^{-at}},$$

其中 $b = \frac{1}{C}$. 例 3 中的微分方程称为**逻辑斯蒂**(Logistic)**曲线方程**,它在生物学和经济学中有广泛的应用.

二、齐次方程

如果一阶微分方程

$$\frac{dy}{dx}=f(x,y)$$

中的 $f(x,y)$ 可写成 $\frac{y}{x}$ 的函数,即

$$\frac{dy}{dx}=f(x,y)=\varphi\left(\frac{y}{x}\right), \tag{6-2-2}$$

则称该微分方程为**齐次微分方程**,简称**齐次方程**. 例如,

$$(xy-y^2)dx-(x^2+y^2)dy=0$$

是齐次方程,因为该微分方程可化为

$$\frac{dy}{dx}=\frac{xy-y^2}{x^2+y^2}=\frac{\frac{y}{x}-\left(\frac{y}{x}\right)^2}{1+\left(\frac{y}{x}\right)^2},$$

如果令 $\varphi(u)=\frac{u-u^2}{1+u^2}$,则上式即为 $\frac{dy}{dx}=\varphi\left(\frac{y}{x}\right)$.

对于齐次方程(6-2-2),可通过变量代换将其化为可分离变量的微分方程进行求解.

令 $u=\frac{y}{x}$,则 $y=xu$, $\frac{dy}{dx}=u+x\frac{du}{dx}$. 代入齐次方程(6-2-2),得

$$u+x\frac{du}{dx}=\varphi(u).$$

分离变量并两端分别积分,得

$$\int\frac{du}{\varphi(u)-u}=\int\frac{1}{x}dx.$$

由上式求出积分后,再将 $u=\frac{y}{x}$ 代回,即可得到齐次方程(6-2-2)的通解.

例 4　求微分方程 $y^2dx-(xy-x^2)dy=0$ 的通解.

解　把所给微分方程化为

$$\frac{dy}{dx}=\frac{y^2}{xy-x^2}=\frac{\left(\frac{y}{x}\right)^2}{\frac{y}{x}-1}.$$

令 $u=\frac{y}{x}$,则 $y=xu$, $\frac{dy}{dx}=u+x\frac{du}{dx}$. 代入上式并整理,得

$$x\frac{du}{dx}=\frac{u}{u-1},$$

分离变量,得

$$\left(1-\frac{1}{u}\right)du=\frac{dx}{x};$$

两端分别积分,得

$$u-\ln|u|+C=\ln|x|,\quad 即\quad \ln|ux|=u+C.$$

将 $u=\frac{y}{x}$ 回代到上式,得通解为

$$\ln|y|=\frac{y}{x}+C\quad (C 为任意常数).$$

例 5　设商品甲和商品乙的价格分别为 P_1，P_2，已知价格 P_1 与 P_2 相关，且价格 P_1 相对 P_2 的弹性为 $\frac{P_2 dP_1}{P_1 dP_2}=\frac{P_2-P_1}{P_2+P_1}$，求 P_1 与 P_2 的函数关系式.

解　所给微分方程为齐次方程，整理得

$$\frac{dP_1}{dP_2}=\frac{1-\frac{P_1}{P_2}}{1+\frac{P_1}{P_2}}\cdot\frac{P_1}{P_2}.$$

令 $u=\frac{P_1}{P_2}$，则 $P_1=uP_2$，$\frac{dP_1}{dP_2}=u+P_2\frac{du}{dP_2}$. 代入上式，得

$$u+P_2\frac{du}{dP_2}=\frac{1-u}{1+u}\cdot u.$$

分离变量，得

$$\left(-\frac{1}{u}-\frac{1}{u^2}\right)du=2\frac{dP_2}{P_2},$$

两端分别积分，得

$$\frac{1}{u}-\ln u=2\ln P_2+C_1=\ln P_2^2+C_1,$$

将 $u=\frac{P_1}{P_2}$ 代回，则得到所求通解（即 P_1 与 P_2 的函数关系式）是

$$e^{\frac{P_2}{P_1}}=CP_1P_2\quad(C=e^{C_1}\text{ 为任意正常数}).$$

三、一阶线性微分方程

形如

$$\frac{dy}{dx}+P(x)y=Q(x)\tag{6-2-3}$$

的微分方程称为**一阶线性微分方程**，其中函数 $P(x)$，$Q(x)$ 是某一区间 I 上的连续函数.

当 $Q(x)\not\equiv 0$ 时，方程(6-2-3)称为**一阶非齐次线性微分方程**.

当 $Q(x)\equiv 0$ 时，方程(6-2-3)变成

$$\frac{dy}{dx}+P(x)y=0.\tag{6-2-4}$$

方程(6-2-4)称为对应于方程(6-2-3)的**一阶齐次线性微分方程**.

显然，一阶齐次线性微分方程(6-2-4)是可分离变量的微分方程. 分离变量，得

$$\frac{dy}{y}=-P(x)dx;$$

两端分别积分，得

$$\ln|y|=-\int P(x)dx+C_1,$$

即

$$y=Ce^{-\int P(x)dx}.\tag{6-2-5}$$

这就是一阶齐次线性微分方程(6-2-4)的通解，其中 C 可取任意常数，因为 $y=0$ 也是该微

分方程的解.

现在用**常数变易法**求解一阶非齐次线性微分方程(6-2-3),其具体步骤如下:

(1) 求其对应的齐次线性微分方程(6-2-4)的通解,得到(6-2-5)式:

$$y=Ce^{-\int P(x)\mathrm{d}x}.$$

(2) 将(6-2-5)式中的常数 C 换成待定函数 $C(x)$,得 $y=C(x)e^{-\int P(x)\mathrm{d}x}$,并假设它为方程(6-2-3)的通解,将其代入方程(6-2-3)得

$$C'(x)e^{-\int P(x)\mathrm{d}x}+C(x)e^{-\int P(x)\mathrm{d}x}(-P(x))+P(x)C(x)e^{-\int P(x)\mathrm{d}x}=Q(x),$$

整理得

$$C'(x)=Q(x)e^{\int P(x)\mathrm{d}x}.$$

两端分别积分,得

$$C(x)=\int Q(x)e^{\int P(x)\mathrm{d}x}\mathrm{d}x+C \quad (C\text{ 为任意常数}).$$

因此,一阶非齐次线性微分方程 $y'+P(x)y=Q(x)$ 的通解为

$$y=e^{-\int P(x)\mathrm{d}x}\left(\int Q(x)e^{\int P(x)\mathrm{d}x}\mathrm{d}x+C\right). \tag{6-2-6}$$

也可以把通解公式(6-2-6)写成

$$y=Ce^{-\int P(x)\mathrm{d}x}+e^{-\int P(x)\mathrm{d}x}\int Q(x)e^{\int P(x)\mathrm{d}x}\mathrm{d}x.$$

可以验证,上式右边第二项是方程(6-2-3)的一个特解(通解中取 $C=0$).由此可知,一阶非齐次线性微分方程的通解可表示为其对应的齐次线性微分方程的通解与它本身的一个特解之和.

例 6 求微分方程 $\frac{\mathrm{d}y}{\mathrm{d}x}-\frac{2y}{x+1}=(x+1)^3$ 的通解.

解 这是一个非齐次线性微分方程.先求对应的齐次线性微分方程

$$\frac{\mathrm{d}y}{\mathrm{d}x}-\frac{2y}{x+1}=0$$

的通解.分离变量,得

$$\frac{\mathrm{d}y}{y}=\frac{2\mathrm{d}x}{x+1};$$

两边分别积分,得

$$\ln|y|=2\ln|x+1|+C_1.$$

故原微分方程对应的齐次线性微分方程的通解为

$$y=C(x+1)^2 \quad (C\text{ 为任意常数}).$$

用常数变易法,把 C 换成 $C(x)$,即令 $y=C(x)(x+1)^2$,代入所给非齐次线性微分方程得

$$C'(x)(x+1)^2+2C(x)(x+1)-\frac{2}{x+1}C(x)(x+1)^2=(x+1)^3,$$

即

$$C'(x)=x+1.$$

两边分别积分,得

$$C(x)=\frac{1}{2}(x+1)^2+C.$$

再把上式代入 $y=C(x)(x+1)^2$ 中，即得所求通解为

$$y=(1+x)^2\left[\frac{1}{2}(x+1)^2+C\right]\quad(C\text{ 为任意常数}).$$

如不用常数变易法，可直接应用通解公式(6-2-6)进行求解.

例 7　求微分方程 $xy'+y=\sin x$ 的通解及满足初始条件 $y\left(\frac{\pi}{2}\right)=1$ 的特解.

解　把所给微分方程化为标准形式，即

$$y'+\frac{y}{x}=\frac{\sin x}{x}.$$

令

$$P(x)=\frac{1}{x},\quad Q(x)=\frac{\sin x}{x},$$

于是由通解公式(6-2-6)可求得通解为

$$\begin{aligned}y&=\mathrm{e}^{-\int\frac{1}{x}\mathrm{d}x}\left(\int\frac{\sin x}{x}\mathrm{e}^{\int\frac{1}{x}\mathrm{d}x}\mathrm{d}x+C\right)=\mathrm{e}^{-\ln x}\left(\int\frac{\sin x}{x}\mathrm{e}^{\ln x}\mathrm{d}x+C\right)\\&=\frac{1}{x}\left(\int\sin x\mathrm{d}x+C\right)=\frac{1}{x}(C-\cos x)\quad(C\text{ 为任意常数}).\end{aligned}$$

将初始条件 $y\left(\frac{\pi}{2}\right)=1$ 代入，得 $C=\frac{\pi}{2}$. 于是所求特解为

$$y=\frac{1}{x}\left(\frac{\pi}{2}-\cos x\right).$$

注：例 7 中求通解时，为了简化运算，将 $\ln|x|$ 写成 $\ln x$，可验证最终结果是一样的.

例 8　求微分方程 $y^2\mathrm{d}x+(2xy-1)\mathrm{d}y=0$ 的通解.

解　这个微分方程不是一阶线性微分方程，不易求解. 但如果将 x 看作 y 的函数，即对该微分方程求形如 $x=x(y)$ 的解，则可将原微分方程化为

$$\frac{\mathrm{d}x}{\mathrm{d}y}=\frac{1-2xy}{y^2}=\frac{1}{y^2}-\frac{2}{y}x\quad(y\neq 0),$$

即

$$\frac{\mathrm{d}x}{\mathrm{d}y}+\frac{2}{y}x=\frac{1}{y^2}.\tag{6-2-7}$$

这是一阶线性微分方程，其对应的齐次线性微分方程为

$$\frac{\mathrm{d}x}{\mathrm{d}y}+\frac{2}{y}x=0.$$

分离变量并积分，得

$$\ln|x|=-2\ln|y|+C_1,$$

即 $x=C\frac{1}{y^2}(C=\pm\mathrm{e}^{C_1})$.

把 C 换成 $C(y)$,得 $x=C(y)\frac{1}{y^2}$. 代入微分方程(6-2-7),得

$$C'(y)\frac{1}{y^2}-2C(y)\frac{1}{y^3}+\frac{2}{y}C(y)\cdot\frac{1}{y^2}=\frac{1}{y^2},$$

即

$$C'(y)=1.$$

再对上式两边分别积分,得

$$C(y)=y+C.$$

故原微分方程的通解为

$$x=(y+C)\frac{1}{y^2}\quad(C\text{ 为任意常数}).$$

此外,$y=0$ 也是原微分方程的解,但不包含在通解中.

*四、伯努利方程

形如

$$\frac{\mathrm{d}y}{\mathrm{d}x}+P(x)y=Q(x)y^n \tag{6-2-8}$$

的微分方程称为**伯努利(Bernoulli)方程**,其中 n 为常数,且 $n\neq 0,1$.

可以通过适当的变换,把伯努利方程化为一阶线性微分方程. 事实上,在方程(6-2-8)两端同除以 y^n,得

$$y^{-n}\frac{\mathrm{d}y}{\mathrm{d}x}+P(x)y^{1-n}=Q(x).$$

令 $z=y^{1-n}$,两边对 x 求导,得

$$\frac{\mathrm{d}z}{\mathrm{d}x}=(1-n)y^{-n}\frac{\mathrm{d}y}{\mathrm{d}x},$$

即

$$\frac{1}{1-n}\cdot\frac{\mathrm{d}z}{\mathrm{d}x}=y^{-n}\frac{\mathrm{d}y}{\mathrm{d}x}.$$

把上式代入微分方程 $y^{-n}\frac{\mathrm{d}y}{\mathrm{d}x}+P(x)y^{1-n}=Q(x)$,即得到关于变量 z 的一阶线性微分方程:

$$\frac{\mathrm{d}z}{\mathrm{d}x}+(1-n)P(x)z=(1-n)Q(x).$$

利用一阶非齐次线性微分方程的求解方法求出通解后,再回代原变量,便可得到伯努利方程(6-2-8)的通解为

$$y^{1-n}=\mathrm{e}^{-\int(1-n)P(x)\mathrm{d}x}\left[\int Q(x)(1-n)\mathrm{e}^{\int(1-n)P(x)\mathrm{d}x}\mathrm{d}x+C\right]\quad(C\text{ 为任意常数}).$$

例 9 求微分方程 $\frac{\mathrm{d}y}{\mathrm{d}x}+\frac{y}{x}=y^2\ln x$ 的通解.

解 这是伯努利方程. 令 $z=y^{1-2}=y^{-1}$,即 $y=\frac{1}{z}$,两边对 x 求导,得

$$y'=-\frac{1}{z^2}\cdot\frac{dz}{dx}.$$

把上式代入原微分方程，得

$$-\frac{1}{z^2}\cdot\frac{dz}{dx}+\frac{1}{xz}=\frac{1}{z^2}\ln x,$$

即

$$\frac{dz}{dx}-\frac{1}{x}z=-\ln x.$$

用公式(6-2-6)解此一阶线性微分方程，可得

$$z=e^{\int\frac{1}{x}dx}\left[\int(-\ln x)e^{-\int\frac{1}{x}dx}dx+C\right]=x\left[C-\frac{1}{2}(\ln x)^2\right].$$

以 y^{-1} 回代 z，即得原微分方程的通解为

$$xy\left[C-\frac{1}{2}(\ln x)^2\right]=1\quad(C\text{ 为任意常数}).$$

练习 6.2

1. 求下列微分方程的通解：

(1) $y'=2xy^2$；　(2) $3x^2+6x-y'=0$；

(3) $xdy-y\ln ydx=0$；　(4) $\sqrt{1-x^2}dy=\sqrt{1-y^2}dx$；

(5) $y'=2^{x+y}$；　(6) $\sec^2x\tan ydx+\sec^2y\tan xdy=0$.

2. 求下列齐次方程的通解：

(1) $xy'-y-\sqrt{y^2-x^2}=0$；　(2) $x\frac{dy}{dx}=y\ln\frac{y}{x}$；

(3) $y'=e^{-\frac{y}{x}}+\frac{y}{x}$；　(4) $\frac{dy}{dx}=\frac{x^2+2y^2}{xy}$.

3. 求下列一阶线性微分方程的通解：

(1) $\frac{dy}{dx}+y=e^{-x}$；　(2) $xy'+y=x^2+3x+2$；

(3) $y'+y\cos x=e^{-\sin x}$；　(4) $\frac{dy}{dx}+2xy=4x$；

(5) $y'-\frac{y}{x}=2x^2$；　(6) $ydx+(1+y)xdy=ydy$.

4. 求下列微分方程满足所给初始条件的特解：

(1) $y'=\frac{x(y^2+1)}{(x^2+1)^2}, y(0)=0$；　(2) $\frac{dy}{dx}+3y=8, y(0)=2$.

5. 求一曲线方程，已知该曲线通过坐标原点，并且它在任意点 (x,y) 处的切线斜率均等于 $2x+y$.

§6.3　几种特殊类型的二阶微分方程

二阶及二阶以上的微分方程统称为**高阶微分方程**. 对于高阶微分方程，没有普遍有效的

解法.本节仅介绍三种特殊类型的二阶微分方程的解法——逐步降低微分方程阶数的求解方法.

一、$y''=f(x)$ 型的微分方程

形如 $y''=f(x)$ 的微分方程通过两次积分即可求出通解.

例 1 求微分方程 $y''=\mathrm{e}^{2x}-\sin x$ 的通解.

解 对所给微分方程积分一次,得

$$y'=\frac{1}{2}\mathrm{e}^{2x}+\cos x+C_1,$$

再积分一次得到所求通解为

$$y=\frac{1}{4}\mathrm{e}^{2x}+\sin x+C_1x+C_2 \quad (C_1,C_2\text{ 为任意常数}).$$

一般地,如果微分方程为 $y^{(n)}=f(x)$,则连续积分 n 次,即可得到其通解.

二、不显含 y 的微分方程 $y''=f(x,y')$

不显含 y 的微分方程 $y''=f(x,y')$ 的解法如下:

令 $y'=p$,则 $y''=\dfrac{\mathrm{d}p}{\mathrm{d}x}$,从而可将原微分方程化为关于变量 x,p 的一阶微分方程

$$p'=f(x,p).$$

设求出该微分方程的通解为

$$p=\varphi(x,C_1).$$

再根据关系式 $y'=p$,得到一个一阶微分方程

$$\frac{\mathrm{d}y}{\mathrm{d}x}=\varphi(x,C_1).$$

对它积分一次,即可得出原微分方程的通解为

$$y=\int\varphi(x,C_1)\mathrm{d}x+C_2 \quad (C_1,C_2\text{ 为任意常数}).$$

例 2 求微分方程 $(1+x^2)y''=2xy'$ 满足初始条件

$$y\Big|_{x=0}=1,\quad y'\Big|_{x=0}=3$$

的特解.

解 该微分方程是不显含 y 的微分方程.令 $y'=p$,则 $y''=p'$.代入原微分方程并分离变量,得一阶微分方程

$$\frac{\mathrm{d}p}{p}=\frac{2x}{1+x^2}\mathrm{d}x.$$

两边分别积分,得

$$\ln|p|=\ln(1+x^2)+\ln|C_1|,$$

解得

$$y'=p=C_1(1+x^2).$$

由初始条件 $y'\Big|_{x=0}=3$，得 $C_1=3$，即

$$y'=3(1+x^2).$$

再积分一次，得

$$y=3\left(x+\frac{1}{3}x^3\right)+C_2,$$

由初始条件 $y\Big|_{x=0}=1$，得 $C_2=1$，故所求特解为

$$y=3\left(x+\frac{1}{3}x^3\right)+1=x^3+3x+1.$$

三、不显含 x 的微分方程 $y''=f(y,y')$

不显含 x 的微分方程 $y''=f(y,y')$ 的解法如下：

把 y' 暂时看作自变量 y 的函数，并做变换 $y'=p(y)$，则由复合函数的求导法则有

$$y''=\frac{\mathrm{d}p}{\mathrm{d}x}=\frac{\mathrm{d}p}{\mathrm{d}y}\cdot\frac{\mathrm{d}y}{\mathrm{d}x}=p\frac{\mathrm{d}p}{\mathrm{d}y}.$$

这样就将原微分方程化为关于变量 y,p 的一阶微分方程

$$p\frac{\mathrm{d}p}{\mathrm{d}y}=f(y,p).$$

设求出该微分方程的通解为

$$y'=p=\varphi(y,C_1).$$

这是可分离变量的微分方程，分离变量并积分，即得原微分方程的通解为

$$\int\frac{\mathrm{d}y}{\varphi(y,C_1)}=x+C_2\quad(C_1,C_2\text{ 为任意常数}).$$

例3　求微分方程 $yy''-(y')^2=0$ 的通解.

解　该微分方程是不显含 x 的微分方程. 令 $y'=p$，则 $y''=p\dfrac{\mathrm{d}p}{\mathrm{d}y}$，原微分方程化为

$$yp\frac{\mathrm{d}p}{\mathrm{d}y}-p^2=0.$$

分离变量，得 $\dfrac{\mathrm{d}p}{p}=\dfrac{\mathrm{d}y}{y}$；两边分别积分，得

$$\ln|p|=\ln|y|+\ln|C_1|,$$

即 $p=C_1y$. 再由 $\dfrac{\mathrm{d}y}{\mathrm{d}x}=p$，得 $\dfrac{\mathrm{d}y}{y}=C_1\mathrm{d}x$. 两边分别积分，得

$$y=C_2\mathrm{e}^{C_1x}.$$

若 $y'=0$，即 $y=C$，它显然是原微分方程的解，可包含在通解中(此时取 $C_1=0$)，故所求通解为

$$y=C_2\mathrm{e}^{C_1x}\quad(C_1,C_2\text{ 为任意常数}).$$

例 4 求微分方程 $y''=\dfrac{3}{2}y^2$ 满足初始条件

$$y(3)=1,\quad y'(3)=1$$

的特解.

解 令 $y'=p$,则 $y''=p\dfrac{\mathrm{d}p}{\mathrm{d}y}$.代入原微分方程并化简,得

$$2p\mathrm{d}p=3y^2\mathrm{d}y.$$

上式两边积分,得

$$p^2=y^3+C_1.$$

由 $y(3)=1,y'(3)=1$ 知,当 $x=3$ 时,$y=1,p=y'=1$.代入上式得 $C_1=0$,故

$$p^2=y^3.$$

由 $y'(3)=1>0$ 知,p 取正号,故

$$p=\frac{\mathrm{d}y}{\mathrm{d}x}=y^{\frac{3}{2}},\quad \text{即}\quad y^{-\frac{3}{2}}\mathrm{d}y=\mathrm{d}x.$$

上式两边分别积分,得

$$-2y^{-\frac{1}{2}}=x+C_2.$$

由初始条件 $y(3)=1$,得 $C_2=-5$.代入上式并整理,得到所求特解为

$$y=\frac{4}{(x-5)^2}.$$

练习 6.3

1. 求下列微分方程的通解:

(1) $y''=x+\cos x$; (2) $y'''=xe^x$;

(3) $y''=y'$; (4) $2yy''=(y')^2+1$.

2. 求下列微分方程满足给定初始条件的特解:

(1) $y''-(y')^2=0,y(0)=0,y'(0)=-1$;

(2) $y^3y''+1=0,y\Big|_{x=1}=1,y'\Big|_{x=1}=0$.

3. 求 $y''=x$ 的经过点 $M(0,1)$ 且在此点与直线 $y=\dfrac{x}{2}+1$ 相切的积分曲线方程.

§6.4 二阶常系数线性微分方程

形如

$$y^{(n)}+p_1(x)y^{(n-1)}+\cdots+p_{n-1}(x)y'+p_n(x)y=f(x) \tag{6-4-1}$$

的微分方程称为 **n 阶线性微分方程**.当 $f(x)\equiv 0$ 时,方程(6-4-1)称为 **n 阶齐次线性微分方程**;当 $f(x)\not\equiv 0$ 时,方程(6-4-1)称为 **n 阶非齐次线性微分方程**.

二阶常系数线性微分方程的一般形式是

$$y''+py'+qy=f(x), \tag{6-4-2}$$

其中 p,q 为常数，$f(x)$ 为已知函数. 当方程(6-4-2)右端 $f(x)\equiv 0$ 时，方程(6-4-2)成为

$$y''+py'+qy=0,$$

称之为**二阶常系数齐次线性微分方程**；当 $f(x)\not\equiv 0$ 时，称方程(6-4-2)为**二阶常系数非齐次线性微分方程**.

一、二阶常系数齐次线性微分方程解的结构

二阶常系数齐次线性微分方程的一般形式是

$$y''+py'+qy=0. \tag{6-4-3}$$

定理 1　**如果函数 $y_1(x)$ 与 $y_2(x)$ 都是二阶常系数齐次线性方程(6-4-3)的解，则其线性组合**

$$y=C_1y_1(x)+C_2y_2(x)$$

也是方程(6-4-3)的解，其中 C_1,C_2 是任意常数.

证　将 $y=C_1y_1(x)+C_2y_2(x)$ 代入方程(6-4-3)的左边，得

$$\begin{aligned}&(C_1y_1+C_2y_2)''+p(C_1y_1+C_2y_2)'+q(C_1y_1+C_2y_2)\\&=C_1(y_1''+py_1'+qy_1)+C_2(y_2''+py_2'+qy_2)\\&=C_1\cdot 0+C_2\cdot 0=0,\end{aligned}$$

所以 $y=C_1y_1(x)+C_2y_2(x)$ 是方程(6-4-3)的解.

在定理 1 中，虽然 $y=C_1y_1(x)+C_2y_2(x)$ 是方程(6-4-3)的解，又含有两个任意常数，但它不一定就是方程(6-4-3)的通解. 例如，$y_1=e^x, y_2=2e^x$ 是微分方程

$$y''-y=0$$

的解，但

$$y=C_1y_1+C_2y_2=C_1e^x+2C_2e^x=(C_1+2C_2)e^x=Ce^x \quad (C=C_1+2C_2)$$

不是微分方程 $y''-y=0$ 的通解，其原因是：它只含有一个独立的任意常数.

定义 1　设 $f_1(x),f_2(x),\cdots,f_n(x)$ 是定义在同一区间 I 上的 n 个函数. 如果存在不全为零的常数 $k_1,k_2,\cdots,k_n$，使得当 $x\in I$ 时，等式

$$k_1f_1(x)+k_2f_2(x)+\cdots+k_nf_n(x)=0$$

恒成立，那么称这 n 个函数在区间 I 上**线性相关**；否则，称它们在区间 I 上**线性无关**.

例如，函数 $1,\sin^2x,\cos^2x$ 在区间 $(-\infty,+\infty)$ 上线性相关. 这是因为，取 $k_1=1,k_2=k_3=-1$，就有等式

$$1-\sin^2x-\cos^2x=0$$

在 $(-\infty,+\infty)$ 上恒成立. 又如，函数 $1,x,x^2$ 在区间 $(-\infty,+\infty)$ 上线性无关. 事实上，如果 k_1,k_2,k_3 不全为零，那么在区间 $(-\infty,+\infty)$ 上至多有两个 x 的值，使等式

$$k_1\cdot 1+k_2x+k_3x^2=0$$

成立. 而线性相关的定义要求对任意的 $x\in(-\infty,+\infty)$，等式

$$k_1\cdot 1+k_2x+k_3x^2=0$$

都成立，故只有 $k_1=k_2=k_3=0$ 时，上面等式才恒成立，即函数 $1,x,x^2$ 线性无关.

易证，$\dfrac{y_1(x)}{y_2(x)}$ 恒等于常数等价于函数 $y_1(x)$ 与 $y_2(x)$ 线性相关；$\dfrac{y_1(x)}{y_2(x)}$ 不恒等于常数等价于函数 $y_1(x)$ 与 $y_2(x)$ 线性无关. 因此，我们有下面的定理：

定理 2 **如果函数 $y_1(x)$ 与 $y_2(x)$ 是二阶常系数齐次线性微分方程(6-4-3)的两个解,且 $y_1(x)$ 与 $y_2(x)$ 线性无关,则**

$$y = C_1y_1(x) + C_2y_2(x) \quad (C_1, C_2 \text{ 为任意常数})$$

是方程(6-4-3)的通解.

注:定理 2 可以推广到 n 阶齐次线性微分方程

$$y^{(n)} + p_1(x)y^{(n-1)} + \cdots + p_{n-1}(x)y' + p_n(x)y = 0$$

的情形,即若 $y_1(x), y_2(x), \cdots, y_n(x)$ 是 n 阶齐次线性微分方程的 n 个线性无关的解,则

$$y = C_1y_1(x) + C_2y_2(x) + \cdots + C_ny_n(x)$$

是该微分方程的通解,其中 $C_1, C_2, \cdots, C_n$ 为任意常数.

二、二阶常系数齐次线性微分方程的通解求法

由定理 2 可知,要求二阶常系数齐次线性微分方程

$$y'' + py' + qy = 0$$

的通解,就归结为如何求它的两个线性无关的特解.

因为微分方程左端是 y'', py' 和 qy 这三项之和,而右端是 0,如果能找到一个函数 $y = y(x) \neq 0$,使得 $y'' = ay$, $y' = by$,且 $a + pb + q = 0$,则

$$y'' + py' + qy = ay + pby + qy = (a + pb + q)y = 0,$$

而函数 $y = e^{rx}$ 的一阶、二阶导数恰有此性质,所以可设 $y = e^{rx}$ 是该微分方程的一个解,其中 r 是待定系数.

将 $y = e^{rx}$, $y' = re^{rx}$, $y'' = r^2e^{rx}$ 代入微分方程 $y'' + py' + qy = 0$,得

$$e^{rx}(r^2 + pr + q) = 0.$$

因为 $e^{rx} \neq 0$,所以有

$$r^2 + pr + q = 0. \qquad (6-4-4)$$

由此推知,$y = e^{rx}$ 是微分方程 $y'' + py' + qy = 0$ 的解的充要条件是:常数 r 是方程(6-4-4)的根.

一元二次方程(6-4-4)称为微分方程 $y'' + py' + qy = 0$ 的**特征方程**,特征方程的解称为**特征根**.

由于特征方程的特征根有三种不同情形,因此需要分三种情形讨论微分方程 $y'' + py' + qy = 0$ 的通解.

1. 特征根是两个不相等的实根的情形

当特征方程的判别式 $\Delta = p^2 - 4q > 0$ 时,特征方程有两个不相等的实根,分别为

$$r_1 = \frac{-p + \sqrt{p^2 - 4q}}{2}, \quad r_2 = \frac{-p - \sqrt{p^2 - 4q}}{2}.$$

这时微分方程 $y'' + py' + qy = 0$ 有两个线性无关的特解:

$$y_1 = e^{r_1x}, \quad y_2 = e^{r_2x},$$

因此该微分方程的通解为

$$y = C_1e^{r_1x} + C_2e^{r_2x} \quad (C_1, C_2 \text{ 为任意常数}).$$

例 1　求微分方程 $y''+y'-6y=0$ 的通解.

解　特征方程为

$$r^2+r-6=(r-2)(r+3)=0,$$

特征根为 $r_1=2, r_2=-3$,故所求微分方程的通解为

$$y=C_1e^{2x}+C_2e^{-3x} \quad (C_1, C_2 \text{ 为任意常数}).$$

2. 特征根是重根的情形

当特征方程的判别式 $\Delta=p^2-4q=0$ 时,特征方程有重根

$$r_1=r_2=\frac{-p}{2}=r.$$

这时只得到微分方程 $y''+py'+qy=0$ 的一个特解:$y_1=e^{rx}$. 可以证明,$y_2=xe^{rx}$ 是微分方程 $y''+py'+qy=0$ 的一个与 $y_1=e^{rx}$ 线性无关的特解. 故微分方程 $y''+py'+qy=0$ 的通解为

$$y=C_1e^{rx}+C_2xe^{rx}=(C_1+C_2x)e^{rx} \quad (C_1, C_2 \text{ 为任意常数}).$$

例 2　求微分方程 $y''-6y'+9y=0$ 的通解,并求其满足初始条件

$$y(0)=1, \quad y'(0)=1$$

的特解.

解　特征方程为

$$r^2-6r+9=0,$$

特征根为重根 $r_1=r_2=3$,故所求微分方程的通解为

$$y=(C_1+C_2x)e^{3x} \quad (C_1, C_2 \text{ 为任意常数}).$$

将 $y(0)=1$ 代入上式,得 $C_1=1$,从而 $y=(1+C_2x)e^{3x}$,求导得

$$y'=(C_2+3+3C_2x)e^{3x}.$$

将 $y'(0)=1$ 代入上式,得 $C_2=-2$,故所求特解为

$$y=(1-2x)e^{3x}.$$

3. 特征根是一对共轭复根的情形

当特征方程的判别式 $\Delta=p^2-4q<0$ 时,特征方程有一对共轭复根:

$$r_1=\alpha+i\beta, \quad r_2=\alpha-i\beta,$$

其中

$$\alpha=-\frac{p}{2}, \quad \beta=\frac{\sqrt{4q-p^2}}{2}, \quad i=\sqrt{-1}(\text{虚数单位}).$$

可以证明,

$$y_1=e^{\alpha x}\cos\beta x, \quad y_2=e^{\alpha x}\sin\beta x$$

是微分方程 $y''+py'+qy=0$ 的两个线性无关的特解. 故该微分方程的通解为

$$y=e^{\alpha x}(C_1\cos\beta x+C_2\sin\beta x) \quad (C_1, C_2 \text{ 为任意常数}).$$

例 3 求微分方程 $y''-2y'+5y=0$ 的通解.

解 从特征方程 $r^2-2r+5=0$ 得出 $r_{1,2}=1\pm 2\mathrm{i}$，故所求通解为

$$y=\mathrm{e}^x(C_1\cos 2x+C_2\sin 2x)\quad(C_1,C_2\text{ 为任意常数}).$$

为了便于应用，现将二阶常系数齐次线性微分方程 $y''+py'+qy=0$ 的通解的求法归纳列表，如表 6-4-1 所示.

表 6-4-1

特征方程 $r^2+pr+q=0$ 根的情形	微分方程 $y''+py'+qy=0$ 的通解
有两个不相等的实根 $r_1\neq r_2$	$y=C_1\mathrm{e}^{r_1x}+C_2\mathrm{e}^{r_2x}$
有重根 $r_1=r_2=r$	$y=(C_1+C_2x)\mathrm{e}^{rx}$
有一对共轭复根 $r_{1,2}=\alpha\pm \mathrm{i}\beta$	$y=\mathrm{e}^{\alpha x}(C_1\cos\beta x+C_2\sin\beta x)$

三、二阶常系数非齐次线性微分方程解的结构

二阶常系数非齐次线性微分方程的一般形式是

$$y''+py'+qy=f(x), \tag{6-4-5}$$

其中 p,q 为常数，$f(x)\not\equiv 0$. 我们称微分方程 $y''+py'+qy=0$ 为方程(6-4-5)对应的齐次线性微分方程.

前面我们介绍了一阶非齐次线性微分方程，知道其通解可表示为：一阶非齐次线性微分方程本身的一个特解与其所对应的齐次线性微分方程的通解之和. 二阶线性微分方程也有类似的结论.

定理 3 **设 y^* 是方程(6-4-5)的一个特解，Y 是方程(6-4-5)对应的齐次线性微分方程的通解，则方程(6-4-5)的通解为**

$$y=Y+y^*.$$

证 因为 y^* 是方程(6-4-5)的一个特解，所以

$$(y^*)''+p(y^*)'+qy^*=f(x).$$

又因 Y 是对应的齐次线性微分方程的通解，故

$$Y''+pY'+qY=0.$$

将 $y=Y+y^*$ 代入方程(6-4-5)的左端，得

$$\begin{aligned}&(Y+y^*)''+p(Y+y^*)'+q(Y+y^*)\\&=(Y''+pY'+qY)+[(y^*)''+p(y^*)'+qy^*]\\&=f(x),\end{aligned}$$

所以 $y=Y+y^*$ 是方程(6-4-5)的解.

又由于 Y 是对应的齐次线性微分方程

$$y''+py'+qy=0$$

的通解，因此 Y 中含有两个独立的任意常数，所以 $y=Y+y^*$ 中也含有两个独立的任意常数. 故 $y=Y+y^*$ 是方程(6-4-5)的通解.

注：定理 3 对于一般的 n 阶非齐次线性微分方程(系数不是常数，而是自变量 x 的函数)

$$y^{(n)}+p_1(x)y^{(n-1)}+\cdots+p_{n-1}(x)y'+p_n(x)y=f(x)$$

的情形也成立.

定理4　设 $y_1(x),y_2(x)$ 是 n 阶非齐次线性微分方程

$$y^{(n)}+p_1(x)y^{(n-1)}+\cdots+p_{n-1}(x)y'+p_n(x)y=f(x)$$

的两个解,则 $y_1(x)-y_2(x)$ 是该微分方程对应的齐次线性微分方程

$$y^{(n)}+p_1(x)y^{(n-1)}+\cdots+p_{n-1}(x)y'+p_n(x)y=0$$

的解.

定理5　设 $y_1(x),y_2(x)$ 分别是 n 阶非齐次线性微分方程

$$y^{(n)}+p_1(x)y^{(n-1)}+\cdots+p_{n-1}(x)y'+p_n(x)y=f_1(x)$$

和

$$y^{(n)}+p_1(x)y^{(n-1)}+\cdots+p_{n-1}(x)y'+p_n(x)y=f_2(x)$$

的解,则 $y_1(x)+y_2(x)$ 是微分方程

$$y^{(n)}+p_1(x)y^{(n-1)}+\cdots+p_{n-1}(x)y'+p_n(x)y=f_1(x)+f_2(x)$$

的解.

请读者自己完成定理4和定理5的证明.

四、两种特殊形式的非齐次线性微分方程的特解

由定理3知,二阶常系数非齐次线性微分方程(6-4-5)的通解可表示为:方程(6-4-5)本身的一个特解与它对应的齐次线性微分方程的通解之和.由于求二阶常系数齐次线性微分方程的通解问题已经解决,剩下就是如何求二阶常系数非齐次线性微分方程(6-4-5)本身的一个特解的问题.对于这个问题,我们只对 $f(x)$ 取以下两种形式的情形进行讨论.

1. $f(x)=P_n(x)e^{\lambda x}$ **型**

现介绍

$$y''+py'+qy=P_n(x)e^{\lambda x} \qquad (6-4-6)$$

型微分方程的特解的求法,其中 λ 是常数,$P_n(x)$ 是一个 n 次多项式,即

$$P_n(x)=a_0x^n+a_1x^{n-1}+\cdots+a_{n-1}x+a_n \quad (a_0\neq 0).$$

可以证明,方程(6-4-6)的特解具有如下形式:

$$y^*=x^kQ_n(x)e^{\lambda x},$$

其中 $Q_n(x)$ 是一个与 $P_n(x)$ 具有相同次数的多项式,k 是一个整数,且 k 的取值分下面三种情况:

(1) 当 λ 不是特征方程的根时,取 $k=0$;

(2) 当 λ 是特征方程的根,但不是重根时,取 $k=1$;

(3) 当 λ 是特征方程的重根时,取 $k=2$.

例4　求微分方程 $y''-y=-5x$ 的通解.

解　易求得 $y''-y=0$ 的通解为

$$Y=C_1e^x+C_2e^{-x}.$$

原微分方程中的 $f(x)=-5x$ 是 $P_n(x)e^{\lambda x}$ 型,其中

$$P_n(x)=-5x,\quad e^{\lambda x}=e^{0x}=1,\quad \lambda=0.$$

因 $\lambda = 0$ 不是特征方程 $r^2 - 1 = 0$ 的根,故取 $k = 0$. 于是,设原微分方程的特解为

$$y^* = Q_1(x)e^{0x} = Q_1(x) = Ax + B,$$

则

$$(y^*)' = A, \quad (y^*)'' = 0.$$

代入原微分方程,得

$$-Ax - B = -5x,$$

解得 $A = 5, B = 0$,即原微分方程有一特解为

$$y^* = 5x.$$

故原微分方程的通解为

$$y = C_1e^x + C_2e^{-x} + 5x \quad (C_1, C_2 \text{ 为任意常数}).$$

例 5 求微分方程 $y'' - 3y' + 2y = xe^x$ 的通解.

解 易求得特征方程 $r^2 - 3r + 2 = 0$ 的根为 $r_1 = 1, r_2 = 2$,故对应的齐次线性微分方程的通解为

$$Y = C_1e^x + C_2e^{2x}.$$

因为 $\lambda = 1$ 是特征方程 $r^2 - 3r + 2 = 0$ 的单根,所以取 $k = 1$. 于是,设特解为

$$y^* = xQ_1(x)e^x = x(Ax + B)e^x = (Ax^2 + Bx)e^x,$$

求导得

$$(y^*)' = (2Ax + B)e^x + (Ax^2 + Bx)e^x,$$

$$(y^*)'' = 2Ae^x + 2(2Ax + B)e^x + (Ax^2 + Bx)e^x.$$

代入原微分方程,整理得

$$(-2Ax + 2A - B)e^x = xe^x.$$

比较上式两端,得

$$-2A = 1, \quad 2A - B = 0,$$

解得 $A = -\frac{1}{2}, B = -1$,即原微分方程的一个特解为

$$y^* = -\left(\frac{1}{2}x^2 + x\right)e^x.$$

故原微分方程的通解为

$$y = C_1e^x + C_2e^{2x} - \left(\frac{1}{2}x^2 + x\right)e^x \quad (C_1, C_2 \text{ 为任意常数}).$$

2. $f(x) = e^{\lambda x}(A\cos\omega x + B\sin\omega x)$ 型

下面介绍

$$y'' + py' + qy = e^{\lambda x}(A\cos\omega x + B\sin\omega x) \tag{6-4-7}$$

型微分方程的特解的求法,其中 A, B, λ, ω 是常数.

可以证明,方程(6-4-7)的特解具有如下形式:

$$y^* = x^k e^{\lambda x}(A_1\cos\omega x + B_1\sin\omega x),$$

其中 A_1, B_1 是待定常数,k 是一个整数,且 k 的取值分下面两种情况:

(1) 当 $\lambda \pm \omega i$ 不是特征方程的根时,取 $k = 0$;

(2) 当 $\lambda \pm \omega i$ 是特征方程的根时,取 $k = 1$.

由于二阶特征方程有复根时，一定是一对共轭的复根，因此不会出现重根.

例 6　求微分方程 $y''+2y'-3y=4\sin x$ 的通解.

解　易求得 $y''+2y'-3y=0$ 的通解为 $Y=C_1\mathrm{e}^{x}+C_2\mathrm{e}^{-3x}$.

由于在原微分方程中，

$$f(x)=4\sin x=\mathrm{e}^{0x}(0\cos x+4\sin x),$$

因此 $\lambda=0,\omega=1$. 又因为 $\lambda+\omega\mathrm{i}=\mathrm{i}$ 不是特征方程 $r^2+2r-3=0$ 的根，所以 $k=0$，原微分方程的特解可设为

$$y^*=A_1\cos x+B_1\sin x.$$

上式两端求导，得

$$(y^*)'=-A_1\sin x+B_1\cos x,$$

$$(y^*)''=-A_1\cos x-B_1\sin x.$$

代入原微分方程，得

$$(-4A_1+2B_1)\cos x+(-2A_1-4B_1)\sin x=4\sin x.$$

比较上式两边的同类项，得

$$\begin{cases}-4A_1+2B_1=0,\\-2A_1-4B_1=4.\end{cases}$$

解上述方程组，得 $A_1=-\dfrac{2}{5}$，$B_1=-\dfrac{4}{5}$. 故原微分方程的通解为

$$y=-\frac{2}{5}\cos x-\frac{4}{5}\sin x+C_1\mathrm{e}^{x}+C_2\mathrm{e}^{-3x}\quad(C_1,C_2\ 为任意常数).$$

练习 6.4

1. 求下列微分方程的通解：

(1) $y''-2y'-3y=0$；　(2) $y''-2y'-8y=0$；

(3) $y''+4y'+4y=0$；　(4) $y''+2y'+5y=0$；

(5) $y''+4y=0$；　(6) $y''+y=x\mathrm{e}^{-x}$.

2. 求解下列初值问题：

(1) $y''-4y'+3y=0,\ y\big|_{x=0}=6,\ y'\big|_{x=0}=10$；

(2) $4y''+4y'+y=0,\ y\big|_{x=0}=2,\ y'\big|_{x=0}=0$；

(3) $y''+25y=0,\ y\big|_{x=0}=2,\ y'\big|_{x=0}=5$.

3. 求下列微分方程的一个特解：

(1) $y''-2y'-3y=3x+1$；　(2) $y''-5y'+6y=x\mathrm{e}^{2x}$；

(3) $y''+9y=\cos x$.

§6.5 差分方程的一般概念

在经济管理的研究中,变量 y 在连续变化的时间范围内的变化率是用导数 $\frac{\mathrm{d}y}{\mathrm{d}t}$ 来刻画的.但在经济管理的许多实际问题中,经济变量的数据大多按等间隔时间周期统计.例如,银行的定期存贷款按所设定的时间等间隔计息,国家财政预算按年制定,等等.通常称这类变量为**离散型变量**.对于这类变量,常取在规定的时间区间上的差商 $\frac{\Delta y}{\Delta t}$ 来刻画其变化率.如果选择 $\Delta t = 1$,则

$$\Delta y = y(t+1) - y(t)$$

可以近似表示变量 y 的变化率.

本节将介绍在经济管理中最常见的一种离散型数学模型——**差分方程**.

一、差分的概念与性质

定义 1 设函数 $y_t = y(t)$.当自变量 t 依次取遍非负整数时,相应的函数值可以排成一个数列

$$y(0), y(1), \cdots, y(t), y(t+1), \cdots$$

或

$$y_0, y_1, \cdots, y_t, y_{t+1}, \cdots,$$

则称函数的改变量 $y_{t+1} - y_t$ 为函数 y_t 在点 t 处的**差分**,也称为函数 y_t 的**一阶差分**,记为 Δy_t,即

$$\Delta y_t = y_{t+1} - y_t \quad 或 \quad \Delta y(t) = y(t+1) - y(t) \quad (t = 0,1,2,\cdots).$$

例 1 设 $y_t = C$(C 为常数),求 Δy_t.

解 $\Delta y_t = y_{t+1} - y_t = C - C = 0$.

例 2 设 $y_t = t^2$,求 Δy_t.

解 $\Delta y_t = y_{t+1} - y_t = (t+1)^2 - t^2 = 2t + 1$.

例 3 已知阶乘函数

$$t^{(0)} = 1, \quad t^{(n)} = t(t-1)(t-2)\cdots(t-n+1) \quad (n = 1,2,\cdots),$$

求 $\Delta t^{(n)}$.

解 设 $y_t = t^{(n)} = t(t-1)(t-2)\cdots(t-n+1)$,则

$$\begin{aligned}\Delta t^{(n)} &= \Delta y_t = (t+1)^{(n)} - t^{(n)} \\ &= (t+1)t(t-1)\cdots(t-n+3)[(t+1)-n+1] \\ &\quad - t(t-1)\cdots(t-n+2)(t-n+1) \\ &= [(t+1)-(t-n+1)][t(t-1)\cdots(t-n+2)] \\ &= n\{t(t-1)\cdots[t-(n-1)+1]\} = nt^{(n-1)}.\end{aligned}$$

上例结果与幂函数的导数相类似.

一阶差分的定义可推广到二阶及二阶以上的差分.

定义 2　一阶差分的差分称为**二阶差分**,记为 $\Delta^2 y_t$,即

$$\Delta^2 y_t = \Delta(\Delta y_t) = \Delta y_{t+1} - \Delta y_t = (y_{t+2} - y_{t+1}) - (y_{t+1} - y_t)$$
$$= y_{t+2} - 2y_{t+1} + y_t \quad (t = 0,1,2,\cdots).$$

类似地,可定义三阶差分、四阶差分,即

$$\Delta^3 y_t = \Delta(\Delta^2 y_t), \quad \Delta^4 y_t = \Delta(\Delta^3 y_t).$$

一般地,函数 y_t 的 $n-1$ 阶差分的差分称为 **n 阶差分**,记为 $\Delta^n y_t$. 可以证明下式成立:

$$\Delta^n y_t = \Delta^{n-1} y_{t+1} - \Delta^{n-1} y_t = \sum_{i=0}^{n} (-1)^i C_n^i y_{t+n-i}.$$

二阶及二阶以上的差分统称为**高阶差分**.

例 4　设 $y_t = t^2$,求 $\Delta^2 y_t$,$\Delta^3 y_t$.

解　$\Delta y_t = (t+1)^2 - t^2 = 2t+1$,

$\Delta^2 y_t = \Delta y_{t+1} - \Delta y_t = [2(t+1)+1] - (2t+1) = 2$,

$\Delta^3 y_t = \Delta(\Delta^2 y_t) = 2 - 2 = 0$.

注:若 $f(t)$ 为 n 次多项式,则 $\Delta^n f(t)$ 为常数,且 $\Delta^m f(t) = 0(m > n)$.

例 5　设 $y_t = a^t$,其中 $a > 0$ 且 $a \neq 1$,求 $\Delta^n y_t$(n 是正整数).

解　$\Delta y_t = a^{t+1} - a^t = a^t(a-1)$,

$\Delta^2 y_t = \Delta y_{t+1} - \Delta y_t = a^{t+1}(a-1) - a^t(a-1) = a^t(a-1)^2$,

$\Delta^3 y_t = \Delta^2 y_{t+1} - \Delta^2 y_t = a^{t+1}(a-1)^2 - a^t(a-1)^2 = a^t(a-1)^3$.

由此可见,

$$\Delta^n y_t = a^t(a-1)^n \quad (n \text{ 是正整数}).$$

二、差分方程的概念

定义 3　含有未知函数 y_t 的差分的方程称为**差分方程**. 差分方程的一般形式为

$$F(t, y_t, \Delta y_t, \Delta^2 y_t, \cdots, \Delta^n y_t) = 0,$$

其中 $\Delta^n y_t$ 必须出现.

由差分的定义及性质可知,任意阶的差分都可以表示为函数在不同时刻的函数值的代数和. 例如,将差分方程 $\Delta^2 y_t - 2y_t = 3^t$ 的左边写成

$$\Delta^2 y_t - 2y_t = \Delta y_{t+1} - \Delta y_t - 2y_t$$
$$= (y_{t+2} - y_{t+1}) - (y_{t+1} - y_t) - 2y_t$$
$$= y_{t+2} - 2y_{t+1} - y_t,$$

则该差分方程可转化为 $y_{t+2} - 2y_{t+1} - y_t = 3^t$.

因此,差分方程也可如下定义:

定义 3′　含有自变量 t 和两个或两个以上未知函数 y_t,y_{t+1},$\cdots$ 的函数方程,称为**差分方

程,其一般形式为

$$G(t, y_t, y_{t+1}, \cdots, y_{t+n}) = 0,$$

并且要求 $y_t, y_{t+1}, \cdots, y_{t+n}$ 中至少有两个必须出现. 差分方程中未知函数的最大下标与最小下标之差称为**差分方程的阶**.

注: 不能以差分方程中差分的最高阶数作为差分方程的阶. 在经济模型等实际问题中,定义 3′ 中的差分方程使用较为普遍.

例 6 指出下列等式中哪一个是差分方程,并确定差分方程的阶:

(1) $y_{t+5} - 2y_t + y_{t-2} = 2^t$;

(2) $\Delta^2 y_t - y_t = 0$;

(3) $\Delta y_t + y_t = 2^t$.

解 (1) 该方程是差分方程. 由于未知函数的最大下标与最小下标之差为 7,因此该差分方程的阶为 7.

(2) 由于原方程可改写为

$$\begin{aligned}\Delta^2 y_t - y_t &= \Delta y_{t+1} - \Delta y_t - y_t \\ &= (y_{t+2} - y_{t+1}) - (y_{t+1} - y_t) - y_t \\ &= y_{t+2} - 2y_{t+1} = 0,\end{aligned}$$

因此该方程是差分方程. 因未知函数下标的最大差为 1,故该差分方程的阶为 1.

(3) 将原方程变形为

$$y_{t+1} - y_t + y_t = 2^t,$$

即

$$y_{t+1} = 2^t.$$

显然,其不符合定义 3′,故该等式不是差分方程.

定义 4 满足差分方程的函数称为**差分方程的解**. 如果差分方程的解中含有相互独立的任意常数的个数恰好等于差分方程的阶数,则称这个解为差分方程的**通解**.

我们往往要根据系统在初始时刻所处的状态,对差分方程附加一定的条件,称这种附加条件为**初始条件**. 差分方程的满足初始条件的解称为差分方程的**特解**.

例 7 公差为 2 的等差数列 $a_n = f(n)$ 满足等式

$$a_{n+1} - a_n = 2.$$

上式是一个一阶差分方程,易证

$$a_n = a_1 + 2(n-1)$$

就是它的特解,而

$$a_n = A + 2(n-1) \quad (A \text{ 为任意常数})$$

是它的通解.

练习6.5

1. 求下列函数的一阶与二阶差分：

(1) $y=2t-1$；　(2) $y=1-2t^2$；

(3) $y=\frac{1}{t^2}$；　(4) $y=e^{3t}$.

2. 将差分方程 $\Delta^2 y_t+2\Delta y_t=3\cdot 2^t$ 表示成不含差分的形式.

3. 指出下列等式中哪一个是差分方程，并指出差分方程的阶：

(1) $y_{t+5}-ty_{t+1}+y_{t-1}=0$；　(2) $\Delta^2 y_t+5y_t=\frac{1}{2^t}$；

(3) $\Delta^3 y_t+y_t=0$；　(4) $\Delta^2 y_t=y_{t+2}-2y_{t+1}+y_t$.

4. 证明下列等式：

(1) $\Delta(u_t v_t)=u_{t+1}\Delta v_t+v_t\Delta u_{t+1}$；　(2) $\Delta\left(\frac{u_t}{v_t}\right)=\frac{v_t\Delta u_t-u_t\Delta v_t}{v_t v_{t+1}}$.

§6.6　一阶和二阶常系数线性差分方程

一阶常系数线性差分方程的一般形式为

$$y_{t+1}-py_t=f(t),\tag{6-6-1}$$

其中 p 为非零常数，$f(t)$ 为已知函数. 如果 $f(t)\equiv 0$，则方程(6-6-1)变为

$$y_{t+1}-py_t=0.\tag{6-6-2}$$

方程(6-6-2)称为**一阶常系数齐次线性差分方程**，也称为方程(6-6-1)所对应的齐次线性差分方程. 相应地，当 $f(t)\not\equiv 0$ 时，方程(6-6-1)称为**一阶常系数非齐次线性差分方程**.

一、一阶常系数齐次线性差分方程的通解

下面用**迭代法**求齐次线性差分方程(6-6-2)的通解. 将方程(6-6-2)改写为

$$y_{t+1}=py_t.$$

若 y_0 已知，则依次可得

$$y_1=py_0,$$

$$y_2=py_1=p^2y_0,$$

$$y_3=py_2=p^3y_0,$$

……

$$y_t=p^ty_0.$$

令 $y_0=A$ 为任意常数，则方程(6-6-2)的通解为

$$y_t=Ap^t.$$

例 1 求差分方程 $y_{t+1}-3y_t=0$ 的通解.

解 因为 $p=3$,所以其通解为

$$y_t=A3^t \quad (A\text{ 为任意常数}).$$

例 2 求差分方程 $2y_{t+1}+y_t=0$ 满足初始条件 $y_0=1$ 的解.

解 原差分方程变为 $y_{t+1}+\frac{1}{2}y_t=0$,即 $p=-\frac{1}{2}$,于是原差分方程的通解为

$$y_t=A\left(-\frac{1}{2}\right)^t \quad (A\text{ 为任意常数}).$$

将初始条件 $y_0=1$ 代入,得 $A=1$,故所求特解为 $y_t=\left(-\frac{1}{2}\right)^t$.

二、一阶常系数非齐次线性差分方程的通解

与一阶非齐次线性微分方程解的结构类似,一阶常系数非齐次线性差分方程(6-6-1)的通解也由两部分构成:一部分是对应的齐次线性差分方程(6-6-2)的通解;另一部分是非齐次线性差分方程(6-6-1)本身的一个特解.

定理 1 **若一阶常系数非齐次线性差分方程(6-6-1)的一个特解为 y_t^*,Y_t 为其所对应的齐次线性差分方程(6-6-2)的通解,则方程(6-6-1)的通解为**

$$y_t=y_t^*+Y_t.$$

该定理表明,若要求非齐次线性差分方程(6-6-1)的通解,则只要求出其对应的齐次线性差分方程(6-6-2)的通解,再找出非齐次线性差分方程(6-6-1)本身的一个特解,然后相加即可.

如前所述,对应的齐次线性差分方程(6-6-2)的通解问题已经解决,现讨论非齐次线性差分方程(6-6-1)的一个特解 y_t^* 的求法.下面仅对差分方程 $y_{t+1}-py_t=f(t)$ 的右端项 $f(t)$ 取下列特殊形式的情形给出其特解的求法.

1. $f(t)=C$ 型

当 $f(t)=C$(C 为非零常数)时,差分方程 $y_{t+1}-py_t=f(t)$ 即为

$$y_{t+1}-py_t=C. \tag{6-6-3}$$

选用迭代法:给定 y_0,则由(6-6-3)式得

$$\begin{aligned}
y_1&=py_0+C,\\
y_2&=py_1+C=p^2y_0+C(1+p),\\
y_3&=py_2+C=p^3y_0+C(1+p+p^2),\\
&\cdots\cdots\\
y_t&=py_{t-1}+C=p^ty_0+C(1+p+\cdots+p^{t-1}).
\end{aligned}$$

当 $p\neq 1$ 时,方程(6-6-3)的解为

$$y_t=p^ty_0+C\frac{1-p^t}{1-p}=\left(y_0-\frac{C}{1-p}\right)p^t+\frac{C}{1-p}.$$

由于当 y_0 为任意常数时,$A=y_0-\frac{C}{1-p}$ 为任意常数,而

$$Y_t=\left(y_0-\frac{C}{1-p}\right)p^t=Ap^t$$

是对应的齐次线性差分方程(6-6-2)的通解,因此另一项

$$y_t^*=\frac{C}{1-p}$$

就是方程(6-6-3)的特解.

当 $p=1$ 时,方程(6-6-3)的解为

$$y_t=y_0+Ct.$$

由于当 $A=y_0$ 为任意常数时,

$$Y_t=y_0=A$$

是对应的齐次线性差分方程(6-6-2)的通解,因此另一项

$$y_t^*=Ct$$

就是方程(6-6-3)的特解.

综上分析,可设方程(6-6-3)的特解的形式为

$$y_t^*=Kt^s\quad(K\text{ 为待定常数}).$$

(1) 当 $p\neq1$ 时,取 $s=0$,此时将 $y_t^*=K$ 代入方程(6-6-3),可得其特解为

$$y_t^*=\frac{C}{1-p},$$

从而方程(6-6-3)的通解为

$$y_t=Ap^t+\frac{C}{1-p}\quad(A\text{ 为任意常数});$$

(2) 当 $p=1$ 时,取 $s=1$,此时将 $y_t^*=Kt$ 代入方程(6-6-3),可得其特解为

$$y_t^*=Ct,$$

从而方程(6-6-3)的通解为

$$y_t=A+Ct\quad(A\text{ 为任意常数}).$$

例 3　求差分方程 $y_{t+1}-3y_t=-2$ 的通解.

解　因为 $p=3\neq1,C=-2$,所以该差分方程的通解为

$$y_t=Ap^t+\frac{C}{1-p}=A3^t+1\quad(A\text{ 为任意常数}).$$

2. $f(t)=Ct^n$ 型

当 $f(t)=Ct^n$(C 为非零常数,n 为正整数)时,差分方程 $y_{t+1}-py_t=f(t)$ 即为

$$y_{t+1}-py_t=Ct^n.\tag{6-6-4}$$

(1) 当 $p\neq1$ 时,设方程(6-6-4)的特解为

$$y_t^*=B_0+B_1t+\cdots+B_nt^n,$$

其中 $B_0,B_1,\cdots,B_n$ 为待定系数.将其代入方程(6-6-4),求出系数 $B_0,B_1,\cdots,B_n$,就得到方程(6-6-4)的特解 y_t^*.

(2) 当 $p=1$ 时,设方程(6-6-4)的特解为

$$y_t^*=t(B_0+B_1t+\cdots+B_nt^n),$$

其中 $B_0,B_1,\cdots,B_n$ 为待定系数.将其代入方程(6-6-4),求出系数 $B_0,B_1,\cdots,B_n$,就得到方程

(6-6-4)的特解 y_t^*.

例 4 求差分方程 $y_{t+1}-2y_t=t^2$ 的通解.

解 由于 $p=2\neq 1$,因此设原差分方程的特解为

$$y_t^*=B_0+B_1t+B_2t^2.$$

将 y_t^* 代入原差分方程并整理,可得

$$(-B_0+B_1+B_2)+(-B_1+2B_2)t-B_2t^2=t^2.$$

比较同次幂系数,得

$$B_0=-3,\quad B_1=-2,\quad B_2=-1,$$

从而特解为

$$y_t^*=-3-2t-t^2.$$

由于对应的齐次线性差分方程的通解为 $Y_t=A2^t$(A 为任意常数),故原差分方程的通解为

$$y_t=-(3+2t+t^2)+A2^t\quad (A\text{ 为任意常数}).$$

3. $f(t)=Cb^t$ **型**

当 $f(t)=Cb^t$(C,b 为非零常数且 $b\neq 1$)时,差分方程 $y_{t+1}-py_t=f(t)$ 即为

$$y_{t+1}-py_t=Cb^t. \qquad (6-6-5)$$

(1) 当 $p\neq b$ 时,设差分方程(6-6-5)的特解为 $y_t^*=Kb^t$,代入该差分方程,得

$$Kb^{t+1}-pKb^t=Cb^t,$$

解得

$$K=\frac{C}{b-p},$$

故所求特解为

$$y_t^*=\frac{C}{b-p}b^t;$$

(2) 当 $p=b$ 时,设差分方程(6-6-5)的特解为 $y_t^*=Ktb^t$,代入该差分方程,得

$$K(t+1)b^{t+1}-pKtb^t=Cb^t,$$

解得

$$K=\frac{C}{p}=\frac{C}{b},$$

故所求特解为

$$y_t^*=\frac{C}{b}tb^t=Ctb^{t-1}.$$

例 5 求差分方程 $y_{t+1}-3y_t=3\cdot 2^t$ 在初始条件 $y_0=2$ 下的特解.

解 由已知方程有 $p=3,C=3,b=2$. 因为 $p\neq b$,所以原差分方程的一个特解为

$$y_t^*=\frac{C}{b-p}b^t=\frac{3}{2-3}2^t=-3\cdot 2^t.$$

又由于对应的齐次线性差分方程的通解为 $Y_t=A3^t$(A 为任意常数),于是原差分方程的

通解为

$$y_t = A3^t - 3 \cdot 2^t \quad (A\text{ 为任意常数}).$$

将 $y_0 = 2$ 代入通解,得 $A = 5$,故所求特解为

$$y_t = 5 \cdot 3^t - 3 \cdot 2^t.$$

三、二阶常系数线性差分方程

二阶常系数线性差分方程的一般形式为

$$y_{t+2} + ay_{t+1} + by_t = f(t), \tag{6-6-6}$$

其中 a,b 均为常数,且 $b \neq 0$.

当 $f(t) \not\equiv 0$ 时,方程(6-6-6)称为**二阶常系数非齐次线性差分方程**.

当 $f(t) \equiv 0$ 时,方程(6-6-6)变成

$$y_{t+2} + ay_{t+1} + by_t = 0. \tag{6-6-7}$$

方程(6-6-7)称为**二阶常系数齐次线性差分方程**,也称为方程(6-6-6)所对应的齐次线性差分方程.

与二阶非齐次线性微分方程解的结构类似,二阶常系数非齐次线性差分方程(6-6-6)的通解由两部分构成:一部分是对应的齐次线性差分方程(6-6-7)的通解;另一部分是非齐次线性差分方程(6-6-6)本身的一个特解.

定理 2　**若二阶常系数非齐次线性差分方程(6-6-6)的一个特解为 y_t^*,Y_t 为其所对应的齐次线性差分方程(6-6-7)的通解,则方程(6-6-6)的通解为**

$$y_t = y_t^* + Y_t.$$

该定理表明,若要求非齐次线性差分方程(6-6-6)的通解,则只要求出其对应的齐次线性差分方程(6-6-7)的通解,再找出非齐次线性差分方程(6-6-6)本身的一个特解,然后相加即可.

1. 二阶常系数齐次线性差分方程的通解

与二阶常系数齐次线性微分方程的解法类似,我们要找到一类函数 y_t,使得 y_{t+2},y_{t+1} 都是 y_t 的常数倍,然后代入方程(6-6-7),从而找到方程(6-6-7)的解.而指数函数恰好符合这种特征,故不妨设 $y_t = \lambda^t (\lambda \neq 0)$ 为方程(6-6-7)的解,代入该差分方程,得

$$\lambda^{t+2} + a\lambda^{t+1} + b\lambda^t = \lambda^t(\lambda^2 + a\lambda + b) = 0,$$

从而

$$\lambda^2 + a\lambda + b = 0. \tag{6-6-8}$$

称方程(6-6-8)为方程(6-6-7)的**特征方程**,并称该特征方程的根为**特征根**.

下面根据特征方程(6-6-8)的解的三种情况,分别给出方程(6-6-7)的通解:

(1) 当特征方程有两个不同的实根 λ_1,λ_2 时,方程(6-6-7)的通解为

$$Y_t = A_1\lambda_1^t + A_2\lambda_2^t \quad (A_1,A_2\text{ 为任意常数});$$

(2) 当特征方程有重根 $\lambda_1 = \lambda_2 = -\dfrac{a}{2}$ 时,方程(6-6-7)的通解为

$$Y_t = (A_1 + A_2 t)\left(-\frac{a}{2}\right)^t \quad (A_1,A_2\text{ 为任意常数});$$

(3) 当特征方程有一对共轭复根 $\lambda_{1,2}=\alpha\pm\beta\mathrm{i}$ 时，方程(6-6-7)的通解为

$$Y_t=r^t(A_1\cos\theta t+A_2\sin\theta t)\quad(A_1,A_2\text{ 为任意常数}),$$

其中

$$\alpha=-\frac{1}{2}a,\quad \beta=\frac{1}{2}\sqrt{4b-a^2}\quad(4b>a^2),$$

$$r=\sqrt{\alpha^2+\beta^2}=\sqrt{b},\quad \tan\theta=\frac{\beta}{\alpha}=-\frac{\sqrt{4b-a^2}}{a}.$$

2. 二阶常系数非齐次线性差分方程的特解

如前所述，齐次线性差分方程(6-6-7)的通解问题已经解决，现讨论非齐次线性差分方程(6-6-6)的特解 y_t^* 的求法.

对于二阶常系数非齐次线性差分方程(6-6-6)：

$$y_{t+2}+ay_{t+1}+by_t=f(t),$$

我们仅介绍当 $f(t)=P_m(t)C^t$ 时其特解的求法，其中 $P_m(t)$ 为 t 的 m 次多项式，C 为非零常数. 此时，该差分方程具有形如

$$y_t^*=t^kR_m(t)C^t$$

的特解，其中 $R_m(t)$ 是 t 的 m 次待定多项式，k 是一个整数. 该特解可分以下三种情况：

(1) 当 $C^2+Ca+b\neq0$ 时，取 $k=0$，则特解为

$$y_t^*=R_m(t)C^t=(B_0+B_1t+\cdots+B_mt^m)C^t;$$

(2) 当 $C^2+Ca+b=0$，但 $C\neq-\dfrac{a}{2}$ 时，取 $k=1$，则特解为

$$y_t^*=tR_m(t)C^t=t(B_0+B_1t+\cdots+B_mt^m)C^t;$$

(3) 当 $C^2+Ca+b=0$，且 $C=-\dfrac{a}{2}$ 时，取 $k=2$，则特解为

$$y_t^*=t^2R_m(t)C^t=t^2(B_0+B_1t+\cdots+B_mt^m)C^t.$$

就以上三种情形，分别把特解 y_t^* 代入原差分方程，比较等式两端同次项的系数，确定系数 $B_0,B_1,\cdots,B_m$ 的值，就可得到原差分方程的特解.

例 6 求差分方程 $y_{t+2}+5y_{t+1}+4y_t=t$ 的通解.

解 该差分方程对应的齐次线性差分方程的特征方程为

$$\lambda^2+5\lambda+4=0,$$

从而特征根为 $\lambda_1=-1,\lambda_2=-4$，故对应的齐次线性差分方程的通解为

$$Y_t=A_1(-1)^t+A_2(-4)^t\quad(A_1,A_2\text{ 为任意常数}).$$

由于 $a=5,b=4,C=1$，而 $C^2+Ca+b=10\neq0$，因此设原差分方程的特解为

$$y_t^*=B_0+B_1t.$$

将特解代入原差分方程，得

$$B_0+B_1(t+2)+5[B_0+B_1(t+1)]+4(B_0+B_1t)=t,$$

即

$$10B_0+7B_1+10B_1t=t.$$

比较上式两端同类项的系数，得

$$10B_0+7B_1=0,\quad 10B_1=1,$$

解得

$$B_0 = -\frac{7}{100},\quad B_1 = \frac{1}{10}.$$

故原差分方程的通解为

$$y_t = A_1(-1)^t + A_2(-4)^t + \frac{1}{10}t - \frac{7}{100}\quad (A_1, A_2 \text{ 为任意常数}).$$

例 7 求差分方程 $y_{t+2} + 2y_{t+1} + y_t = 3\cdot 2^t$ 的通解.

解 该差分方程对应的齐次线性差分方程的特征方程为

$$\lambda^2 + 2\lambda + 1 = 0,$$

从而特征根为 $\lambda_1 = \lambda_2 = -1$,故对应的齐次线性差分方程的通解为

$$Y_t = (A_1 + A_2 t)(-1)^t\quad (A_1, A_2 \text{ 为任意常数}).$$

由于 $a = 2, b = 1, C = 2$,而 $C^2 + Ca + b = 9 \neq 0$,因此设原差分方程的特解为

$$y_t^* = B_0 2^t.$$

将特解代入原差分方程,得

$$B_0 2^{t+2} + 2B_0 2^{t+1} + B_0 2^t = 3\cdot 2^t,$$

解得 $B_0 = \frac{1}{3}$,即所求特解为

$$y_t^* = \frac{1}{3}\cdot 2^t.$$

故原差分方程的通解为

$$y_t = (A_1 + A_2 t)(-1)^t + \frac{2^t}{3}\quad (A_1, A_2 \text{ 为任意常数}).$$

四、差分方程在经济学中的应用

1. 存款与贷款模型

例 8(存款模型) 设初始存款为 s_0(单位:元),年利率为 r,又 s_t 表示第 t 年年末的存款总额,显然有下列差分方程

$$s_{t+1} = s_t + rs_t.$$

试求第 t 年年末的本利和.

解 将差分方程 $s_{t+1} = s_t + rs_t$ 改写为

$$s_{t+1} - (1+r)s_t = 0.$$

这是一个一阶常系数齐次线性差分方程,且 $p = 1 + r$,因此该差分方程的通解为

$$s_t = C(1+r)^t.$$

代入初始条件 s_0,得 $C = s_0$. 于是,所求第 t 年年末的本利和为

$$s_t = s_0(1+r)^t.$$

例 9(贷款模型) 某人购买一套新房,向银行申请10年期的贷款20万元. 现约定贷款的月利率为0.4%,试问:此人需要每月还银行多少钱?

解 先对这类问题的一般情况给出计算公式. 设此人需要每月向银行还款 x(单位:

元),贷款总额为 y_0(单位:元),月利率为 r,则有

第 1 个月后还需偿还的贷款为

$$y_1=(y_0+ry_0)-x=(1+r)y_0-x;$$

第 2 个月后还需偿还的贷款为

$$y_2=(y_1+ry_1)-x=(1+r)y_1-x;$$

……

第 $t+1$ 个月后还需偿还的贷款为

$$y_{t+1}=(1+r)y_t-x.$$

于是得关系式

$$y_{t+1}-(1+r)y_t=-x.$$

这是一个一阶常系数非齐次线性差分方程. 因 $p=1+r\neq 1$,故可设该差分方程有特解 $y_t^*=K$. 代入上面的差分方程得到 $K=\dfrac{x}{r}$,于是得通解为

$$y_t=A(1+r)^t+\frac{x}{r}\quad (A\text{ 为任意常数}).$$

代入初始条件 y_0,得 $A=y_0-\dfrac{x}{r}$,于是该差分方程的通解为

$$y_t=\left(y_0-\frac{x}{r}\right)(1+r)^t+\frac{x}{r}.$$

现计划 n 年还清贷款,由于每年有 12 个月,即 n 年共有 $12n$ 个月,因此 $y_{12n}=0$. 代入上面的通解表达式,得

$$\left(y_0-\frac{x}{r}\right)(1+r)^{12n}+\frac{x}{r}=0.$$

从此等式解得

$$x=y_0r\frac{(1+r)^{12n}}{(1+r)^{12n}-1}.$$

回到此例的具体情况,将 $y_0=200\ 000$ 元,$r=0.004$,$n=10$ 代入上式,解得 $x=2\ 101.81$ 元,即此人需要每月还银行 2 101.81 元.

2. 价格与库存模型

价格与库存模型只考虑库存与价格之间的关系.

设 $P(t)$ 为第 t 个时段某类产品的价格,$L(t)$ 为第 t 个时段该产品的库存量,$\overline{L}$ 为该产品的合理库存量. 一般情况下,如果库存量超过合理库存,则该产品的售价要下跌;如果库存量低于合理库存,则该产品的售价要上涨. 于是有等式

$$P_{t+1}-P_t=k(\overline{L}-L_t)\quad (k\neq 0),\tag{6-6-9}$$

其中 k 为比例常数. 由上式得

$$P_{t+2}-P_{t+1}=k(\overline{L}-L_{t+1}).\tag{6-6-10}$$

(6-6-10) 式减去(6-6-9) 式,得

$$P_{t+2}-2P_{t+1}+P_t=-k(L_{t+1}-L_t).\tag{6-6-11}$$

而库存量 $L(t)$ 的改变与产品的生产销售状态有关,且在第 $t+1$ 个时段库存增加量等于该时段的供给量 S_{t+1} 与需求量 D_{t+1} 之差,即

$$L_{t+1}-L_t=S_{t+1}-D_{t+1}. \tag{6-6-12}$$

设供给函数与需求函数分别为

$$S_{t+1}=a(P_{t+1}-\alpha)+\beta,\quad D_{t+1}=-b(P_{t+1}-\alpha)+\beta\quad(a>0,b>0,\alpha\geqslant 0,\beta\geqslant 0),$$

代入(6-6-12)式,则得

$$L_{t+1}-L_t=(a+b)P_{t+1}-\alpha(a+b).$$

将上式代入(6-6-11)式,即得差分方程

$$P_{t+2}+[k(a+b)-2]P_{t+1}+P_t=k(a+b)\alpha. \tag{6-6-13}$$

因为 $1^2+1\cdot[k(a+b)-2]+1=k(a+b)\neq 0$,所以可设差分方程(6-6-13)的特解为 $P_t^*=A$. 将其代入方程(6-6-13),得 $P_t^*=A=\alpha$.

方程(6-6-13)对应的齐次线性差分方程的特征方程为

$$\lambda^2+[k(a+b)-2]\lambda+1=0,$$

解得

$$\lambda_{1,2}=-r\pm\sqrt{r^2-1},$$

其中 $r=\frac{1}{2}[k(a+b)-2]$.

如果 $|r|<1$,可设 $r=\cos\theta$,则方程(6-6-13)的通解为

$$P_t=A_1\cos(\theta t)+A_2\sin(\theta t)+\alpha\quad(A_1,A_2\text{ 为任意常数}),$$

即第 t 个时段价格将围绕稳定值 α 循环变化.

如果 $|r|>1$,则 λ_1,λ_2 是两个实根,方程(6-6-13)的通解为

$$P_t=A_1\lambda_1^t+A_2\lambda_2^t+\alpha\quad(A_1,A_2\text{ 为任意常数}).$$

这时,由于 $\lambda_2=-r-\sqrt{r^2-1}<-r<-1$,因此当 $t\to+\infty$ 时,λ_2^t 将迅速变化,方程(6-6-13)无稳定解.

综上,当 $-1<r<1$,即 $0<r+1<2$,也即 $0<k<\frac{4}{a+b}$ 时,价格稳定.

练习 6.6

1. 求下列一阶常系数齐次线性差分方程的通解:

(1) $y_{t+1}-2y_t=0$;　(2) $y_{t+1}+2y_t=0$;

(3) $2y_{t+1}-3y_t=0$.

2. 求下列差分方程在给定初始条件下的特解:

(1) $y_{t+1}-2y_t=0$,且 $y_0=5$;　(2) $y_{t+1}+y_t=0$,且 $y_0=-3$.

3. 求下列一阶常系数非齐次线性差分方程的通解:

(1) $y_{t+1}+2y_t=3$;　(2) $y_{t+1}-2y_t=3^t$;

(3) $y_{t+1}-y_t=t+1$;　(4) $y_{t+1}-\frac{1}{2}y_t=\left(\frac{3}{2}\right)^t$.

4. 求下列差分方程在给定初始条件下的特解:

(1) $y_{t+2}+3y_{t+1}-\frac{7}{4}y_t=9$,且 $y_0=6,y_1=3$;

(2) $y_{t+2}-2y_{t+1}+2y_t=0$,且 $y_0=2,y_1=2$;

(3) $y_{t+2}+y_{t+1}-2y_t=12$,且 $y_0=0,y_1=0$.

5. 求二阶常系数非齐次线性差分方程

$$y_{t+2}+3y_{t+1}-4y_t=t$$

的通解.

习　题　6

(A)

1. 求下列微分方程的通解：

(1) $x(y^2+1)\mathrm{d}x+y(1-x^2)\mathrm{d}y=0$；　(2) $(\mathrm{e}^{x+y}-\mathrm{e}^x)\mathrm{d}x+(\mathrm{e}^{x+y}+\mathrm{e}^y)\mathrm{d}y=0$；

(3) $x(x+y)\mathrm{d}y=y^2\mathrm{d}x$；　(4) $\dfrac{\mathrm{d}y}{\mathrm{d}x}=\dfrac{y}{x}+\tan\dfrac{y}{x}$.

2. 求微分方程

$$\cos y\mathrm{d}x+(1+\mathrm{e}^{-x})\sin y\mathrm{d}y=0$$

满足初始条件$y\Big|_{x=0}=\dfrac{\pi}{4}$的特解.

3. 求下列微分方程的通解：

(1) $\dfrac{\mathrm{d}y}{\mathrm{d}x}-\dfrac{y}{x}=x\mathrm{e}^x$；　(2) $\dfrac{\mathrm{d}y}{\mathrm{d}x}+\dfrac{2xy}{x^2+1}=\dfrac{4x^2}{x^2+1}$；

(3) $\dfrac{\mathrm{d}y}{\mathrm{d}x}-2xy=x\mathrm{e}^{-x^2}$；　(4) $y'=\dfrac{y}{x-y^3}$.

4. 求微分方程

$$x\frac{\mathrm{d}y}{\mathrm{d}x}-2y=x^3\mathrm{e}^x$$

满足初始条件$y\Big|_{x=1}=0$的特解.

5. 求下列微分方程的通解：

(1) $y''=\mathrm{e}^{3x}$；　(2) $y''-y'=x$；

(3) $xy''+y'=0$.

6. 求下列微分方程满足给定初始条件的特解：

(1) $y''=3\sqrt{y},y\Big|_{x=0}=1,y'\Big|_{x=0}=2$；

(2) $yy''=2(y'^2-y'),y(0)=1,y'(0)=2$.

7. 求下列微分方程的通解：

(1) $y''-4y'+4y=0$；　(2) $y''-2y'-3y=2x+1$；

(3) $y''-y'-2y=\mathrm{e}^{2x}$；　(4) $y''+4y=8\sin 2x$.

8. 设曲线 $y=f(x)$ 过点$(0,-1)$，且其上任一点处的切线斜率为 $2x\ln(1+x^2)$，求 $f(x)$.

9. 设函数 $y=(1+x)^2u(x)$ 是微分方程 $y'-\dfrac{2}{x+1}y=(1+x)^3$ 的通解，求 $u(x)$.

10. 设函数 $f(x)=g_1(x)g_2(x)$，其中 $g_1(x),g_2(x)$ 在$(-\infty,+\infty)$上满足条件：

$$g_1'(x)=g_2(x),\quad g_2'(x)=g_1(x),$$

且 $g_1(0)=0,g_1(x)+g_2(x)=2\mathrm{e}^x$.

(1) 求 $f(x)$ 所满足的一阶微分方程；

(2) 求 $f(x)$ 的表达式.

11. 在 xOy 面中，连续曲线 L 过点 $M(1,0)$，且其上任意点 $P(x,y)(x\neq 0)$ 处的切线斜率与直线 OP 的斜率之差等于 ax（常数 $a>0$）.

(1) 求 L 的方程；

(2) 当 L 与直线 $y=ax$ 所围平面图形的面积为 4 时，确定 a 的值.

12. 求下列差分方程的通解：

(1) $y_{t+1}+3y_t=t\cdot 2^t$；　　(2) $y_{t+2}+2y_{t+1}-3y_t=0$；

(3) $y_{t+2}-y_{t+1}-6y_t=3^t(2t+1)$.

(B)

1. 选择题：

(1) 设 $y=\frac{1}{2}e^{2x}+\left(x-\frac{1}{3}\right)e^x$ 是二阶常系数非齐次线性微分方程 $y''+ay'+by=ce^x$ 的一个特解，则(　).

A. $a=-3,b=2,c=-1$　　B. $a=3,b=2,c=-1$

C. $a=-3,b=2,c=1$　　D. $a=3,b=2,c=1$　　(2015 考研数一)

(2) 若 $y=(1+x^2)^2-\sqrt{1+x^2}$，$y=(1+x^2)^2+\sqrt{1+x^2}$ 是微分方程 $y'+p(x)y=q(x)$ 的两个解，则 $q(x)=$(　).

A. $3x(1+x^2)$　　B. $-3x(1+x^2)$　　C. $\frac{x}{1+x^2}$　　D. $-\frac{x}{1+x^2}$

(3) 微分方程 $y''-4y'+8y=e^{2x}(1+\cos 2x)$ 的特解可设为 $y^*=$(　).

A. $Ae^{2x}+e^{2x}(B\cos 2x+C\sin 2x)$　　B. $Axe^{2x}+e^{2x}(B\cos 2x+C\sin 2x)$

C. $Ae^{2x}+xe^{2x}(B\cos 2x+C\sin 2x)$　　D. $Axe^{2x}+xe^{2x}(B\cos 2x+C\sin 2x)$

(2017 考研数二)

2. 填空题：

(1) 微分方程 $y\mathrm{d}x+(x-3y^2)\mathrm{d}y=0$ 满足初始条件 $y\big|_{x=1}=1$ 的特解为________.

(2012 考研数二)

(2) 已知 $y_1=e^{3x}-xe^{2x}$，$y_2=e^x-xe^{2x}$，$y_3=-xe^{2x}$ 是某二阶常系数非齐次线性微分方程的三个解，则该微分方程满足初始条件 $y\big|_{x=0}=0$，$y'\big|_{x=0}=1$ 的特解为 $y=$________.

(2013 考研数二、三)

(3) 微分方程 $xy'+y(\ln x-\ln y)=0$ 满足初始条件 $y(1)=e^3$ 的特解为________.

(2014 考研数一)

(4) 设函数 $y=y(x)$ 是微分方程 $y''+y'-2y=0$ 的解，且该函数在 $x=0$ 处取得极值 3，则 $y(x)=$________.　　(2015 考研数二、三)

(5) 微分方程 $y''+2y'+3y=0$ 的通解为________.　　(2017 考研数一)

3. 若函数 $f(x)$ 满足微分方程 $f''(x)+f'(x)-2f(x)=0$，$f'(x)+f(x)=2e^x$，求：

(1) $f(x)$ 的表达式；

(2) 曲线 $y=f(x^2)\int_0^x f(-t^2)\mathrm{d}t$ 的拐点.　　(2012 考研数三)

4. 设函数 $f(x)$ 在定义域 I 上的导数大于零. 若对任意的 $x_0\in I$，曲线 $y=f(x)$ 在点 $(x_0,f(x_0))$ 处的切线与直线 $x=x_0$ 及 x 轴所围成区域的面积恒为 4，且 $f(0)=2$，求 $f(x)$ 的表达式.

(2015 考研数一、三)

5. 已知高温物体置于低温介质中，任一时刻物体温度对时间的变化率与该时刻物体和介质的温差成正比. 现将一初始温度为 120 ℃ 的物体放在 20 ℃ 的恒温介质中冷却，30 min 后该物体温度降至 30 ℃. 若要将该物体的温度继续降至 21 ℃，还需冷却多长时间？　　(2015 考研数二)

6. 设函数 $y(x)$ 满足微分方程 $y''+2y'+ky=0$，其中 $0<k<1$.

(1) 证明:反常积分$\int_0^{+\infty} y(x)\mathrm{d}x$ 收敛;

(2) 若 $y(0)=1, y'(0)=1$,求$\int_0^{+\infty} y(x)\mathrm{d}x$ 的值. (2016 考研数一)

第 6 章数学实验 用 Matlab 求解微分方程

在 Matlab 中,用大写字母 D 表示微分方程中的导数. 例如,Dy 表示 y';D2y 表示 y'';D2y + Dy + x − 10 = 0 表示微分方程 $y''+y'+x-10=0$;Dy(0) = 3 表示$y'(0)=3$.

用 Matlab 求微分方程的解析解是由命令函数 dsolve( ) 实现的,其调用格式和功能说明如表 1 所示.

表 1

调用格式	功能说明
r = dsolve('ep','cond','var')	求微分方程的通解或特解. ep 表示微分方程,cond 表示微分方程的初始条件. 若不给出初始条件,则求微分方程的通解. var 表示自变量. 默认是按系统默认原则处理.
r = dsolve('ep1','ep2',…,'epN','cond1','cond2',…,'condN','var1','var2',…,'varN')	求解微分方程组 ep1,ep2,… 在初始条件 cond1,cond2,… 下的特解. 若不给出初始条件,则求微分方程的通解. var1,var2,… 表示求解变量. 若不指定求解变量,则为默认自变量.

例 1 求$\frac{\mathrm{d}y}{\mathrm{d}x}=\frac{y}{x}+\tan\frac{y}{x}$ 的通解.

解 [Matlab 操作命令]

```
>> Y = dsolve('Dy = Y/X + tan(Y/X)','X')
```

[Matlab 输出结果]

```
Y =
    asin(X * C1) * X
```

例 2 求$\frac{\mathrm{d}y}{\mathrm{d}x}=2xy^2$ 的通解及满足初始条件 $y(0)=3$ 的特解.

解 [Matlab 操作命令]

```
>> Y = dsolve('Dy = 2 * X * Y^2','X'),
```

[Matlab 输出结果]

```
Y =
    - 1(X^2 - C1)
```

[Matlab 操作命令]

```
>> Y = dsolve('Dy = 2 * X * Y^2','Y(0) = 3','X')
```

[Matlab 输出结果]

```
Y =
    - 1(X^2 - 1/3)
```

例 3　求 $y = xy' - (y')^2$ 的通解.

解　[Matlab 操作命令]

```
>> Y = dsolve('Y = X * Dy - (Dy)^2','X')
```

[Matlab 输出结果]

```
Y =
    [1/4 * X^2]
    [X * C1 - C2^2]
```

例 4　求 $y'' - 4y' + 3y = 0$ 满足初始条件 $y(0) = 6, y'(0) = 10$ 的特解.

解　[Matlab 操作命令]

```
>> Y = dsolve('D2y - 4 * Dy + 3 * Y = 0','Y(0) = 6','Dy(0) = 10','X')
```

[Matlab 输出结果]

```
Y =
    4 * exp(X) + 2 * exp(3 * X)
```

例 5　求 $y'' - 5y' + 6y = xe^{2x}$ 的通解.

解　[Matlab 操作命令]

```
>> Y = dsolve('D2y - 5 * Dy + 6 * Y = X * exp(2 * X)','X')
```

[Matlab 输出结果]

```
Y =
    exp(2 * X) * C2 + exp(3 * X) * C1 - 1/2 * X * exp(2 * X) * (2 + X)
```

附录 I

Matlab软件简介

现代科学技术的基础——数学的重要性已日益深入人心. 如何突破传统数学研究的束缚，使用更先进的手段来研究数学，一直是数学工作者梦寐以求的. 随着计算机科学的诞生，计算机代数系统（也称工程数值软件）便应运而生了. 目前，广泛使用的工程数值软件主要有 Matlab，Mathematic，Maple 等. 这里将对 Matlab 及其数学应用（主要是符号计算）进行简单介绍.

一、Matlab 基础知识

Matlab 是由美国新墨西哥大学计算机科学系主任 Cleve Moler 教授及其同事合作研制的. 1984 年，他们成立了 Math Works 公司，并将 Matlab 正式推向市场. 经过这些年的不断研究，Matlab 的功能不断增加，版本也在不断地提高，目前已发展到 Matlab 7.0. Matlab 系统主要包括 Matlab 语言、Matlab 工作环境、Matlab 图形处理系统、Matlab 数学函数库和 Matlab 应用程序接口五部分. 它具有强大的数值计算能力、优秀的符号演算功能、方便灵活的绘图功能、高效实用的编程功能、友好的用户界面和实用的帮助功能等特点.

Math Works 公司的网址是 www.mathworks.com，读者可以经常浏览访问，了解 Matlab 的最新动态.

1. Matlab 的安装和启动

Matlab 软件的安装同一般的 Windows 软件的安装一样，只要将 Matlab 安装光盘插入光驱，就会自动运行安装程序，用户只要按照屏幕提示操作就可以逐步完成安装. 安装成功后，在 Windows 桌面上会自动建立一个 Matlab 的快捷图标.

只需双击桌面上的 Matlab 快捷图标，就可以启动 Matlab，打开如图 1 所示的操作桌面.

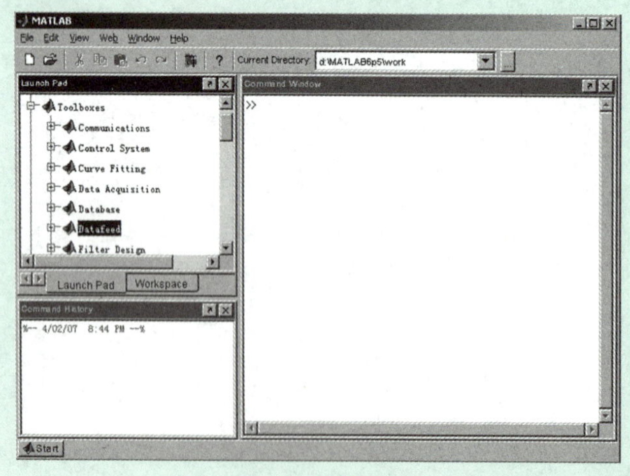

图 1 Matlab 的操作桌面

操作桌面上窗口的多少与设置有关，图 1 所示的操作桌面为默认情况，有三个窗口：左上角的窗口为交互界面分类目录窗 Launch Pad(前台）和工作空间浏览器 Workspace(后台)，其中交互界面分类目录窗显示 Matlab 的启动目录，工作空间浏览器显示工作空间里保存的所有变量；左下角的窗口为历史指令窗 Command History(前台）和当前目录浏览器 Current Directory(后台)，其中历史指令窗显示曾经在命令窗口里输入过的命令，当前目录浏览器显示当前路径下文件夹内保存的所有文件；右边的窗口为命令窗口 Command Windows，通过在命令窗口输入各种不同的命令来实现 Matlab 的各种功能.

2. Matlab 命令窗口的使用

Matlab 命令窗口默认位于操作桌面的右方，如果用户希望得到脱离操作桌面的几何独立的命令窗口，只要点击命令窗口右上角的链，就可以获得如图 2 所示的命令窗口.

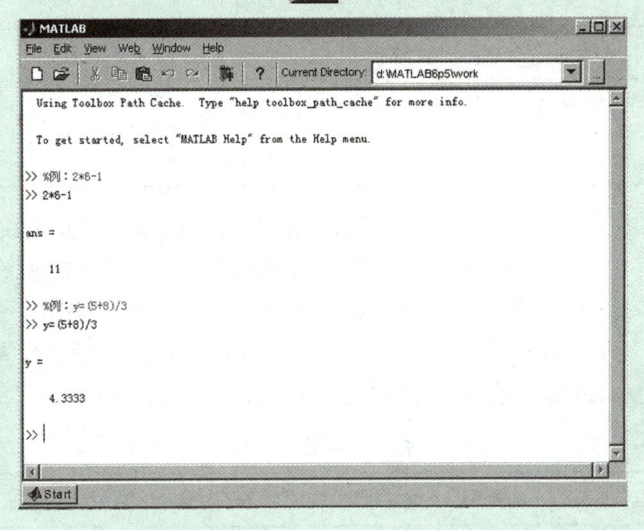

图 2　独立的命令窗口及两个例子的运行情况

在 Matlab 命令窗口中直接输入命令，再按回车键，则运行并显示相应的结果. 在命令窗口里适合运行比较简单的程序或单个的命令，因为在这里输入一个语句就解释执行一个语句. 在图 2 中可以看到两个例子的运行情况. 另外，还要注意以下几点：

(1) 命令行的“头首”的“>>”是 Matlab 的命令输入提示符；

(2) 在程序中，“%”后面为注释内容；

(3) ans 是系统自动给出的运行结果变量，是英文 answer 的缩写，如果我们直接指定变量，则系统就不再提供 ans 作为运行结果变量；

(4) 当不需要显示结果时，可以在语句的后面直接加分号.

3. Matlab 的运算符

Matlab 的运算符都是各种计算程序中常见的习惯符号，可以分为三大类别：算术运算符、关系运算符和逻辑运算符.

算术运算符是构成数学运算的最基本的操作命令，在 Matlab 的命令窗口中可以直接运行，具体功能如表 1 所示.

这些运算符的使用和在算术运算中几乎一样，但是需要注意：Matlab 中所有的运算定义在复数域上；对于方根问题，运算只返回处于第一象限的那个解；Matlab 书写表达式的规则与手写算式相同.

表 1 算术运算符

运算符	功 能	运算符	功 能
+	相加	−	相减
*	标量相乘、矩阵相乘	/	标量右除、矩阵右除
^	标量乘方、矩阵乘方	\	标量左除、矩阵左除

关系运算符主要用来比较数、字符串、矩阵之间的大小或相等关系,其返回值为 0 或 1. 若为 1,则表示进行比较的两个对象之间的关系为真;若为 0,则表示进行比较的两个对象之间的关系为假. 关系运算符的含义如表 2 所示.

表 2 关系运算符

运算符	含 义	运算符	含 义	运算符	含 义
>	大于	>=	大于或等于	==	等于
<	小于	<=	小于或等于	~=	不等于

注意:标量可以与任何维数组进行比较;数组之间的比较必须同维;关系运算符"=="与赋值运算符"="不同,关系运算符"=="是判断两个对象是否具有相等关系(如有相等关系,则运算结果为 1;否则,运算结果为 0),而赋值运算符"="是用来给变量赋值的.

逻辑运算符主要用来进行逻辑量之间的运算,其返回值为 0 或 1. 若为 1,则表示逻辑关系为真;若为 0,则表示逻辑关系为假. 逻辑运算符的含义如表 3 所示.

表 3 逻辑运算符

<table>
<tr><th>运算符</th><th>含 义</th><th>运算符</th><th>含 义</th><th>运算符</th><th>含 义</th><th>运算符</th><th>含 义</th></tr>
<tr><td>&</td><td>与、和</td><td>|</td><td>或</td><td>~</td><td>非、否</td><td>xor</td><td>异或</td></tr>
</table>

注意:标量可以与任何维数组进行逻辑运算,运算比较在此标量与数组每个元素之间进行,因此运算结果和参与运算的数组同维;数组之间的逻辑运算必须同维,运算在两数组相同位置上的元素之间进行,运算结果和参与运算的数组同维. 在所有逻辑表达式中,作为输入的任何非 0 数都被看作是逻辑真,而只有 0 才被认为是逻辑假.

思考题 1

1. 在 Matlab 的命令窗口中分别用大、小写输入相同的命令,结果会一样吗?
2. Matlab 中算术运算符的使用与算术运算中几乎一样,你能按计算的先后次序排列出来吗?

练习题 1

1. 请尝试使用 View 菜单中的各栏项目,并熟悉它们的功能.
2. 分析在 Matlab 的命令窗口中输入 8^(1/3) 后按回车键所得到的结果.
3. 在 Matlab 的 M 文件编辑器中编写一个 M 脚本文件并保存.

二、Matlab 的符号计算

Matlab 提供了强大的符号计算功能,这些功能都是通过 Matlab 中的符号运算工具箱来实现的. 涉及符号计算的命令使用、运算符操作、计算结果可视化、程序编制等,都是十分完整和便捷的.

1. 符号对象的生成

在代数中，计算表达式的数值必须对所用的变量事先赋值，否则该表达式无法计算. Matlab 的符号运算工具箱沿用了数值计算的这种模式，规定：在进行符号计算时，首先要定义基本的符号对象(可以是常数、变量和表达式)，然后利用这些基本符号对象去构成新的表达式，继而进行所需的符号运算. 在运算中，凡是由包含符号对象的表达式所生成的衍生对象也都是符号对象.

定义基本符号对象的命令主要有两个：sym( ) 和 syms. 它们的常用格式如下：

(1) y = sym('argv') 表示把字符串 argv 定义为符号对象 y，只定义单个对象；

(2) syms argv1 argv2 表示把 argv1，argv2 定义为符号对象(对象之间用空格符隔开).

当然，也可以用单引号来生成符号对象.

例如：

```
>> f = 'exp(x)'              % 用单引号生成符号表达式
>> g = sym('ax + b = 0')     % 用命令函数 sym( ) 生成符号方程
>> syms x y z                % 用命令函数 syms 生成符号表达式 x,y,z
>> x = [1,2,3]               % 生成符号数组
>> y = sin(x)                % 生成符号数组
>> z = x + y                 % 生成符号数组
```

2. 符号计算中的基本函数

Matlab 提供了大量的数学函数，由于本书主要介绍 Matlab 的符号计算在高等数学中的应用，因此这里只对一些常用的函数命令进行说明. 常用的函数有：

(1) 三角函数：

sin(x)，cos(x)，tan(x)，cot(x)，sec(x)，csc(x)；

(2) 反三角函数：

asin(x)，acos(x)，atan(x)，acot(x)，asec(x)，acsc(x)；

(3) 双曲与反双曲函数：

sinh(x)，cosh(x)，tanh(x)，…，asinh(x)，acosh(x)，atanh(x)，…；

(4) 幂函数：

x^a(x 的 a 次幂)，sqrt(x)(x 的平方根)；

(5) 指数函数：

a^x(a 的 x 次幂)，exp(x)(e 的 x 次幂)；

(6) 对数函数：

log(x)(自然对数)，log2(x)(以 2 为底的对数)，log10(x)(以 10 为底的对数)；

(7) 其他数学函数：

abs(x)(绝对值).

这些函数本质上是作用于标量的，如果作用于矩阵或数组，则表示作用于其上的每一个元素.

Matlab 还有许多函数，如果需要，可以通过以下命令来列出：

```
help elfun        % 初等数学函数的列表
```

```
help specfun        % 特殊函数的列表
help elmat          % 矩阵函数的列表
```

3. 符号计算举例

Matlab符号计算的特点主要有:(1) 运算以推理解析的方式进行,因此不受计算误差积累问题的困扰;(2) 符号计算,或给出完全正确的封闭解,或给出任意精确度的数值解(当封闭解不存在时);(3) 符号计算的命令的调用比较简单,与经典教科书公式相近.本小节将通过例子来讲解有关命令的使用.

1) 计算

计算是Matlab中最简单的计算器功能,只要在命令窗口中直接输入需要计算的式子,然后按回车键即可,就像使用计算器一样方便.

例 1 计算表达式 $2\times 4^2-10\div(4+1)$ 和 $\dfrac{2\sin\frac{\pi}{3}}{1+\sqrt{5}}$ 的值.

解

```
>> clear
>> syms x y                % 用来声明两个符号变量
>> x = 2 * 4^2 - 10/(4 + 1)
x =
    30
>> y = (2 * (sin(pi/3)))/(1 + sqrt(5))
y =
    0.5352
```

这里“>>”是Matlab命令输入提示符,clear是消除内存中保存的变量(为了养成好的习惯,请每次在程序开头输入).

2) 代数运算

代数运算是Matlab符号运算中的一个基本功能,使用它可以很轻松地进行因式分解、化简、展开和合并等运算.相关命令的格式如下:

(1) factor(y) 表示对符号表达式 y 进行因式分解;

(2) simple(y) 表示对符号表达式 y 进行化简,可多次使用;

(3) expand(y) 表示对符号表达式 y 进行展开;

(4) collect(y,v) 表示对符号表达式 y 中指定的符号对象 v 的同幂项系数进行合并.

例 2 将 x^2-a^2 进行因式分解.

解 x^2-a^2 中除 x 外还含有其他自由变量.

```
>> clear
>> syms x a y
>> y = x^2 - a^2;
>> y = factor(y)
y =
    (x - a) * (x + a)
```

例 3 化简 $\sqrt[3]{\dfrac{1}{x^3}+\dfrac{6}{x^2}+\dfrac{12}{x}+8}$.

解
```
>> clear
>> syms x y
>> y = (1/x^3 + 6/x^2 + 12/x + 8)^(1/3);
>> y = simple(y)
y =
    (2 * x + 1)/x    % 使用命令 simple( ) 后的结果,但不是最简形式
>> y = simple(y)  % 再次使用命令 simple( )
y =
    2 + 1/x
```

注意：多次使用命令 simple( ) 可以得到最简的表达形式.

3) 解方程

在 Matlab 符号运算中,可以用命令函数 solve( ) 来求解方程和方程组,其具体格式如下：

solve('eqn1','eqn2','eqn3',…,'var1','var2','var3',…),

命令中的参数 eqn1 为方程组的第一个方程,其他参数以此类推;参数 var1 为方程组的第一个变量的声明,其他参数以此类推.如果没有变量声明,则系统会按人们的习惯确定方程中的待解变量.

例 4　解下列方程：

(1) $x^2 - x - 6 = 0$;　　　(2) $\begin{cases} 3x + y - 6 = 0, \\ x - 2y - 2 = 0. \end{cases}$

解　(1)
```
>> clear
>> x = solve('x^2 - x - 6 = 0')
x =
    [-2]
    [ 3]
```

由于没有变量声明,系统自动把 x 确定为方程的待解变量,该方程有两个解.

(2)
```
>> clear
>> syms x y
>> [x,y] = solve('3 * x + y - 6 = 0','x - 2 * y - 2 = 0')
x =
    2
y =
    0
```

由于没有变量声明,系统自动把 x,y 确定为方程组中的待解变量.

4) 函数计算和作图

我们知道,函数值的计算、函数图形的绘制对理解函数的性质有很大的帮助,而计算和绘图正是 Matlab 最擅长的项目.计算函数值时,只要直接输入就行,而绘制函数的图形时,常用命令函数 fplot( ) 和 ezplot( ) 来完成.具体的格式如下：

(1) fplot(f,lims) 表示在 lims 指定的绘图区间上作函数 f 的图形;

(2) ezplot(f) 表示在默认的绘图区间上作函数 f 的图形.

Matlab 的其他绘图命令的用法与上述命令使用类似,请参阅 Matlab 使用手册.

例 5 已知函数 $y=\arccos(\ln x)$，求该函数在自变量 x 等于 $\frac{1}{e}$，1，e 时的函数值.

解

```
>> clear
>> syms x y
>> x = [1/exp(1),1,exp(1)]
x =
    0.3679    1.0000    2.7183
>> y = acos(log(x))
y =
    3.1416    1.5708    0
```

例 6 作出下列函数的图形：

(1) $y=x^3$，$y=\sin x$； (2) $y=\cos x$.

解 (1) 作函数 $y=x^3$ 和 $y=\sin x$ 的图形：

```
>> clear
>> limsl = [-2,2];      % 指明绘图区间
>> lims2 = [-pi,pi];
>> fplot('x^3',lims1)
>> figure,fplot('sin(x)',lims2)
```

运行结果如图 3 和图 4 所示，其中命令 figure 是强制 Matlab 生成一个新的绘图窗口，如果在程序中不加这个命令，则后一次绘制的函数图形会覆盖前一次绘制的函数图形.

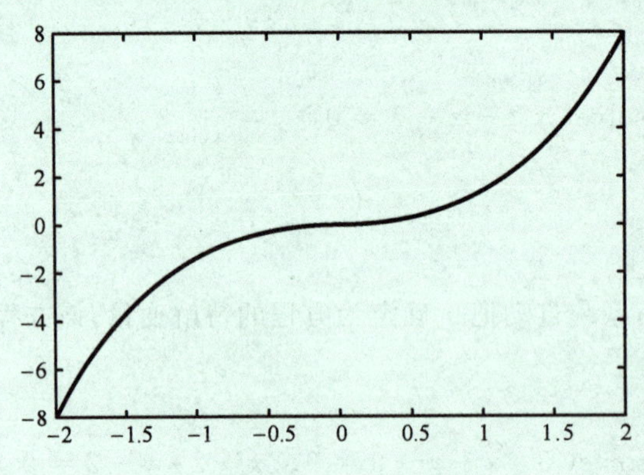

图 3 函数 $y=x^3$ 的图形

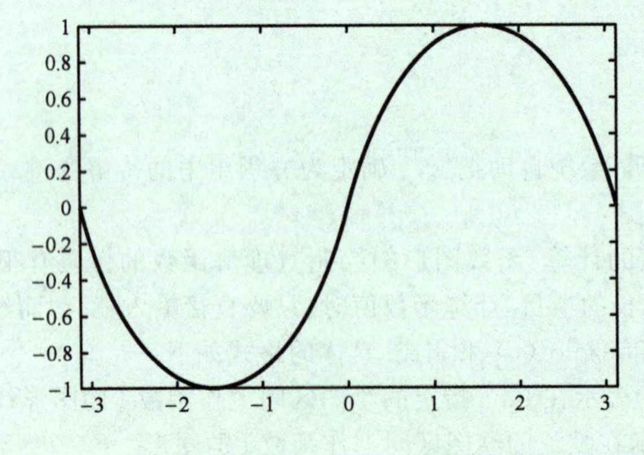

图 4 函数 $y=\sin x$ 的图形

(2) 作函数 $y=\cos x$ 的图形：

```
>> clear
>> ezplot('cos(x)')
```

运行结果如图 5 所示.

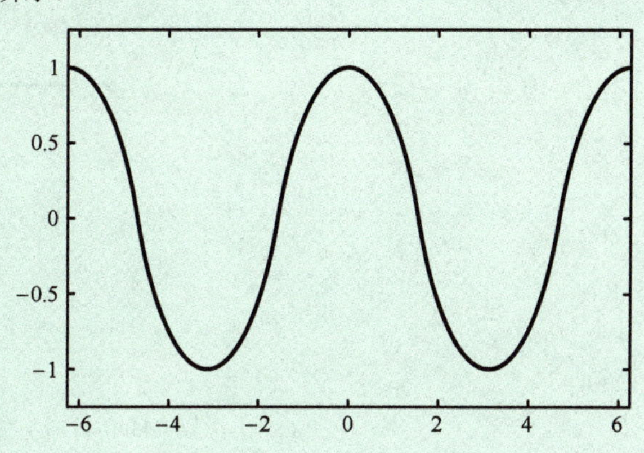

图 5　函数 $y=\cos x$ 的图形

Matlab的符号运算在数学中的应用非常广泛. 由于篇幅有限，对于Matlab在初等数学中其他方面的应用，请读者参阅 Matlab 使用手册.

思考题 2

1. 为什么要在程序中使用命令 clear?
2. 请给出运行下列语句后的结果：

```
>> clear
>> sum = 0;
>> for n = 1:100;
      sum = sum + n;
      end
>> sum
```

3. 命令 simplify( ) 也是用于化简的，请使用它重做例 3，看结果是否一样，从中能得到什么结论?

练习题 2

1. 计算下列各式的值：

(1) $4^2-\log_2\frac{1}{8}+\sqrt{48}$；　　(2) $\sin\frac{\pi}{3}+\cos\frac{\pi}{4}-\cot^2\frac{\pi}{6}$.

2. 将下列各式进行因式分解：

(1) x^3-3x^2+4；　　(2) $x^2+xy-6y^2+x+13y-6$.

3. 化简下列各式：

(1) $\frac{1}{x-1}\left(\frac{x-2}{2}-\frac{2x+1}{2-x}\right)-\frac{2x+6}{x^2-2x}$；　　(2) $\frac{\cos t}{1+\sin t}+\frac{1+\sin t}{\cos t}$.

4. 解下列方程：

(1) $x^3-2x^2-5x+6=0$；　　(2) $\begin{cases} y^2=xy+6, \\ x^2=xy+1. \end{cases}$

5. 已知函数 $f(x)=x^3-2x+3$，求 $f(1)$，$f\left(-\frac{1}{a}\right)$，$f(t^2)$.

6. 作出下列函数的图形：

(1) $y=\ln(\sqrt{x^2+1})+x$；　　(2) $f(x,y)=x^2+y^2-2x-3$.

附录 II

初等数学常用公式

一、初等代数公式

1. 绝对值

(1) $|a|=\begin{cases}a, & a\geqslant 0,\\ -a, & a<0;\end{cases}$

(2) $|ab|=|a|\cdot|b|$;

(3) $\left|\dfrac{a}{b}\right|=\dfrac{|a|}{|b|}$;

(4) $|x|\leqslant a\Leftrightarrow -a<x<a$;

(5) $|a|-|b|\leqslant|a\pm b|\leqslant|a|+|b|$.

2. 指数的运算性质

(1) $a^m\cdot a^n=a^{m+n}$;

(2) $\dfrac{a^m}{a^n}=a^{m-n}$;

(3) $(a^m)^n=a^{mn}$;

(4) $(ab)^m=a^m b^m$ (a,b是正实数,m,n是任意实数).

3. 对数的运算性质

(1) $\log_a xy=\log_a x+\log_a y$;

(2) $\log_a\dfrac{x}{y}=\log_a x-\log_a y$;

(3) $\log_a x^b=b\log_a x$;

(4) $\log_a x=\dfrac{\log_b x}{\log_b a}$;

(5) $a^{\log_a x}=x,\log_a 1=0,\log_a a=1$.

4. 二项展开与分解公式

(1) $(a\pm b)^2=a^2\pm 2ab+b^2$;

(2) $(a\pm b)^3=a^3\pm 3a^2b+3ab^2\pm b^3$;

(3) $a^2-b^2=(a+b)(a-b)$;

(4) $a^3\pm b^3=(a\pm b)(a^2\mp ab+b^2)$;

(5) $a^n-b^n=(a-b)(a^{n-1}+a^{n-2}b+a^{n-3}b^2+\cdots+ab^{n-2}+b^{n-1})$;

(6) $(a+b)^n=a^n+na^{n-1}b+\dfrac{n(n-1)}{2!}a^{n-2}b^2+\cdots+\dfrac{n(n-1)\cdots(n-k+1)}{k!}a^{n-k}b^k+\cdots+b^n$.

5. 数列

(1) $a+aq+aq^2+\cdots+aq^{n-1}=\dfrac{a(1-q^n)}{1-q}$;

(2) $1+2+3+\cdots+n=\dfrac{n(n+1)}{2}$;

(3) $1+3+5+\cdots+(2n-1)=n^2$;

(4) $1^2+2^2+3^2+\cdots+n^2=\dfrac{n(n+1)(2n+1)}{6}$;

(5) $1^3+2^3+3^3+\cdots+n^3=\left[\dfrac{n(n+1)}{2}\right]^2$.

二、基本三角公式

1. 基本公式

(1) $\sin^2\alpha+\cos^2\alpha=1$；

(2) $1+\tan^2\alpha=\sec^2\alpha$；

(3) $1+\cot^2\alpha=\csc^2\alpha$；

(4) $\dfrac{\sin\alpha}{\cos\alpha}=\tan\alpha$；

(5) $\dfrac{\cos\alpha}{\sin\alpha}=\cot\alpha$；

(6) $\cot\alpha=\dfrac{1}{\tan\alpha}$；

(7) $\csc\alpha=\dfrac{1}{\sin\alpha}$；

(8) $\sec\alpha=\dfrac{1}{\cos\alpha}$.

2. 和差公式

(1) $\sin(\alpha\pm\beta)=\sin\alpha\cos\beta\pm\cos\alpha\sin\beta$；

(2) $\cos(\alpha\pm\beta)=\cos\alpha\cos\beta\mp\sin\alpha\sin\beta$；

(3) $\tan(\alpha\pm\beta)=\dfrac{\tan\alpha\pm\tan\beta}{1\mp\tan\alpha\tan\beta}$；

(4) $\cot(\alpha\pm\beta)=\dfrac{\cot\alpha\cot\beta\mp1}{\cot\beta\pm\cot\alpha}$.

3. 倍角与半角公式

(1) $\sin2\alpha=2\sin\alpha\cos\alpha$；

(2) $\cos2\alpha=\cos^2\alpha-\sin^2\alpha=1-2\sin^2\alpha=2\cos^2\alpha-1$；

(3) $\tan2\alpha=\dfrac{2\tan\alpha}{1-\tan^2\alpha}$；

(4) $\cot2\alpha=\dfrac{\cot^2\alpha-1}{2\cot\alpha}$；

(5) $\sin\dfrac{\alpha}{2}=\pm\sqrt{\dfrac{1-\cos\alpha}{2}}$；

(6) $\cos\dfrac{\alpha}{2}=\pm\sqrt{\dfrac{1+\cos\alpha}{2}}$；

(7) $\tan\dfrac{\alpha}{2}=\pm\sqrt{\dfrac{1-\cos\alpha}{1+\cos\alpha}}=\dfrac{1-\cos\alpha}{\sin\alpha}=\dfrac{\sin\alpha}{1+\cos\alpha}$；

(8) $\cot\dfrac{\alpha}{2}=\pm\sqrt{\dfrac{1+\cos\alpha}{1-\cos\alpha}}=\dfrac{\sin\alpha}{1-\cos\alpha}=\dfrac{1+\cos\alpha}{\sin\alpha}$.

4. 和差化积公式

(1) $\sin A+\sin B=2\sin\dfrac{A+B}{2}\cos\dfrac{A-B}{2}$；

(2) $\sin A-\sin B=2\cos\dfrac{A+B}{2}\sin\dfrac{A-B}{2}$；

(3) $\cos A+\cos B=2\cos\dfrac{A+B}{2}\cos\dfrac{A-B}{2}$；

(4) $\cos A-\cos B=-2\sin\dfrac{A+B}{2}\sin\dfrac{A-B}{2}$.

5. 积化和差公式

(1) $\cos A\cos B=\dfrac{1}{2}(\cos(A-B)+\cos(A+B))$；

(2) $\sin A\sin B=\dfrac{1}{2}(\cos(A-B)-\cos(A+B))$；

(3) $\sin A\cos B=\dfrac{1}{2}(\sin(A-B)+\sin(A+B))$.

三、常用几何公式

1. 平面图形的基本公式

(1) 梯形面积 $S=\dfrac{1}{2}(a+b)h$（a,b 为上、下底，h 为高）；

(2) 圆面积 $S=\pi R^2$,圆周长 $l=2\pi R$(R 为圆的半径);

(3) 圆扇形面积 $S=\frac{1}{2}R^2\theta$,圆扇形弧长 $l=R\theta$(R 为圆的半径,θ 为圆心角,单位为弧度).

2. 立体图形的基本公式

(1) 圆柱体体积 $V=\pi R^2 h$,圆柱体侧面积 $S=2\pi Rh$(R 为底半径,h 为高);

(2) 正圆锥体体积 $V=\frac{1}{3}\pi R^2 h$,正圆锥体侧面积 $S=\pi Rl$(R 为底半径,l 为斜高,即 $l=\sqrt{R^2+h^2}$);

(3) 棱柱体积 $V=Sh$(S 为底面积,h 为高);

(4) 棱锥体体积 $V=\frac{1}{3}Sh$(S 为底面积,h 为高);

(5) 球体积 $V=\frac{4}{3}\pi R^3$,球表面积 $S=4\pi R^2$(R 为球的半径);

(6) 圆台体积 $V=\frac{1}{3}\pi h(R^2+Rr+r^2)$,圆台侧面积 $S=\pi l(R+r)$(R,r 分别为上、下底半径,h 为高,l 为斜高).

附录Ⅲ 积分表

（一）含有 $ax+b$ 的积分

1. $\int \frac{dx}{ax+b} = \frac{1}{a}\ln|ax+b|+C$

2. $\int (ax+b)^{\mu}dx = \frac{1}{a(\mu+1)}(ax+b)^{\mu+1}+C \quad (\mu \neq -1)$

3. $\int \frac{x}{ax+b}dx = \frac{1}{a^2}(ax+b-b\ln|ax+b|)+C$

4. $\int \frac{x^2}{ax+b}dx = \frac{1}{a^3}\left[\frac{1}{2}(ax+b)^2-2b(ax+b)+b^2\ln|ax+b|\right]+C$

5. $\int \frac{dx}{x(ax+b)} = -\frac{1}{b}\ln\left|\frac{ax+b}{x}\right|+C$

6. $\int \frac{dx}{x^2(ax+b)} = -\frac{1}{bx}+\frac{a}{b^2}\ln\left|\frac{ax+b}{x}\right|+C$

7. $\int \frac{x}{(ax+b)^2}dx = \frac{1}{a^2}\left(\ln|ax+b|+\frac{b}{ax+b}\right)+C$

8. $\int \frac{x^2}{(ax+b)^2}dx = \frac{1}{a^3}\left(ax+b-2b\ln|ax+b|-\frac{b^2}{ax+b}\right)+C$

9. $\int \frac{dx}{x(ax+b)^2} = \frac{1}{b(ax+b)}-\frac{1}{b^2}\ln\left|\frac{ax+b}{x}\right|+C$

（二）含有 $\sqrt{ax+b}$ 的积分

10. $\int \sqrt{ax+b}\,dx = \frac{2}{3a}\sqrt{(ax+b)^3}+C$

11. $\int x\sqrt{ax+b}\,dx = \frac{2}{15a^2}(3ax-2b)\sqrt{(ax+b)^3}+C$

12. $\int x^2\sqrt{ax+b}\,dx = \frac{2}{105a^3}(15a^2x^2-12abx+8b^2)\sqrt{(ax+b)^3}+C$

13. $\int \frac{x}{\sqrt{ax+b}}dx = \frac{2}{3a^2}(ax-2b)\sqrt{ax+b}+C$

14. $\int \frac{x^2}{\sqrt{ax+b}}dx = \frac{2}{15a^3}(3a^2x^2-4abx+8b^2)\sqrt{ax+b}+C$

15. $\int \frac{dx}{x\sqrt{ax+b}} = \begin{cases} \frac{1}{\sqrt{b}}\ln\left|\frac{\sqrt{ax+b}-\sqrt{b}}{\sqrt{ax+b}+\sqrt{b}}\right|+C & (b>0) \\ \frac{2}{\sqrt{-b}}\arctan\sqrt{\frac{ax+b}{-b}}+C & (b<0) \end{cases}$

16. $\int \frac{dx}{x^2\sqrt{ax+b}} = -\frac{\sqrt{ax+b}}{bx}-\frac{a}{2b}\int \frac{dx}{x\sqrt{ax+b}}$

17. $\int \frac{\sqrt{ax+b}}{x}dx = 2\sqrt{ax+b} + b\int \frac{dx}{x\sqrt{ax+b}}$

18. $\int \frac{\sqrt{ax+b}}{x^2}dx = -\frac{\sqrt{ax+b}}{x} + \frac{a}{2}\int \frac{dx}{x\sqrt{ax+b}}$

(三) 含有 $x^2 \pm a^2$ 的积分

19. $\int \frac{dx}{x^2+a^2} = \frac{1}{a}\arctan\frac{x}{a} + C$

20. $\int \frac{dx}{(x^2+a^2)^n} = \frac{x}{2(n-1)a^2(x^2+a^2)^{n-1}} + \frac{2n-3}{2(n-1)a^2}\int \frac{dx}{(x^2+a^2)^{n-1}}$

21. $\int \frac{dx}{x^2-a^2} = \frac{1}{2a}\ln\left|\frac{x-a}{x+a}\right| + C$

(四) 含有 $ax^2+b(a>0)$ 的积分

22. $$\int \frac{dx}{ax^2+b} = \begin{cases} \frac{1}{\sqrt{ab}}\arctan\sqrt{\frac{a}{b}}x + C & (b>0) \\ \frac{1}{2\sqrt{-ab}}\ln\left|\frac{\sqrt{a}x-\sqrt{-b}}{\sqrt{a}x+\sqrt{-b}}\right| + C & (b<0) \end{cases}$$

23. $\int \frac{x}{ax^2+b}dx = \frac{1}{2a}\ln|ax^2+b| + C$

24. $\int \frac{x^2}{ax^2+b}dx = \frac{x}{a} - \frac{b}{a}\int \frac{dx}{ax^2+b}$

25. $\int \frac{dx}{x(ax^2+b)} = \frac{1}{2b}\ln\frac{x^2}{|ax^2+b|} + C$

26. $\int \frac{dx}{x^2(ax^2+b)} = -\frac{1}{bx} - \frac{a}{b}\int \frac{dx}{ax^2+b}$

27. $\int \frac{dx}{x^3(ax^2+b)} = \frac{a}{2b^2}\ln\frac{|ax^2+b|}{x^2} - \frac{1}{2bx^2} + C$

28. $\int \frac{dx}{(ax^2+b)^2} = \frac{x}{2b(ax^2+b)} + \frac{1}{2b}\int \frac{dx}{ax^2+b}$

(五) 含有 $ax^2+bx+c(a>0)$ 的积分

29. $$\int \frac{dx}{ax^2+bx+c} = \begin{cases} \frac{2}{\sqrt{4ac-b^2}}\arctan\frac{2ax+b}{\sqrt{4ac-b^2}} + C & (b^2<4ac) \\ \frac{1}{\sqrt{b^2-4ac}}\ln\left|\frac{2ax+b-\sqrt{b^2-4ac}}{2ax+b+\sqrt{b^2-4ac}}\right| + C & (b^2>4ac) \end{cases}$$

30. $\int \frac{x}{ax^2+bx+c}dx = \frac{1}{2a}\ln|ax^2+bx+c| - \frac{b}{2a}\int \frac{dx}{ax^2+bx+c}$

(六) 含有 $\sqrt{x^2+a^2}\ (a>0)$ 的积分

31. $\int \frac{dx}{\sqrt{x^2+a^2}} = \ln(x+\sqrt{x^2+a^2}) + C$

32. $\int \frac{dx}{\sqrt{(x^2+a^2)^3}} = \frac{x}{a^2\sqrt{x^2+a^2}} + C$

33. $\int \frac{x}{\sqrt{x^2+a^2}}dx = \sqrt{x^2+a^2} + C$

34. $\int \frac{x}{\sqrt{(x^2+a^2)^3}}dx = -\frac{1}{\sqrt{x^2+a^2}} + C$

35. $\int \frac{x^2}{\sqrt{x^2+a^2}}dx = \frac{x}{2}\sqrt{x^2+a^2} - \frac{a^2}{2}\ln(x+\sqrt{x^2+a^2}) + C$

36. $\int \frac{x^2}{\sqrt{(x^2+a^2)^3}}dx = -\frac{x}{\sqrt{x^2+a^2}} + \ln(x+\sqrt{x^2+a^2}) + C$

37. $\int \frac{dx}{x\sqrt{x^2+a^2}} = \frac{1}{a}\ln\frac{\sqrt{x^2+a^2}-a}{|x|} + C$

38. $\int \frac{dx}{x^2\sqrt{x^2+a^2}} = -\frac{\sqrt{x^2+a^2}}{a^2x} + C$

39. $\int \sqrt{x^2+a^2}\,dx = \frac{x}{2}\sqrt{x^2+a^2} + \frac{a^2}{2}\ln(x+\sqrt{x^2+a^2}) + C$

40. $\int \sqrt{(x^2+a^2)^3}\,dx = \frac{x}{8}(2x^2+5a^2)\sqrt{x^2+a^2} + \frac{3}{8}a^4\ln(x+\sqrt{x^2+a^2}) + C$

41. $\int x\sqrt{x^2+a^2}\,dx = \frac{1}{3}\sqrt{(x^2+a^2)^3} + C$

42. $\int x^2\sqrt{x^2+a^2}\,dx = \frac{x}{8}(2x^2+a^2)\sqrt{x^2+a^2} - \frac{a^4}{8}\ln(x+\sqrt{x^2+a^2}) + C$

43. $\int \frac{\sqrt{x^2+a^2}}{x}dx = \sqrt{x^2+a^2} + a\ln\frac{\sqrt{x^2+a^2}-a}{|x|} + C$

44. $\int \frac{\sqrt{x^2+a^2}}{x^2}dx = -\frac{\sqrt{x^2+a^2}}{x} + \ln(x+\sqrt{x^2+a^2}) + C$

（七）含有$\sqrt{x^2-a^2}$（$a>0$）的积分

45. $\int \frac{dx}{\sqrt{x^2-a^2}} = \ln|x+\sqrt{x^2-a^2}| + C$

46. $\int \frac{dx}{\sqrt{(x^2-a^2)^3}} = -\frac{x}{a^2\sqrt{x^2-a^2}} + C$

47. $\int \frac{x}{\sqrt{x^2-a^2}}dx = \sqrt{x^2-a^2} + C$

48. $\int \frac{x}{\sqrt{(x^2-a^2)^3}}dx = -\frac{1}{\sqrt{x^2-a^2}} + C$

49. $\int \frac{x^2}{\sqrt{x^2-a^2}}dx = \frac{x}{2}\sqrt{x^2-a^2} + \frac{a^2}{2}\ln|x+\sqrt{x^2-a^2}| + C$

50. $\int \frac{x^2}{\sqrt{(x^2-a^2)^3}}dx = -\frac{x}{\sqrt{x^2-a^2}} + \ln|x+\sqrt{x^2-a^2}| + C$

51. $\int \frac{dx}{x\sqrt{x^2-a^2}} = \frac{1}{a}\arccos\frac{a}{|x|} + C$

52. $\int \frac{dx}{x^2\sqrt{x^2-a^2}} = \frac{\sqrt{x^2-a^2}}{a^2x} + C$

53. $\int \sqrt{x^2-a^2}\,dx = \frac{x}{2}\sqrt{x^2-a^2} - \frac{a^2}{2}\ln|x+\sqrt{x^2-a^2}| + C$

54. $\int \sqrt{(x^2-a^2)^3}\,dx = \frac{x}{8}(2x^2-5a^2)\sqrt{x^2-a^2} + \frac{3}{8}a^4\ln|x+\sqrt{x^2-a^2}|+C$

55. $\int x\sqrt{x^2-a^2}\,dx = \frac{1}{3}\sqrt{(x^2-a^2)^3}+C$

56. $\int x^2\sqrt{x^2-a^2}\,dx = \frac{x}{8}(2x^2-a^2)\sqrt{x^2-a^2} - \frac{a^4}{8}\ln|x+\sqrt{x^2-a^2}|+C$

57. $\int \frac{\sqrt{x^2-a^2}}{x}\,dx = \sqrt{x^2-a^2} - a\arccos\frac{a}{|x|}+C$

58. $\int \frac{\sqrt{x^2-a^2}}{x^2}\,dx = -\frac{\sqrt{x^2-a^2}}{x} + \ln|x+\sqrt{x^2-a^2}|+C$

（八）含有$\sqrt{a^2-x^2}\ (a>0)$的积分

59. $\int \frac{dx}{\sqrt{a^2-x^2}} = \arcsin\frac{x}{a}+C$

60. $\int \frac{dx}{\sqrt{(a^2-x^2)^3}} = \frac{x}{a^2\sqrt{a^2-x^2}}+C$

61. $\int \frac{x}{\sqrt{a^2-x^2}}\,dx = -\sqrt{a^2-x^2}+C$

62. $\int \frac{x}{\sqrt{(a^2-x^2)^3}}\,dx = \frac{1}{\sqrt{a^2-x^2}}+C$

63. $\int \frac{x^2}{\sqrt{a^2-x^2}}\,dx = -\frac{x}{2}\sqrt{a^2-x^2} + \frac{a^2}{2}\arcsin\frac{x}{a}+C$

64. $\int \frac{x^2}{\sqrt{(a^2-x^2)^3}}\,dx = \frac{x}{\sqrt{a^2-x^2}} - \arcsin\frac{x}{a}+C$

65. $\int \frac{dx}{x\sqrt{a^2-x^2}} = \frac{1}{a}\ln\frac{a-\sqrt{a^2-x^2}}{|x|}+C$

66. $\int \frac{dx}{x^2\sqrt{a^2-x^2}} = -\frac{\sqrt{a^2-x^2}}{a^2x}+C$

67. $\int \sqrt{a^2-x^2}\,dx = \frac{x}{2}\sqrt{a^2-x^2} + \frac{a^2}{2}\arcsin\frac{x}{a}+C$

68. $\int \sqrt{(a^2-x^2)^3}\,dx = \frac{x}{8}(5a^2-2x^2)\sqrt{a^2-x^2} + \frac{3}{8}a^4\arcsin\frac{x}{a}+C$

69. $\int x\sqrt{a^2-x^2}\,dx = -\frac{1}{3}\sqrt{(a^2-x^2)^3}+C$

70. $\int x^2\sqrt{a^2-x^2}\,dx = \frac{x}{8}(2x^2-a^2)\sqrt{a^2-x^2} + \frac{a^4}{8}\arcsin\frac{x}{a}+C$

71. $\int \frac{\sqrt{a^2-x^2}}{x}\,dx = \sqrt{a^2-x^2} + a\ln\frac{a-\sqrt{a^2-x^2}}{|x|}+C$

72. $\int \frac{\sqrt{a^2-x^2}}{x^2}\,dx = -\frac{\sqrt{a^2-x^2}}{x} - \arcsin\frac{x}{a}+C$

（九）含有$\sqrt{\pm ax^2+bx+c}\ (a>0)$的积分

73. $\int \frac{dx}{\sqrt{ax^2+bx+c}} = \frac{1}{\sqrt{a}}\ln|2ax+b+2\sqrt{a}\sqrt{ax^2+bx+c}|+C$

74. $\int \sqrt{ax^2+bx+c}\,dx = \frac{2ax+b}{4a}\sqrt{ax^2+bx+c}$

$+\frac{4ac-b^2}{8\sqrt{a^3}}\ln|2ax+b+2\sqrt{a}\sqrt{ax^2+bx+c}|+C$

75. $\int \frac{x}{\sqrt{ax^2+bx+c}}dx = \frac{1}{a}\sqrt{ax^2+bx+c}$

$-\frac{b}{2\sqrt{a^3}}\ln|2ax+b+2\sqrt{a}\sqrt{ax^2+bx+c}|+C$

76. $\int \frac{dx}{\sqrt{c+bx-ax^2}} = -\frac{1}{\sqrt{a}}\arcsin\frac{2ax-b}{\sqrt{b^2+4ac}}+C$

77. $\int \sqrt{c+bx-ax^2}\,dx = \frac{2ax-b}{4a}\sqrt{c+bx-ax^2}+\frac{b^2+4ac}{8\sqrt{a^3}}\arcsin\frac{2ax-b}{\sqrt{b^2+4ac}}+C$

78. $\int \frac{x}{\sqrt{c+bx-ax^2}}dx = -\frac{1}{a}\sqrt{c+bx-ax^2}+\frac{b}{2\sqrt{a^3}}\arcsin\frac{2ax-b}{\sqrt{b^2+4ac}}+C$

（十）含有$\sqrt{\pm\frac{x-a}{x-b}}$或$\sqrt{(x-a)(b-x)}$的积分

79. $\int \sqrt{\frac{x-a}{x-b}}dx = (x-b)\sqrt{\frac{x-a}{x-b}}+(b-a)\ln(\sqrt{|x-a|}+\sqrt{|x-b|})+C$

80. $\int \sqrt{\frac{x-a}{b-x}}dx = (x-b)\sqrt{\frac{x-a}{b-x}}+(b-a)\arcsin\sqrt{\frac{x-a}{b-a}}+C$

81. $\int \frac{dx}{\sqrt{(x-a)(b-x)}} = 2\arcsin\sqrt{\frac{x-a}{b-a}}+C \quad (a<b)$

82. $\int \sqrt{(x-a)(b-x)}\,dx = \frac{2x-a-b}{4}\sqrt{(x-a)(b-x)}$

$+\frac{(b-a)^2}{4}\arcsin\sqrt{\frac{x-a}{b-a}}+C \quad (a<b)$

（十一）含有三角函数的积分

83. $\int \sin x\,dx = -\cos x+C$

84. $\int \cos x\,dx = \sin x+C$

85. $\int \tan x\,dx = -\ln|\cos x|+C$

86. $\int \cot x\,dx = \ln|\sin x|+C$

87. $\int \sec x\,dx = \ln\left|\tan\left(\frac{\pi}{4}+\frac{x}{2}\right)\right|+C = \ln|\sec x+\tan x|+C$

88. $\int \csc x\,dx = \ln\left|\tan\frac{x}{2}\right|+C = \ln|\csc x-\cot x|+C$

89. $\int \sec^2 x\,dx = \tan x+C$

90. $\int \csc^2 x\,dx = -\cot x+C$

91. $\int \sec x\tan x\,dx = \sec x+C$

92. $\int \csc x \cot x \mathrm{d}x = -\csc x + C$

93. $\int \sin^2 x \mathrm{d}x = \frac{x}{2} - \frac{1}{4}\sin 2x + C$

94. $\int \cos^2 x \mathrm{d}x = \frac{x}{2} + \frac{1}{4}\sin 2x + C$

95. $\int \sin^n x \mathrm{d}x = -\frac{1}{n}\sin^{n-1} x\cos x + \frac{n-1}{n}\int \sin^{n-2} x\mathrm{d}x$

96. $\int \cos^n x \mathrm{d}x = \frac{1}{n}\cos^{n-1} x\sin x + \frac{n-1}{n}\int \cos^{n-2} x\mathrm{d}x$

97. $\int \frac{\mathrm{d}x}{\sin^n x} = -\frac{1}{n-1}\cdot\frac{\cos x}{\sin^{n-1} x} + \frac{n-2}{n-1}\int \frac{\mathrm{d}x}{\sin^{n-2} x}$

98. $\int \frac{\mathrm{d}x}{\cos^n x} = \frac{1}{n-1}\cdot\frac{\sin x}{\cos^{n-1} x} + \frac{n-2}{n-1}\int \frac{\mathrm{d}x}{\cos^{n-2} x}$

99. $\int \cos^m x\sin^n x \mathrm{d}x = \frac{1}{m+n}\cos^{m-1} x\sin^{n+1} x + \frac{m-1}{m+n}\int \cos^{m-2} x\sin^n x\mathrm{d}x$

$$= -\frac{1}{m+n}\cos^{m+1} x\sin^{n-1} x + \frac{n-1}{m+n}\int \cos^m x\sin^{n-2} x\mathrm{d}x$$

100. $\int \sin ax\cos bx\mathrm{d}x = -\frac{1}{2(a+b)}\cos(a+b)x - \frac{1}{2(a-b)}\cos(a-b)x + C$

101. $\int \sin ax\sin bx\mathrm{d}x = -\frac{1}{2(a+b)}\sin(a+b)x + \frac{1}{2(a-b)}\sin(a-b)x + C$

102. $\int \cos ax\cos bx\mathrm{d}x = \frac{1}{2(a+b)}\sin(a+b)x + \frac{1}{2(a-b)}\sin(a-b)x + C$

103. $\int \frac{\mathrm{d}x}{a+b\sin x} = \frac{2}{\sqrt{a^2-b^2}}\arctan\frac{a\tan\frac{x}{2}+b}{\sqrt{a^2-b^2}} + C \quad (a^2 > b^2)$

104. $\int \frac{\mathrm{d}x}{a+b\sin x} = \frac{1}{\sqrt{b^2-a^2}}\ln\left|\frac{a\tan\frac{x}{2}+b-\sqrt{b^2-a^2}}{a\tan\frac{x}{2}+b+\sqrt{b^2-a^2}}\right| + C \quad (a^2 < b^2)$

105. $\int \frac{\mathrm{d}x}{a+b\cos x} = \frac{2}{a+b}\sqrt{\frac{a+b}{a-b}}\arctan\left(\sqrt{\frac{a-b}{a+b}}\tan\frac{x}{2}\right) + C \quad (a^2 > b^2)$

106. $\int \frac{\mathrm{d}x}{a+b\cos x} = \frac{1}{a+b}\sqrt{\frac{a+b}{b-a}}\ln\left|\frac{\tan\frac{x}{2}+\sqrt{\frac{a+b}{b-a}}}{\tan\frac{x}{2}-\sqrt{\frac{a+b}{b-a}}}\right| + C \quad (a^2 < b^2)$

107. $\int \frac{\mathrm{d}x}{a^2\cos^2 x + b^2\sin^2 x} = \frac{1}{ab}\arctan\left(\frac{b}{a}\tan x\right) + C$

108. $\int \frac{\mathrm{d}x}{a^2\cos^2 x - b^2\sin^2 x} = \frac{1}{2ab}\ln\left|\frac{b\tan x + a}{b\tan x - a}\right| + C$

109. $\int x\sin ax\mathrm{d}x = \frac{1}{a^2}\sin ax - \frac{1}{a}x\cos ax + C$

110. $\int x^2\sin ax\mathrm{d}x = -\frac{1}{a}x^2\cos ax + \frac{2}{a^2}x\sin ax + \frac{2}{a^3}\cos ax + C$

111. $\int x\cos ax\mathrm{d}x = \frac{1}{a^2}\cos ax + \frac{1}{a}x\sin ax + C$

112. $\int x^2\cos ax\mathrm{d}x = \frac{1}{a}x^2\sin ax + \frac{2}{a^2}x\cos ax - \frac{2}{a^3}\sin ax + C$

（十二）含有反三角函数的积分（$a>0$）

113. $\int \arcsin\frac{x}{a}\mathrm{d}x = x\arcsin\frac{x}{a}+\sqrt{a^2-x^2}+C$

114. $\int x\arcsin\frac{x}{a}\mathrm{d}x = \left(\frac{x^2}{2}-\frac{a^2}{4}\right)\arcsin\frac{x}{a}+\frac{x}{4}\sqrt{a^2-x^2}+C$

115. $\int x^2\arcsin\frac{x}{a}\mathrm{d}x = \frac{x^3}{3}\arcsin\frac{x}{a}+\frac{1}{9}(x^2+2a^2)\sqrt{a^2-x^2}+C$

116. $\int \arccos\frac{x}{a}\mathrm{d}x = x\arccos\frac{x}{a}-\sqrt{a^2-x^2}+C$

117. $\int x\arccos\frac{x}{a}\mathrm{d}x = \left(\frac{x^2}{2}-\frac{a^2}{4}\right)\arccos\frac{x}{a}-\frac{x}{4}\sqrt{a^2-x^2}+C$

118. $\int x^2\arccos\frac{x}{a}\mathrm{d}x = \frac{x^3}{3}\arccos\frac{x}{a}-\frac{1}{9}(x^2+2a^2)\sqrt{a^2-x^2}+C$

119. $\int \arctan\frac{x}{a}\mathrm{d}x = x\arctan\frac{x}{a}-\frac{a}{2}\ln(a^2+x^2)+C$

120. $\int x\arctan\frac{x}{a}\mathrm{d}x = \frac{1}{2}(a^2+x^2)\arctan\frac{x}{a}-\frac{a}{2}x+C$

121. $\int x^2\arctan\frac{x}{a}\mathrm{d}x = \frac{x^3}{3}\arctan\frac{x}{a}-\frac{a}{6}x^2+\frac{a^3}{6}\ln(a^2+x^2)+C$

（十三）含有指数函数的积分

122. $\int a^x\mathrm{d}x = \frac{1}{\ln a}a^x+C$

123. $\int \mathrm{e}^{ax}\mathrm{d}x = \frac{1}{a}\mathrm{e}^{ax}+C$

124. $\int x\mathrm{e}^{ax}\mathrm{d}x = \frac{1}{a^2}(ax-1)\mathrm{e}^{ax}+C$

125. $\int x^n\mathrm{e}^{ax}\mathrm{d}x = \frac{1}{a}x^n\mathrm{e}^{ax}-\frac{n}{a}\int x^{n-1}\mathrm{e}^{ax}\mathrm{d}x$

126. $\int xa^x\mathrm{d}x = \frac{x}{\ln a}a^x-\frac{1}{(\ln a)^2}a^x+C$

127. $\int x^na^x\mathrm{d}x = \frac{1}{\ln a}x^na^x-\frac{n}{\ln a}\int x^{n-1}a^x\mathrm{d}x$

128. $\int \mathrm{e}^{ax}\sin bx\mathrm{d}x = \frac{1}{a^2+b^2}\mathrm{e}^{ax}(a\sin bx-b\cos bx)+C$

129. $\int \mathrm{e}^{ax}\cos bx\mathrm{d}x = \frac{1}{a^2+b^2}\mathrm{e}^{ax}(b\sin bx+a\cos bx)+C$

130. $$\int \mathrm{e}^{ax}\sin^n bx\mathrm{d}x = \frac{1}{a^2+b^2n^2}\mathrm{e}^{ax}\sin^{n-1}bx(a\sin bx-nb\cos bx) + \frac{n(n-1)b^2}{a^2+b^2n^2}\int \mathrm{e}^{ax}\sin^{n-2}bx\mathrm{d}x$$

131. $$\int \mathrm{e}^{ax}\cos^n bx\mathrm{d}x = \frac{1}{a^2+b^2n^2}\mathrm{e}^{ax}\cos^{n-1}bx(a\cos bx+nb\sin bx) + \frac{n(n-1)b^2}{a^2+b^2n^2}\int \mathrm{e}^{ax}\cos^{n-2}bx\mathrm{d}x$$

（十四）含有对数函数的积分

132. $\int \ln x \mathrm{d}x = x\ln x - x + C$

133. $\int \frac{\mathrm{d}x}{x\ln x} = \ln|\ln x| + C$

134. $\int x^n \ln x \mathrm{d}x = \frac{1}{n+1}x^{n+1}\left(\ln x - \frac{1}{n+1}\right) + C$

135. $\int (\ln x)^n \mathrm{d}x = x(\ln x)^n - n\int (\ln x)^{n-1}\mathrm{d}x$

136. $\int x^m (\ln x)^n \mathrm{d}x = \frac{1}{m+1}x^{m+1}(\ln x)^n - \frac{n}{m+1}\int x^m (\ln x)^{n-1}\mathrm{d}x$

（十五）含有双曲函数的积分

137. $\int \mathrm{sh}\, x \mathrm{d}x = \mathrm{ch}\, x + C$

138. $\int \mathrm{ch}\, x \mathrm{d}x = \mathrm{sh}\, x + C$

139. $\int \mathrm{th}\, x \mathrm{d}x = \ln \mathrm{ch}\, x + C$

140. $\int \mathrm{sh}^2 x \mathrm{d}x = -\frac{x}{2} + \frac{1}{4}\mathrm{sh}\, 2x + C$

141. $\int \mathrm{ch}^2 x \mathrm{d}x = \frac{x}{2} + \frac{1}{4}\mathrm{sh}\, 2x + C$

（十六）定积分

142. $\int_{-\pi}^{\pi} \cos nx \mathrm{d}x = \int_{-\pi}^{\pi} \sin nx \mathrm{d}x = 0$

143. $\int_{-\pi}^{\pi} \cos mx \sin nx \mathrm{d}x = 0$

144. $\int_{-\pi}^{\pi} \cos mx \cos nx \mathrm{d}x = \begin{cases} 0, & m \neq n, \\ \pi, & m = n \end{cases}$

145. $\int_{-\pi}^{\pi} \sin mx \sin nx \mathrm{d}x = \begin{cases} 0, & m \neq n, \\ \pi, & m = n \end{cases}$

146. $\int_{0}^{\pi} \sin mx \sin nx \mathrm{d}x = \int_{0}^{\pi} \cos mx \cos nx \mathrm{d}x = \begin{cases} 0, & m \neq n, \\ \frac{\pi}{2}, & m = n \end{cases}$

147. $I_n = \int_0^{\frac{\pi}{2}} \sin^n x \mathrm{d}x = \int_0^{\frac{\pi}{2}} \cos^n x \mathrm{d}x$

$$I_n = \frac{n-1}{n}I_{n-2} = \begin{cases} \frac{n-1}{n} \cdot \frac{n-3}{n-2} \cdots \frac{4}{5} \cdot \frac{2}{3}\ (n\text{ 为大于 1 的正奇数}), & I_1 = 1, \\ \frac{n-1}{n} \cdot \frac{n-3}{n-2} \cdots \frac{3}{4} \cdot \frac{1}{2} \cdot \frac{\pi}{2}\ (n\text{ 为正偶数}), & I_0 = \frac{\pi}{2} \end{cases}$$

附录Ⅳ

常用曲线

(1) 半立方抛物线

$$y^2 = ax^3$$

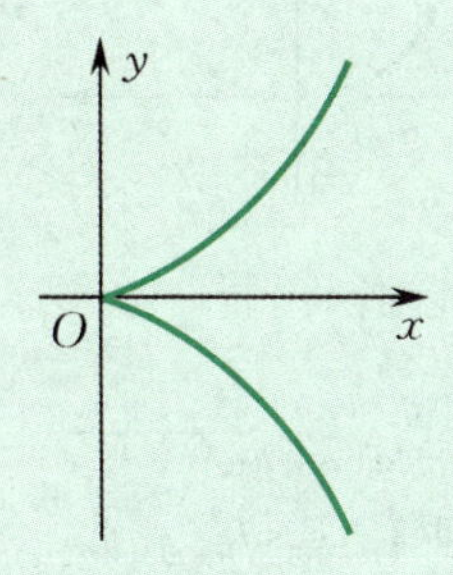

(2) 概率曲线

$$y = e^{-\frac{x^2}{2}}$$

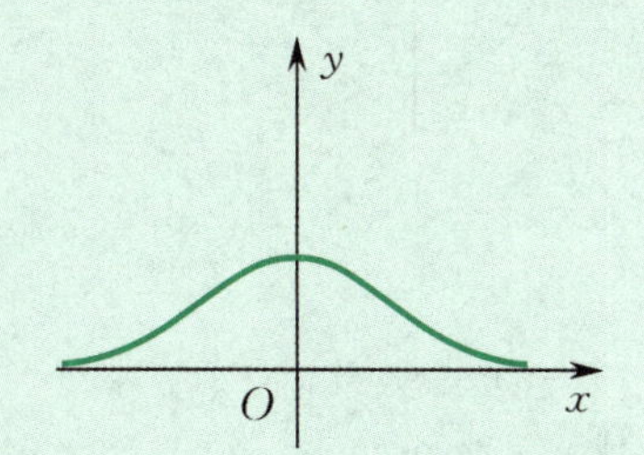

(3) 悬链线

$$y = a\cosh\frac{x}{a}$$

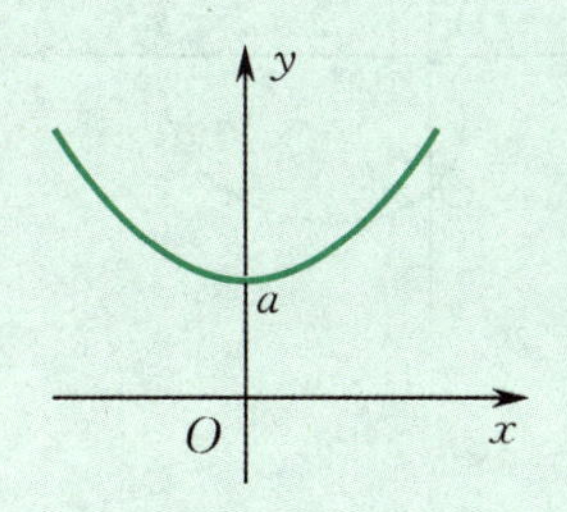

(4) 星形线(内摆线)

$$x^{\frac{2}{3}} + y^{\frac{2}{3}} = a^{\frac{2}{3}} \text{ 或 } \begin{cases} x = a\cos^3\theta, \\ y = a\sin^3\theta \end{cases}$$

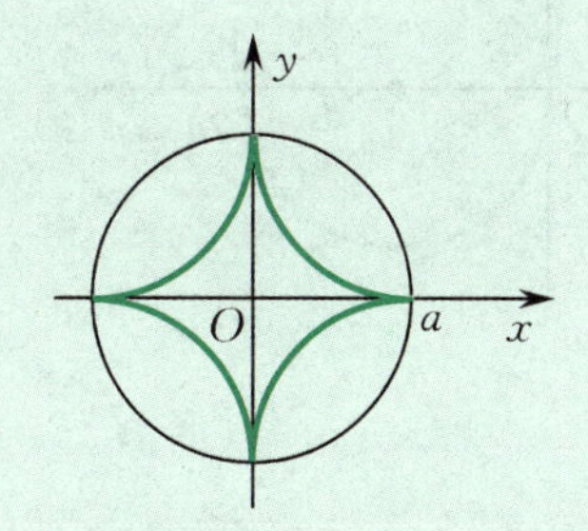

(5) 摆线

$$\begin{cases} x = a(\theta - \sin\theta), \\ y = a(1 - \cos\theta) \end{cases}$$

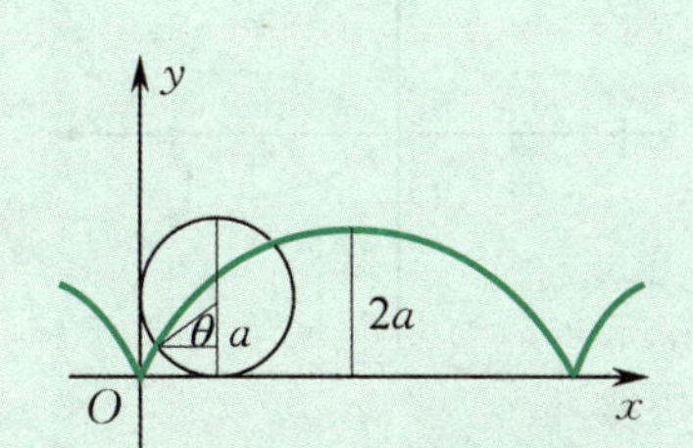

(6) 圆的渐开线

$$\begin{cases} x = a(\cos\theta + \theta\sin\theta), \\ y = a(\sin\theta - \theta\cos\theta) \end{cases}$$

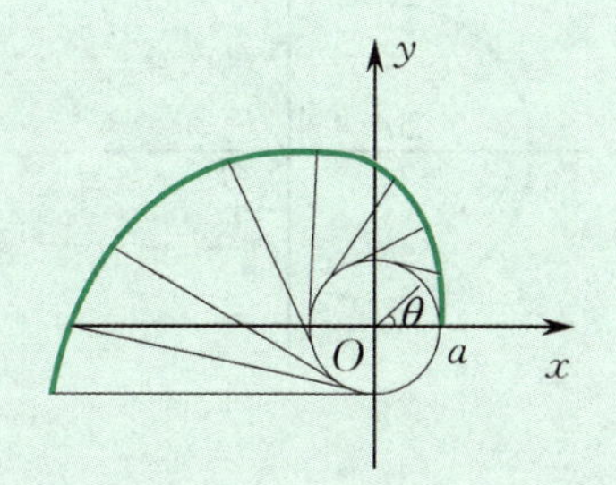

(7) 圆

$$x^2+y^2=a^2 \text{ 或 } r=a$$

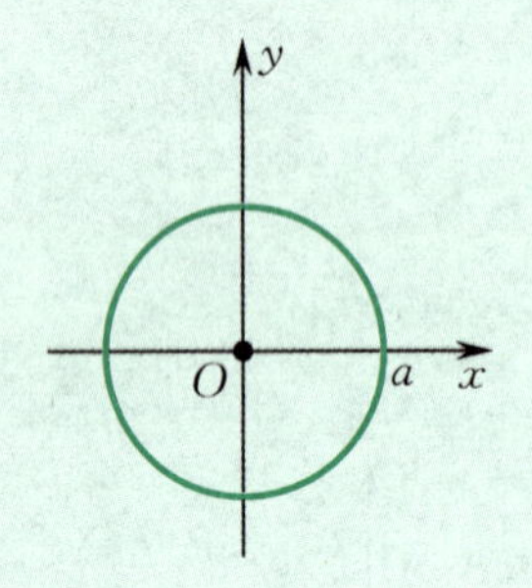

(8) 圆

$$x^2+(y-a)^2=a^2 \text{ 或 } r=2a\sin\theta$$

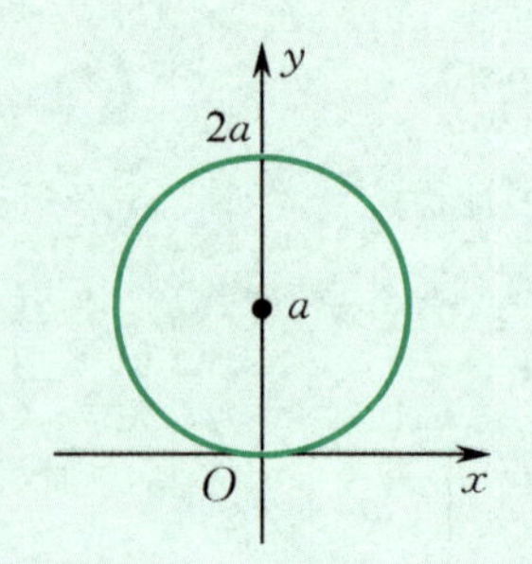

(9) 圆

$$(x-a)^2+y^2=a^2$$

或 $r=2a\cos\theta$

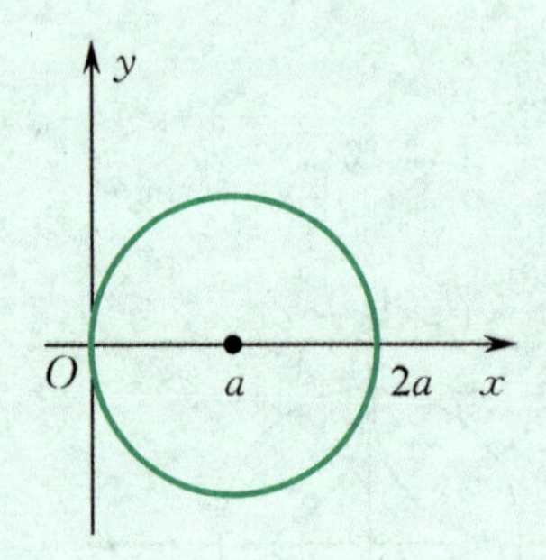

(10) 心形线

$$x^2+y^2-ax=a\sqrt{x^2+y^2}$$

或 $r=a(1+\cos\theta)$

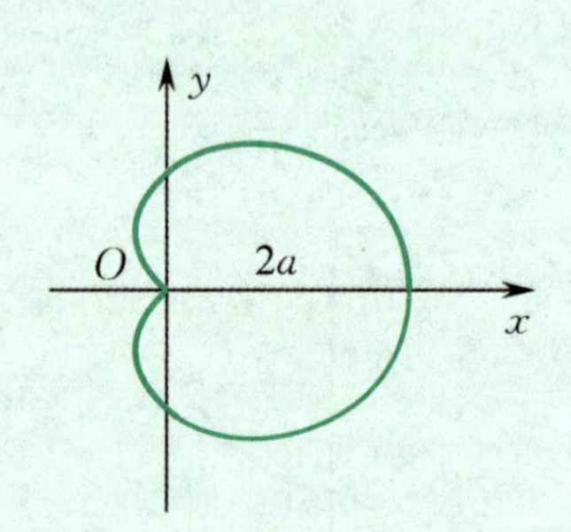

(11) 心形线

$$x^2+y^2+ax=a\sqrt{x^2+y^2}$$

或 $r=a(1-\cos\theta)$

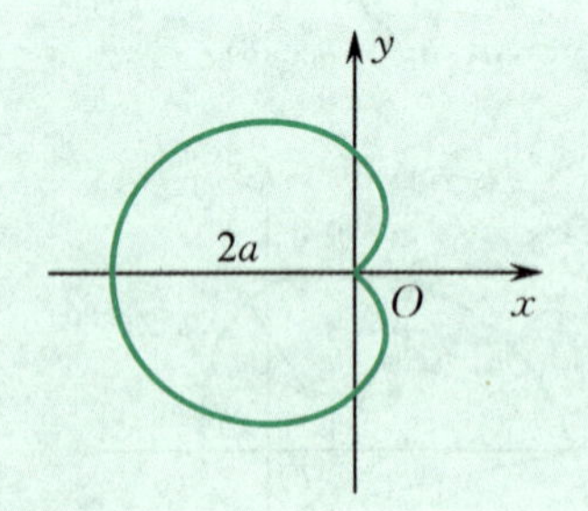

(12) 双纽线

$$(x^2+y^2)^2=a^2(x^2-y^2)$$

或 $r^2=a^2\cos 2\theta$

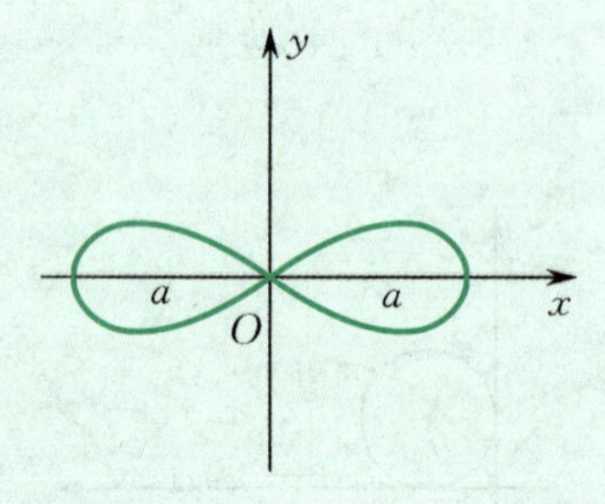

(13) 双纽线

$(x^2+y^2)^2=2a^2xy$ 或 $r^2=a^2\sin 2\theta$

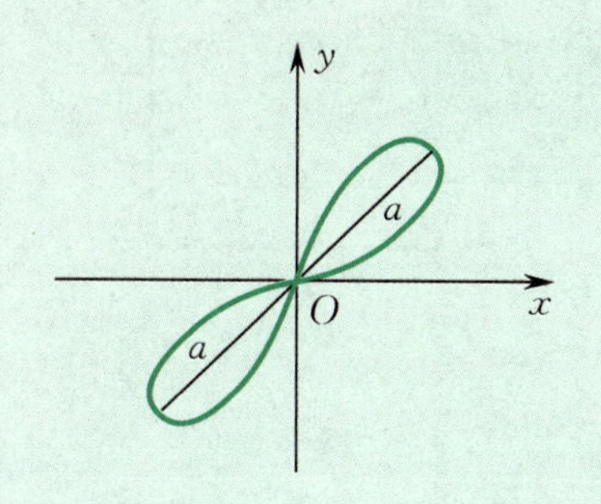

(14) 三叶玫瑰线

$r=a\sin 3\theta$

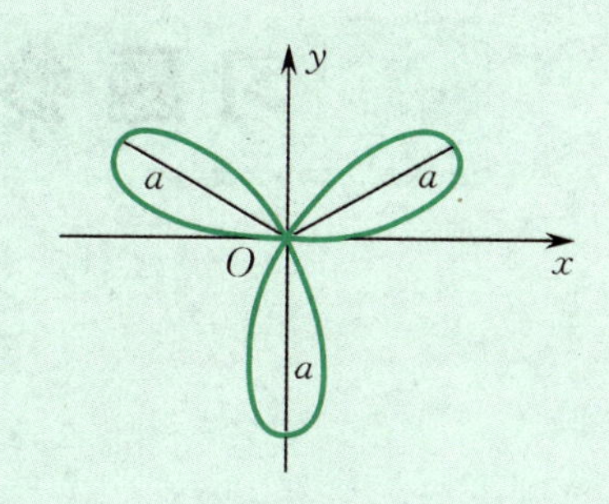

(15) 三叶玫瑰线

$r=a\cos 3\theta$

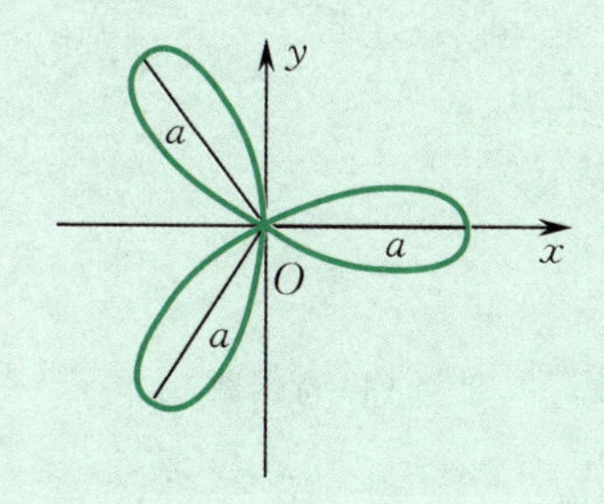

(16) 四叶玫瑰线

$r=a\sin 2\theta$

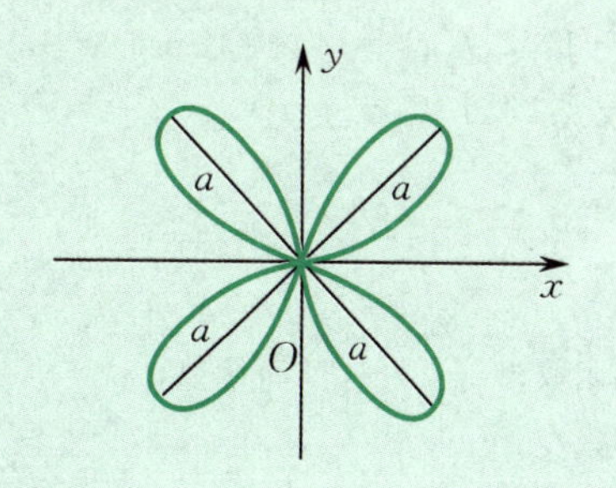

(17) 四叶玫瑰线

$r=a\cos 2\theta$

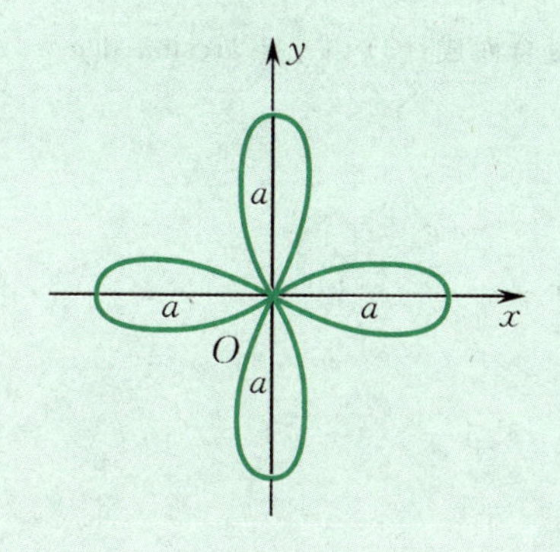

(18) 阿基米德螺线

$r=a\theta$

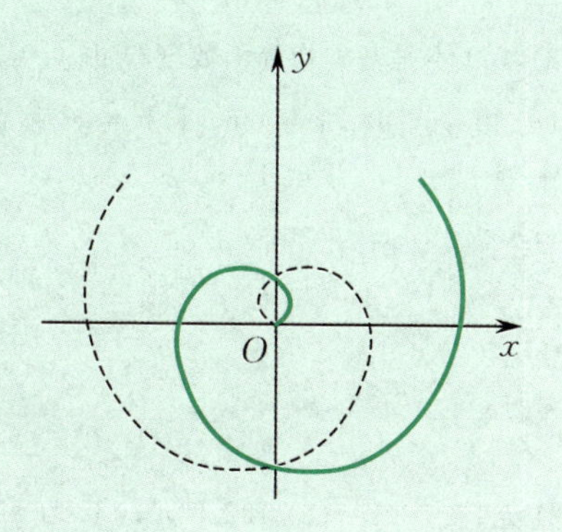

(19) 对数螺线

$r=e^{a\theta}$

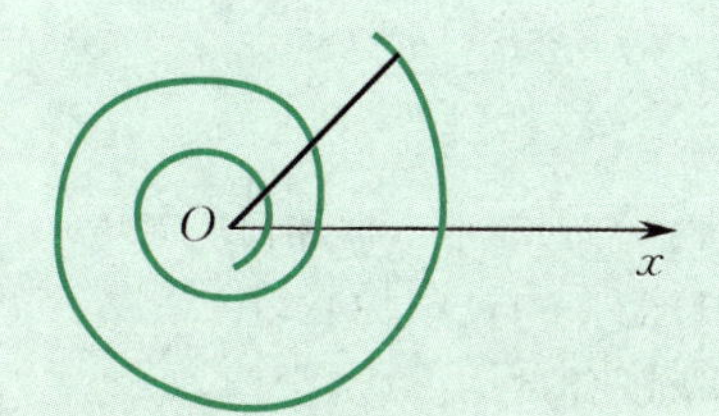

(20) 射线

$\theta=\alpha$

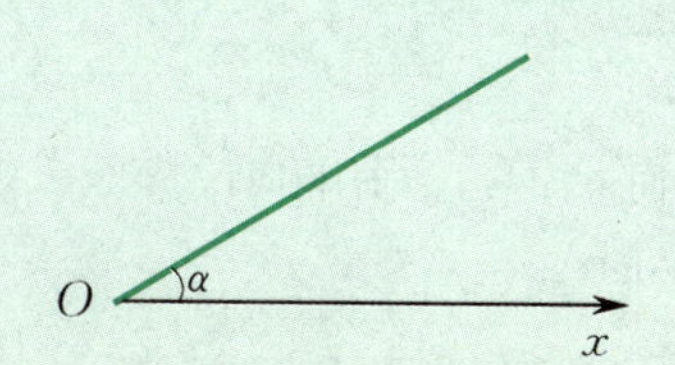

习题参考答案

练习 1.1

1. (1) $(1,3]$;　(2) $[0,2]$;
   (3) $(-\infty,-1)\cup(-1,1)\cup(1,2)$;　(4) $(1,2)$.
2. (1) 相等;　(2) 不相等.
3. $f(1)=15$,　$f(x)=x^3+4x^2+6x+4$.
4. (1) $(-\infty,1)\cup(3,+\infty)$;　(2) $(a-\delta,a+\delta)$.

练习 1.2

1. (1) 偶函数;　(2) 奇函数;　(3) 非奇非偶函数;　(4) 奇函数.
2. (2) 和(4).
3. π.

练习 1.3

1. (2),(3),(4) 不是基本初等函数. (2) 由 $y=\ln u$ 和 $u=x^{-2}$ 复合而成;(3) 由 $y=\arcsin u$ 和 $u=x^{\frac{1}{2}}$ 复合而成;(4) 由 $y=u^{\frac{1}{2}}$, $u=\tan v$ 和 $v=\mathrm{e}^x$ 复合而成.
2. $f(x-1)=\begin{cases}-1, & x<1,\\ 0, & x=1,\\ 1, & x>1.\end{cases}$

练习 1.4

1. (1) 121 元;　(2) 122.5 元;　(3) 11 年.
2. 市场均衡价格为 7;市场均衡数量为 165.
3. $C(x)=150+16x\,(x\in[0,200])$; $\overline{C}(x)=\dfrac{150}{x}+16$.

习　题　1

1. (1) 不相同;　(2) 相同;　(3) 不相同;　(4) 相同.
2. (1) $[-1,3]$;　(2) $(-\infty,-1)\cup(-1,1)\cup(1,2]$;
   (3) $[1,4]$;　(4) $[-3,-2)\cup(3,4]$.

3. $f(2)=0$； $f(-x)=x^2+3x+2$； $f\left(\frac{1}{x}\right)=\frac{1}{x^2}-\frac{3}{x}+2$； $f(x+1)=x^2-x$.

4. (1),(4),(5) 为奇函数；(2),(6) 为偶函数；(3) 是非奇非偶函数.

5. (1),(3) 为初等函数.

6. $2\cos^2 x$.

7. e^x+1.

8. $\frac{3x}{4}+\frac{1}{4}\cdot\frac{x+1}{x-1}$.

练习 2.1

1. (1) 收敛于 0； (2) 收敛于 0； (3) 发散； (4) 收敛于 1；
   (5) 发散； (6) 收敛于 1.

2. (1) 错误； (2) 正确； (3) 正确； (4) 错误.

3. 略.

练习 2.2

1. (1) 0； (2) $+\infty$； (3) 0； (4) π；
   (5) 不存在； (6) -1.

2. (1) 错误； (2) 错误； (3) 错误； (4) 正确.

3. (1) $\lim\limits_{x\to 0^-} f(x)=b, \lim\limits_{x\to 0^+} f(x)=1$； (2) $b=1$.

4. 不存在.

5. ～ 6. 略.

练习 2.3

1. (1),(3),(4) 为无穷大量；(2) 为无穷小量.

2. (1),(2),(3) 的极限均为零.

3. (1) 1； (2) 0； (3) $+\infty$.

练习 2.4

1. (1),(2),(3) 均错误，不符合极限四则运算法则的前提条件.

2. (1) $\frac{3}{2}$； (2) $\frac{1}{2}$； (3) $\frac{2}{5}$； (4) 0；
   (5) -1； (6) 1； (7) $\frac{2^{10}}{3^{30}}$； (8) $\frac{1}{3}$.

3. $k=-2$.

练习 2.5

1. (1) 2； (2) 1； (3) 2； (4) 1；

(5) $\frac{1}{2}$; (6) 1; (7) 0.

2. (1) e^{-1}; (2) e^{3}; (3) e^{5}; (4) e^{-2};

(5) e^{-1}; (6) e^{2}; (7) 1; (8) $\frac{2}{3}$;

(9) e^{-1}.

3. 略.

练习 2.6

1. (4) 是比 x 高阶的无穷小量;(1),(3) 与 x 是等价无穷小量;(2) 与 x 是同阶无穷小量.

2. (1) $\frac{a}{b}$; (2) $\frac{2}{3}$; (3) 3; (4) 2;

(5) 2; (6) $\frac{1}{2}$; (7) $\frac{3}{2}$; (8) $\frac{b^2-a^2}{2}$.

练习 2.7

1. (1) 在实数域上连续;

(2) $x=-1$ 是第一类间断点中的跳跃间断点,在 $(-\infty,-1)\cup(-1,+\infty)$ 上连续.

2. (1) $x=1$ 是第一类间断点中的可去间断点,补充 $x=1$ 时的函数值为 2;

(2) $x=0$ 是第一类间断点中的可去间断点,补充 $x=0$ 时的函数值为 $\frac{1}{3}$,$x=\frac{\pi}{2}+k\pi\ (k\in\mathbf{Z})$ 是第二类间断点;

(3) $x=0$ 是第二类间断点,$x=1$ 是第一类间断点中的可去间断点,补充 $x=1$ 时的函数值为 -1;

(4) $x=0$ 是第二类间断点;

(5) $x=0$ 是第一类间断点中的跳跃间断点;

(6) $x=0$ 是第一类间断点中的跳跃间断点.

3. (1) $a=4$; (2) $a=1$.

4. (1) 2; (2) 3; (3) -1; (4) -2;

(5) ln3; (6) $\frac{1}{4}$.

5. 略.

习 题 2

(A)

1. (1) 3; (2) $\frac{1}{2}$; (3) $\frac{1}{3}$; (4) 1;

(5) -3; (6) 1; (7) e^{6}; (8) $\frac{2}{3}$;

(9) 1; (10) 2; (11) $-\frac{\pi}{2}$; (12) e;

(13) 4; (14) 2.

2. (1) $a=-5,b=0$; (2) a 为任意实数,$b\neq 0$.

3. $f(x)$ 在 $x=0$ 处的极限存在且为 1.

4. 略.

5. (1) $x=1$ 是第一类间断点中的跳跃间断点；

(2) $x=-1$ 是第二类间断点，$x=1$ 是第一类间断点中的可去间断点，补充 $f(1)=\frac{1}{2}$.

6. (1) $k=1$； (2) $k=2$.

7. (1) $\lim\limits_{x\to0^-}f(x)=1$； (2) $\lim\limits_{x\to0^+}f(x)=-1$； (3) $\lim\limits_{x\to\infty}f(x)=0$.

8.～10. 略.

11. $a=1,b=-1$.

12. $a=1$.

13. $x=\pm1$ 为第一类间断点中的跳跃间断点.

14.～15. 略.

(B)

1. (1) C； (2) D； (3) A； (4) B；
(5) D； (6) B； (7) A.

2. $a=7,n=2$.

3. (1) 设函数 $f(x)=x^n+x^{n-1}+\cdots+x-1$，则 $f(x)$ 在 $\left[\frac{1}{2},1\right]$ 上连续. 因为

$$f\left(\frac{1}{2}\right)=\left(\frac{1}{2}\right)^n+\left(\frac{1}{2}\right)^{n-1}+\cdots+\frac{1}{2}-1=\frac{\frac{1}{2}\left[1-\left(\frac{1}{2}\right)^n\right]}{1-\frac{1}{2}}-1=-\left(\frac{1}{2}\right)^n<0,$$

$$f(1)=n-1>0,$$

所以 $x^n+x^{n-1}+\cdots+x=1$ 在 $\left(\frac{1}{2},1\right)$ 内至少有一个实根.

又由于 $f(x)$ 在 $\left[\frac{1}{2},1\right]$ 上严格单调增加，因此方程 $x^n+x^{n-1}+\cdots+x=1$ 在区间 $\left(\frac{1}{2},1\right)$ 内有且仅有一个实根.

(2) 假设 x_n 是方程 $x^n+x^{n-1}+\cdots+x=1$ 在 $\left(\frac{1}{2},1\right)$ 内的根，则

$$x_n^n+x_n^{n-1}+\cdots+x_n=1,\quad x_{n+1}^{n+1}+x_{n+1}^n+x_{n+1}^{n-1}+\cdots+x_{n+1}=1.$$

由此得

$$x_{n+1}^n+x_{n+1}^{n-1}+\cdots+x_{n+1}=1-x_{n+1}^{n+1}<1=x_n^n+x_n^{n-1}+\cdots+x_n,$$

则由函数 $f(x)$ 在 $\left[\frac{1}{2},1\right]$ 上的严格单调性及上述不等式可证明

$$x_{n+1}<x_n\quad(n=2,3,\cdots),$$

即数列 $\{x_n\}$ 单调减少. 又因为 $\frac{1}{2}<x_n<1(n=2,3,\cdots)$，所以 $\lim\limits_{n\to\infty}x_n$ 存在.

设 $\lim\limits_{n\to\infty}x_n=a$，由 $\frac{1}{2}<x_n<x_2<1\ (n=3,4,\cdots)$，得 $\lim\limits_{n\to\infty}x_n^n=0$. 又因为

$$\begin{aligned}\lim_{n\to\infty}f(x_n)&=\lim_{n\to\infty}(x_n^n+x_n^{n-1}+\cdots+x_n-1)\\&=\lim_{n\to\infty}\left[\frac{x_n(1-x_n^n)}{1-x_n}-1\right]=\frac{a}{1-a}-1=0,\end{aligned}$$

所以得 $a=\frac{1}{2}$，即 $\lim\limits_{n\to\infty}x_n=\frac{1}{2}$.

练习 3.1

1. $-\frac{1}{4}$.

2. -3.

3. (1) $-a$； (2) $2a$.

4. (1) $6x^5$； (2) $\frac{3}{4\sqrt[4]{x}}$； (3) $\frac{1}{x\ln 2}$； (4) $(3e)^x\ln(3e)$.

5. 可导，$f'(0)=1$.

6. $f(x)$ 在 $x=0$ 处连续，但不可导.

7. 切线方程：$x-y+1=0$；法线方程：$x+y-1=0$.

8. $f(0)=1$；$f'(0)=2$.

练习 3.2

1. (1) $2x+2-\cos x$； (2) $3x^2-5x^{-\frac{7}{2}}+3x^{-4}$；

   (3) $\frac{1-\cos x-x\sin x}{(1-\cos x)^2}$； (4) $\ln x$；

   (5) $\frac{2}{(x+1)^2}$； (6) $(1+x)^2e^x$.

2. (1) $\frac{\cos(\ln x)}{x}$； (2) $18(2x-1)^8$；

   (3) $-\frac{1}{x^2}\sec^2\left(\frac{1}{x}\right)\cdot e^{\tan\frac{1}{x}}$； (4) $\frac{1}{\sqrt{x}(1-x)}$；

   (5) $\sin 2x\sin x^2+2x\sin^2 x\cos x^2$； (6) $\frac{1}{2\sqrt{x(1-x)}}$；

   (7) $\frac{1}{\sqrt{x^2+a^2}}$； (8) $\frac{2x}{1+(1+x^2)^2}$；

   (9) $\sqrt{a^2-x^2}$.

3. (1) $\frac{\sqrt{3}\pi}{12}$； (2) $\frac{1}{36}$.

4. $y'=\sin 2x(f'(\sin^2 x)-f'(\cos^2 x))$.

5. 略.

练习 3.3

1. (1) $\frac{y\ln y}{y-x}$； (2) $\frac{ye^{xy}-1}{1-xe^{xy}}$；

   (3) $\frac{y\cos(xy)}{\sin(xy)-x\cos(xy)}$； (4) $\frac{x^2+y^2+y}{x}$.

2. $y=x-4$.

3. (1) $x^x(1+\ln x)$；

   (2) $\frac{1}{2}\sqrt{\frac{(x-1)(x-2)}{(x-3)(x-4)}}\left(\frac{1}{x-1}+\frac{1}{x-2}-\frac{1}{x-3}-\frac{1}{x-4}\right)$；

   (3) $(x+1)(x+2)^2(x+3)^3\left(\frac{1}{x+1}+\frac{2}{x+2}+\frac{3}{x+3}\right)$；

   (4) $x^{e^x}e^x\left(\frac{1}{x}+\ln x\right)$.

4. (1) $\frac{3t^2-1}{2t}$； (2) $\frac{\cos t-\sin t}{\cos t+\sin t}$.

5. 切线方程：$y-\frac{\pi}{4}=\frac{1}{2}(x-\ln 2)$；法线方程：$y-\frac{\pi}{4}=-2(x-\ln 2)$.

6. 切线方程：$y=-x$；法线方程：$y=x$.

练习 3.4

1. 0.009.

2. $\mathrm{d}y=3\mathrm{d}x$.

3. (1) $\mathrm{d}y=6x\mathrm{d}x$； (2) $\mathrm{d}y=\frac{2}{x}\mathrm{d}x$；

(3) $\mathrm{d}y=\frac{1+x^2}{(1-x^2)^2}\mathrm{d}x$； (4) $\mathrm{d}y=\frac{1}{2\sqrt{x(1-x)}}\mathrm{d}x$；

(5) $\mathrm{d}y=-\frac{1}{x^2}\mathrm{d}x$； (6) $\mathrm{d}y=\frac{\mathrm{e}^y}{2-y}\mathrm{d}x$.

4. (1) 1.000 02； (2) 0.492 4.

5. (1) $2x$； (2) $\frac{3}{2}x^2$；

(3) $\frac{1}{2}\sin 2x$； (4) $\frac{1}{3}\tan 3x$.

6. (1) $-\frac{2x}{(1+x^2)^2}$； (2) $\frac{2-2x^2}{(1+x^2)^2}$；

(3) $\frac{1}{x}$； (4) $2[\cos(1+x^2)-2x^2\sin(1+x^2)]$；

(5) $2x\mathrm{e}^{x^2}(3+2x^2)$； (6) $-\frac{1}{y^3}$.

7. $\frac{3}{4(t-1)}$.

8. (1) $y^{(n)}=2^n\sin\left(2x+\frac{\pi}{2}\cdot n\right)$； (2) $y^{(n)}=3^n\mathrm{e}^{3x}$.

习　题　3

(A)

1. $a=2,b=-1$.

2. $f'_-(0)=0,f'_+(0)=1,f'(0)$ 不存在.

3. (1) $\frac{2}{3\sqrt[3]{x^2}}+\frac{3}{x^2}$； (2) $-200x(1-x^2)^{99}$；

(3) $\frac{1+3x^2}{2\sqrt{x}\,(1-x^2)^2}$； (4) $\frac{\sin x}{2\sqrt{x}}+\sqrt{x}\cos x$；

(5) $2^x\ln 2+2\mathrm{e}^{2x}$； (6) $\sec x(\sec x-\tan x)$；

(7) $\frac{7}{8}x^{-\frac{1}{8}}$； (8) $-\csc x\cot x+\frac{1}{x\ln 2}$；

(9) $\frac{2x}{1+x^2}$； (10) $2\sin(3-2x)$；

(11) $-x\mathrm{e}^{-\frac{1}{2}x^2}$； (12) $-x\csc^2\left(\frac{1}{2}x^2\right)$；

(13) $\frac{\mathrm{e}^x}{1+\mathrm{e}^{2x}}$； (14) $\frac{2\arcsin x}{\sqrt{1-x^2}}$；

(15) $\frac{|x|}{x^2\sqrt{x^2-1}}$； (16) $\frac{2}{\sin 2x}$；

(17) $-\frac{\mathrm{e}^{\arccos\sqrt{x}}}{2\sqrt{x(1-x)}}$； (18) $-\sec x$；

(19) $\left(\frac{x}{1+x}\right)^x\left(\ln\frac{x}{1+x}+\frac{1}{1+x}\right)$; (20) $\frac{1}{x\ln x\ln(\ln x)}$;

(21) $ax^{a-1}+a^x\ln a+x^x(1+\ln x)$;

(22) $\frac{e^{x^2}}{2}\sqrt{\frac{(x-1)(x-2)}{x-3}}\left(4x+\frac{1}{x-1}+\frac{1}{x-2}-\frac{1}{x-3}\right)$.

4. $\frac{9}{4}$.

5. (1) $-\frac{e^y}{1+xe^y}$; (2) $-\frac{\sin(x+y)}{1+\sin(x+y)}$.

6. $-\tan t, \frac{\sec^4 t}{3a\sin t}$.

7. $y-2=\frac{1}{3}(x-1)$; $y-2=-3(x-1)$.

8. (1) $dy=6x^2dx$; (2) $dy=\left(\cos x+\frac{1}{x}\right)dx$;

(3) $dy=3^x[2x+(x^2+1)\ln 3]dx$; (4) $dy=\frac{x^2+1}{(1-x^2)^2}dx$;

(5) $dy=\frac{xe^x-e^x-1}{x^2}dx$; (6) $dy=\frac{2x+1}{2\sqrt{x^2+x}}dx$;

(7) $dy=(e^x\sin x+xe^x\sin x+xe^x\cos x)dx$; (8) $dy=-\frac{1}{2(1+x)\sqrt{x}}dx$;

(9) $dy=\frac{1}{2}\cot\frac{x}{2}dx$; (10) $dy=e^{2x}\left(2\arcsin x+\frac{1}{\sqrt{1-x^2}}\right)dx$.

9. (1) $2\sqrt{x}$; (2) $\frac{1}{t}\sin tx$;

(3) $-\frac{1}{2}e^{-2x}$; (4) $2\arctan x$.

10. (1) 0.99; (2) 0.01.

11. (1) $y^{(n)}=3^n e^{3x}+\sin\left(x+\frac{\pi}{2}n\right)$; (2) $y^{(n)}=(-1)^{n-1}(n-1)!(1+x)^{-n}$.

12. 2.

13. (1) $-1+\ln 2$; (2) 1.

14. 6.

(B)

1. (1) A; (2) A; (3) D.

[提示:(3) 由于 $\lim\limits_{x\to0^+}f(x)=\lim\limits_{n\to+\infty}f(x)=\lim\limits_{n\to+\infty}\frac{1}{n}=0=f(0)$,因此 $f(x)$ 在 $x=0$ 处连续.因为

$$\lim_{x\to0^+}f'(x)=\lim_{x\to0^+}\frac{f(x)-f(0)}{x}=\lim_{n\to+\infty}\frac{\frac{1}{n}-0}{x},$$

而$\frac{1}{n+1}<x\leqslant\frac{1}{n}$,即 $n\cdot\frac{1}{n}\leqslant\frac{\frac{1}{n}}{x}<(n+1)\cdot\frac{1}{n}$,且左、右两边的极限均为 1,所以 $\lim\limits_{x\to0^+}f'(x)=1$. 又 $\lim\limits_{x\to0^-}f'(x)=1$,故 $f(x)$ 在 $x=0$ 处可导.]

2. (1) $\frac{2x}{e^y+1}$; (2) 4; (3) 1; (4) $y=-\frac{2}{\pi}x+\frac{\pi}{2}$;

(5) 1； (6) $-\frac{1}{8}$.

练习 4.1

1. (1) 不满足； (2) 满足，$\xi = 0$； (3) 满足，$\xi = 2$； (4) 不满足.

2. (1) 满足，$\xi = \frac{2\sqrt{3}}{3}$； (2) 满足，$\xi = \frac{1}{\ln 2}$； (3) 不满足； (4) 不满足.

3. $\xi = \frac{14}{9}$.

4. 有两个实根，分别在区间$(-1,0)$和$(0,1)$内.

5. ～ **7.** 略.

练习 4.2

1. (1) $\sum\limits_{k=0}^{n} \frac{x^k}{k!}(\ln a)^k + o(x^n)$； (2) $\frac{1}{2}\sum\limits_{k=0}^{n} \frac{x^k}{2^k} + o(x^n)$.

2. (1) $\frac{1}{6}$； (2) 2； (3) $\frac{1}{3}$； (4) $\frac{1}{128}$.

练习 4.3

1. (1) $\frac{1}{\alpha}$； (2) 2； (3) $\ln a$； (4) $\frac{\ln 2}{\ln 3}$；

(5) $\cos a$； (6) 2； (7) 1； (8) 1；

(9) $-\frac{1}{2}$； (10) 0； (11) 1； (12) 1.

2. 极限为 1.

3. 6.

练习 4.4

1. (1) 在$(-\infty,-1]$上严格单调减少；在$[-1,+\infty)$上严格单调增加.

(2) 在$(-\infty,0]$及$[1,+\infty)$上严格单调增加；在$[0,1]$上严格单调减少.

(3) 在$(-\infty,-2]$及$[0,+\infty)$上严格单调增加；在$[-2,-1)$及$(-1,0]$上严格单调减少.

(4) 在$[1,+\infty)$上严格单调增加；在$(0,1]$上严格单调减少.

2. (1) 极大值为$f(0)=7$，极小值为$f(2)=3$；

(2) 极大值为$f(0)=1$；

(3) 极大值为$f(0)=0$，极小值为$f\left(\frac{2}{5}\right)=-\frac{3}{5}\sqrt[3]{\frac{4}{25}}$；

(4) 极大值为$f\left(\frac{1}{2}\right)=\frac{1}{2\mathrm{e}}$.

3. 略.

4. $a=2$，极大值为$\sqrt{3}$.

5. (1) 最大值为$f(0)=6$，最小值为$f(-1)=1$；

(2) 最大值为$f(1)=\frac{1}{\mathrm{e}}$，最小值为$f(0)=0$.

6. 当易拉罐的底面直径为 $d=2\sqrt[3]{\dfrac{V}{4\pi}}$,高为 $h=4\sqrt[3]{\dfrac{V}{4\pi}}$ 时,才能使制作这种易拉罐所用的材料最省.

练习 4.5

1. (1) 凹区间为 $\left(-\infty,\dfrac{1}{3}\right)$,凸区间为 $\left(\dfrac{1}{3},+\infty\right)$,拐点为 $\left(\dfrac{1}{3},\dfrac{2}{27}\right)$;

(2) 凹区间为 $(-\infty,0)$ 和 $\left(\dfrac{2}{3},+\infty\right)$,凸区间为 $\left(0,\dfrac{2}{3}\right)$,拐点为 $(0,1)$ 和 $\left(\dfrac{2}{3},\dfrac{11}{27}\right)$;

(3) 凹区间为 $(1,+\infty)$,凸区间为 $(-\infty,1)$,拐点为 $\left(1,\dfrac{1}{e^2}\right)$;

(4) 凹区间为 $\left(-\infty,-\dfrac{1}{\sqrt{3}}\right)$ 和 $\left(\dfrac{1}{\sqrt{3}},+\infty\right)$,凸区间为 $\left(-\dfrac{1}{\sqrt{3}},\dfrac{1}{\sqrt{3}}\right)$,拐点为 $\left(\dfrac{1}{\sqrt{3}},\dfrac{3}{4}\right)$ 和 $\left(-\dfrac{1}{\sqrt{3}},\dfrac{3}{4}\right)$.

2. 凹区间为 $(0,1)$,凸区间为 $(1,+\infty)$.

3. (1) 水平渐近线为 $y=0$;　　(2) 垂直渐近线为 $x=0$;

(3) 水平渐近线为 $y=1$,垂直渐近线为 $x=0$;

(4) 垂直渐近线为 $x=1$,$x=2$,斜渐近线为 $y=x+3$.

4. 略.

5. $\dfrac{\sqrt{2}}{2}$.

6. $x=-\dfrac{b}{2a}$.

练习 4.6

1. (1) 21 250 元,212.5 元/只;　(2) 210 元/只,200 只;　(3) 400 只,3 000 元,212.5 元/只.

2. 2 100,7,4.

3. (1) 12 000,120,95;(2) 8 800,88,65;　(3) 230.

4. (1) $\dfrac{P}{5}$;

(2) $\eta(4)=\dfrac{4}{5}<1$,这说明:当 $P=4$ 时,价格上涨 1%,需求量减少 0.8%;

$\eta(5)=1$,这说明:当 $P=5$ 时,价格与需求量变动幅度相同;

$\eta(6)=\dfrac{6}{5}>1$,这说明:当 $P=6$ 时,价格上涨 1%,需求量减少 1.2%.

习 题 4

(A)

1. $\xi=\dfrac{\pi}{2}$.

2. 有 3 个实根,分别在区间 $(1,2)$,$(2,3)$,$(3,4)$ 内.

3.～**5.** 略.

6. (1) $\dfrac{m}{n}$;　(2) $-\sin a$;　(3) ∞;　(4) 0;

(5) $a^a(\ln a-1)$;　(6) $2e$;　(7) $\dfrac{a^2}{b^2}$;　(8) 0;

(9) e; (10) 1; (11) $-\frac{1}{6}$; (12) 1.

7. (1) $\frac{1}{2}$; (2) $-\frac{3}{4}$.

8. (1) 单调增加区间为$(-\infty,-1]$和$[3,+\infty)$,单调减少区间为$[-1,3]$,极大值为$f(-1)=8$,极小值为$f(3)=-24$;

(2) 单调增加区间为$[-1,1]$,单调减少区间为$(-\infty,-1]$和$[1,+\infty)$,极大值为$f(1)=2$,极小值为$f(-1)=-2$;

(3) 单调增加区间为$\left[\frac{1}{2},+\infty\right)$,单调减少区间为$\left(0,\frac{1}{2}\right]$,极小值为$f\left(\frac{1}{2}\right)=\frac{1}{2}+\ln 2$;

(4) 单调增加区间为$[-1,1]$,单调减少区间为$(-\infty,-1]$和$[1,+\infty)$,极大值为$f(1)=1$,极小值为$f(-1)=-1$;

(5) 单调增加区间为$(-\infty,0]$,单调减少区间为$[0,+\infty)$,极大值为$f(0)=-1$;

(6) 单调增加区间为$[1,+\infty)$,单调减少区间为$(0,1]$,极小值为$f(1)=1$.

9. (1) 最小值为$f(-3)=-1$,最大值为$f\left(\frac{3}{4}\right)=\frac{5}{4}$;

(2) 最小值为$f(0)=0$,最大值为$f(2)=\ln 5$;

(3) 最小值为$f(0)=0$,最大值为$f(1)=f\left(-\frac{1}{2}\right)=\frac{1}{2}$;

(4) 最小值为$f(0)=0$,最大值为$f(-1)=\mathrm{e}$.

10. (1) 凹区间为$\left(\frac{5}{3},+\infty\right)$,凸区间为$\left(-\infty,\frac{5}{3}\right)$,拐点为$\left(\frac{5}{3},\frac{20}{27}\right)$;

(2) 凹区间为$(2,+\infty)$,凸区间为$(-\infty,2)$,拐点为$\left(2,\frac{2}{\mathrm{e}^2}\right)$;

(3) 凹区间为$(-1,1)$,凸区间为$(-\infty,-1)$和$(1,+\infty)$,拐点为$(\pm 1,\ln 2)$;

(4) 凹区间为$(0,2)$,凸区间为$(2,+\infty)$,拐点为$\left(2,\frac{1}{2}+\ln 2\right)$.

11.～16. 略.

(B)

1. (1) C;

(2) C;[提示:因为$f(x)$有三个间断点$x_1=0,x_2=1,x_3=-1$,且

$$\lim_{x\to 0}\frac{|x|^x-1}{x(x+1)\ln|x|}=\lim_{x\to 0}\frac{\mathrm{e}^{x\ln|x|}-1}{x(x+1)\ln|x|}=\lim_{x\to 0}\frac{x\ln|x|}{x(x+1)\ln|x|}=\lim_{x\to 0}\frac{1}{x+1}=1,$$

$$\lim_{x\to 1}\frac{|x|^x-1}{x(x+1)\ln|x|}=\lim_{x\to 1}\frac{\mathrm{e}^{x\ln|x|}-1}{x(x+1)\ln|x|}=\lim_{x\to 1}\frac{x\ln|x|}{x(x+1)\ln|x|}=\lim_{x\to 1}\frac{1}{x+1}=\frac{1}{2},$$

$$\lim_{x\to -1}\frac{|x|^x-1}{x(x+1)\ln|x|}=\lim_{x\to -1}\frac{1}{x+1}=\infty,$$

所以$f(x)$有两个可去间断点$x_1=0,x_2=1$.]

(3) D; (4) D; (5) C; (6) D;

(7) C; (8) D; (9) C; (10) C.

2. (1) $\mathrm{e}^{-\sqrt{2}}$; (2) $\frac{1}{12}$; (3) $\mathrm{e}^{\frac{1}{2}}$; (4) $(-1,0)$;

(5) $-\frac{1}{2}$; (6) $y=x+2$.

3. (1) $a=1$;　(2) $k=1$.

4. 略.

5. (1) 设利润为 I,则 $I=PQ-(20Q+6\,000)=40Q-\dfrac{Q^2}{1\,000}-6\,000$,故边际利润为

$$I'=40-\frac{Q}{500}.$$

(2) 当 $P=50$ 元/件时,边际利润为20.经济意义为:当产品价格为50元/件时,若销量增加1件,则利润增加20元.

(3) 令 $I'=0$,得 $Q=20\,000$ 件,此时 $P=60-\dfrac{Q}{1\,000}=40$(单位:元/件).

6. (1) 因 $f(x)$ 在$[-1,1]$上是奇函数,故 $f(0)=0$.

令 $F(x)=f(x)-x$,则 $F'(x)=f'(x)-1$.又因为

$$F(0)=f(0)-0=0,\quad F(1)=f(1)-1=1-1=0,$$

所以存在 $\xi\in(0,1)$,使得 $F'(\xi)=0$,即 $F'(\xi)=f'(\xi)-1=0$,从而 $f'(\xi)=1$.

(2) 令 $G(x)=\mathrm{e}^x(f'(x)-1)$,则

$$G(\xi)=\mathrm{e}^{\xi}(f'(\xi)-1)=\mathrm{e}^{\xi}(1-1)=0.$$

因为 $f(x)$ 在$[-1,1]$上是奇函数,$f'(x)$ 在$[-1,1]$上是偶函数,所以

$$f'(-\xi)=f'(\xi)=1,$$

于是

$$G(-\xi)=\mathrm{e}^{-\xi}(f'(-\xi)-1)=\mathrm{e}^{-\xi}(1-1)=0.$$

因此,存在 $\eta\in(-\xi,\xi)\subset(-1,1)$,使得 $G'(\eta)=\mathrm{e}^{\eta}(f'(\eta)-1)+\mathrm{e}^{\eta}f''(\eta)=0$,即

$$f''(\eta)+f'(\eta)=1.$$

7. $a=-1,b=-\dfrac{1}{2},k=-\dfrac{1}{3}$.[提示:因为

$$\lim_{x\to 0}\frac{x+a\ln(1+x)+bx\sin x}{kx^3}=\lim_{x\to 0}\frac{x+a\left(x-\frac{x^2}{2}+\frac{x^3}{3}+o(x^3)\right)+bx\left(x-\frac{x^3}{6}+o(x^3)\right)}{kx^3}$$

$$=\lim_{x\to 0}\frac{(1+a)x+\left(b-\frac{a}{2}\right)x^2+\frac{a}{3}x^3-\frac{b}{6}x^4+o(x^3)}{kx^3}=1,$$

即 $1+a=0,b-\dfrac{a}{2}=0,\dfrac{a}{3k}=1$,所以 $a=-1,b=-\dfrac{1}{2},k=-\dfrac{1}{3}$.]

8. 根据题意,曲线在点$(b,f(b))$处的切线方程为

$$y-f(b)=f'(b)(x-b).$$

令 $y=0$,得 $x_0=b-\dfrac{f(b)}{f'(b)}$.

一方面,因为 $f'(x)>0$,所以 $f(x)$ 单调增加,而 $f(a)=0$,故 $f(b)>f(a)=0$.又因为 $f'(b)>0$,所以

$$x_0=b-\frac{f(b)}{f'(b)}<b.$$

另一方面,由于 $x_0-a=b-a-\dfrac{f(b)}{f'(b)}$,在区间$[a,b]$上应用拉格朗日中值定理,有

$$\frac{f(b)-f(a)}{b-a}=f'(\xi)\quad(\xi\in(a,b)),$$

即 $\dfrac{f(b)}{b-a}=f'(\xi)$,故 $b-a=\dfrac{f(b)}{f'(\xi)}$.因此

$$x_0-a=b-a-\frac{f(b)}{f'(b)}=\frac{f(b)}{f'(\xi)}-\frac{f(b)}{f'(b)}=f(b)\frac{f'(b)-f'(\xi)}{f'(\xi)f'(b)}.$$

因为 $f''(x)>0$,所以 $f'(x)$ 严格单调增加,于是 $f'(b)>f'(\xi)$,故 $x_0-a>0$.

综上可得 $a<x_0<b$,结论得证.

9. (1) 因 $\lim\limits_{x\to0^+}\dfrac{f(x)}{x}<0$,故由极限保号性知,存在 $0<\delta<1$,使对任意 $x\in(0,\delta)$,有 $\dfrac{f(x)}{x}<0$,即 $f(x)<0$,从而存在 $x_0\in(0,\delta)$,使 $f(x_0)<0$. 由于 $f(x)$ 在区间 $[x_0,1]$ 上连续,$f(1)>0$,因此由零点定理知,至少存在一点 $\xi\in(x_0,1)\subset(0,1)$,使 $f(\xi)=0$,结论得证.

(2) 令 $F(x)=f(x)f'(x)$,由 $\lim\limits_{x\to0^+}\dfrac{f(x)}{x}<0$,得

$$\lim_{x\to0^+}\left(\frac{f(x)}{x}\cdot x\right)=\lim_{x\to0^+}f(x)=0,$$

而 $f(x)$ 在 $x=0$ 处右连续,故 $f(0)=\lim\limits_{x\to0^+}f(x)=0$. 由于 $f(\xi)=f(0)=0$,因此由罗尔中值定理知,存在 $\xi_1\in(0,\xi)$,使 $f'(\xi_1)=0$,从而 $F(0)=F(\xi_1)=F(\xi)=0$. 再由罗尔中值定理知,存在 $\eta_1\in(0,\xi_1)$,$\eta_2\in(\xi_1,\xi)$,使 $F'(\eta_1)=F'(\eta_2)=0$,也即方程 $F'(x)=f(x)f''(x)+(f'(x))^2=0$ 在区间 $(0,1)$ 内至少存在两个不同的实根.

10. 极大值为 $y(1)=1$,极小值为 $y(-1)=0$.[提示:方程 $x^3+y^3-3x+3y-2=0$ 两边对 x 求导,得

$$3x^2+3y^2y'-3+3y'=0. \tag{1}$$

在(1)式中,令 $y'=0$,得 $x=\pm1$. 将 $x=1$ 代入原方程,得 $y=1$. 将 $x=-1$ 代入原方程,得 $y=0$.

(1)式两边对 x 求导,得

$$6x+6y(y')^2+3y^2y''+3y''=0. \tag{2}$$

将 $x=1,y=1,y'=0$ 代入(2)式,得 $y''(1)=-1<0$,故 $y(1)=1$ 为极大值;将 $x=-1,y=0,y'=0$ 代入(2)式,得 $y''(-1)=2>0$,故 $y(-1)=0$ 为极小值.]

练习 5.1

1. (1) $\dfrac{4}{3}x^{\frac{3}{2}}-\dfrac{2}{5}x^{\frac{5}{2}}+C$;　(2) $\dfrac{1}{2}x^2-2x+\ln|x|+C$;

(3) $\dfrac{(2\mathrm{e})^x}{1+\ln2}+C$;　(4) $2x-\dfrac{7\cdot2^x}{(\ln2-\ln3)3^x}+C$;

(5) $-\dfrac{1}{x}-\arctan x+C$;　(6) $x-\arctan x+C$;

(7) $\tan x-\sec x+C$;　(8) $-\cot x-\tan x+C$;

(9) $\dfrac{8}{15}x^{\frac{15}{8}}+C$;　(10) $\dfrac{1}{2}x-\dfrac{1}{2}\sin x+C$.

2. $\dfrac{x}{\sqrt{1+x^2}}$.

3. (1) $x-\dfrac{1}{3}x^3+1$;　(2) $\dfrac{1}{x}+C$.

4. $Q(P)=1\,000\left(\dfrac{1}{3}\right)^P$.

5. $y=1+\ln x$.

练习 5.2

1. (1) $\dfrac{1}{2}\sin(2x+3)+C$;　(2) $\dfrac{1}{5}\mathrm{e}^{5x}+C$;

(3) $\frac{1}{6}\ln|6x+1|+C$；

(4) $\frac{3^{2x+5}}{2\ln 3}+C$；

(5) $-\frac{1}{2}\cos x^2+C$；

(6) $2\sin\sqrt{x}+C$；

(7) $\frac{1}{3}(\ln x)^3+C$；

(8) $\frac{1}{2}(\arctan x)^2+C$；

(9) $\frac{1}{2}\arctan\frac{x+1}{2}+C$；

(10) $\frac{1}{2}(\ln f(x))^2+C$.

2. (1) $\sqrt{2x-3}-\ln(1+\sqrt{2x-3})+C$；

(2) $2(\sqrt{x}-\arctan\sqrt{x})+C$；

(3) $\frac{1}{2}(\arcsin x-x\sqrt{1-x^2})+C$；

(4) $\frac{x}{\sqrt{1+x^2}}+C$；

(5) $\sqrt{x^2-9}-3\arccos\frac{3}{x}+C$；

(6) $2\sqrt{x}-3\sqrt[3]{x}+6\sqrt[6]{x}-6\ln(1+\sqrt[6]{x})+C$；

(7) $\ln\frac{\sqrt{e^x+1}-1}{\sqrt{e^x+1}+1}+C$；

(8) $-\frac{(a^2-x^2)^{\frac{3}{2}}}{3a^2x^3}+C$.

练习 5.3

1. (1) $-x\cos x+\sin x+C$；

(2) $x\ln(1+x^2)-2x+2\arctan x+C$；

(3) $x\arctan x-\frac{1}{2}\ln(1+x^2)+C$；

(4) $\frac{1}{2}(x^2-1)\ln(x-1)-\frac{1}{4}x^2-\frac{1}{2}x+C$；

(5) $-xe^{-x}-e^{-x}+C$；

(6) $2(\sqrt{x}\sin\sqrt{x}+\cos\sqrt{x})+C$；

(7) $-\frac{1}{x}\ln x-\frac{1}{x}+C$；

(8) $(1+x)^2e^x-2(1+x)e^x+2e^x+C$；

(9) $2(x-2)\sqrt{e^x-3}+4\sqrt{3}\arctan\sqrt{\frac{e^x}{3}-1}+C$；

(10) $\frac{1}{2}\sec x\tan x+\frac{1}{2}\ln|\sec x+\tan x|+C$.

练习 5.4

1. (1) $\frac{1}{2}$；

(2) $e-1$.

2. (1) 0；

(2) $\frac{\pi}{4}$.

3. (1) $\int_0^1 x^2\mathrm{d}x>\int_0^1 x^3\mathrm{d}x$；

(2) $\int_3^4\ln x\mathrm{d}x<\int_3^4(\ln x)^2\mathrm{d}x$；

(3) $\int_0^{\frac{\pi}{2}}\sin x\mathrm{d}x<\int_0^{\frac{\pi}{2}}x\mathrm{d}x$；

(4) $\int_0^1 x\mathrm{d}x>\int_0^1\ln(1+x)\mathrm{d}x$；

(5) $\int_{-\frac{\pi}{2}}^0\sin x\mathrm{d}x<\int_0^{\frac{\pi}{2}}\sin x\mathrm{d}x$；

(6) $\int_0^1 e^x\mathrm{d}x>\int_0^1(1+x)\mathrm{d}x$.

4. (1) $2\leqslant I\leqslant 4$；

(2) $\frac{2}{5}\leqslant I\leqslant\frac{1}{2}$.

5. $\int_0^1 x^5\mathrm{d}x$.

练习 5.5

1. (1) xe^x；

(2) $-\sqrt{1+x^3}$；

(3) $\cos^3 x$；　(4) $2x\sin x^2 - \sin x$.

2. (1) $\frac{1}{2}$；　(2) 2.

3. (1) $\frac{2}{3}(2\sqrt{2}-1)$；　(2) $\frac{1}{2}$；

(3) $\frac{\pi}{3}$；　(4) $2(\sqrt{2}-1)$.

4. $\frac{dy}{dx} = \frac{\cos x}{\sin x - 1}$.

5. 极小值为 $\Phi(0) = 0$.

6. 略.

练习 5.6

1. (1) -2；　(2) $\frac{9}{2}$；　(3) 4；　(4) $\frac{1}{2}(25-\ln 26)$；

(5) $\frac{22}{3}$；　(6) $2-\frac{\pi}{2}$；　(7) $\frac{\pi}{4}$；　(8) $\frac{1}{2}(\ln 3 - \ln 2)$；

(9) $\frac{\pi}{4}$；　(10) $\frac{\pi}{2}$.

2. (1) $1-\frac{2}{e}$；　(2) $\frac{\pi}{2}-1$；　(3) $\frac{1}{4}(e^2+1)$；　(4) $\frac{\pi}{4}-\frac{1}{2}$.

3. 略. $\left(提示:(1)\ 设\ x = \frac{\pi}{2} - t;(2)\ 设\ x = \frac{\pi}{2} - t.\right)$

4. 略.

练习 5.7

1. (1) $\frac{1}{3}$；　(2) $\frac{8}{3}$；　(3) $\frac{7}{6}$；　(4) 1；

(5) $\pi - 2$.

2. (1) $V_x = \frac{1}{5}\pi$；　(2) $V_x = \frac{1}{2}\pi^2$；

(3) $V_x = \frac{15}{2}\pi, V_y = \frac{124}{5}\pi$.

3. (1) $C(x) = 3x + \frac{x^2}{8} + 1, R(x) = 8x - \frac{x^2}{2}$.

(2) $L(x) = -\frac{5}{8}x^2 + 5x - 1$. 当 $x = 4$ 百台时，利润最大，最大利润为 $L(4) = 9$.

练习 5.8

1. (1) $\int_1^{+\infty} \frac{dx}{x^3} = \frac{1}{2}$，收敛；　(2) $\int_0^{+\infty} e^{-3x} dx = \frac{1}{3}$，收敛；

(3) $\int_1^{+\infty} \frac{dx}{2\sqrt{x}} = +\infty$，发散；　(4) $\int_0^1 \frac{dx}{\sqrt{x}} = 2$，收敛；

(5) $\int_0^1 \ln x dx = -1$，收敛；　(6) $\int_{-1}^1 \frac{dx}{\sqrt{1-x^2}} = \pi$，收敛.

2. (1) 30；　(2) $\frac{16}{105}$.

3. 1.

4.～5. 略.

习 题 5

(A)

1. (1) $-\frac{2}{7}(2-x)^{\frac{7}{2}}+C$;　(2) $\sqrt{2x-1}+C$;

(3) $-\frac{1}{2}e^{-2x}+C$;　(4) $\frac{2^{3x}}{3\ln 2}+C$;

(5) $\ln(1+x^2)+C$;　(6) $\frac{1}{3}(x^2-1)^{\frac{3}{2}}+C$;

(7) $\ln|\ln x|+C$;　(8) $\arcsin x-\sqrt{1-x^2}+C$;

(9) $\ln|x^2-x+2|+C$;　(10) $\ln(e^x+1)+C$;

(11) $\frac{1}{2}(\arcsin x)^2+C$;　(12) $\frac{1}{6}\arctan\frac{2x+1}{3}+C$;

(13) $-e^{\frac{1}{x}}+C$;　(14) $-\cos x+\frac{1}{3}\cos^3 x+C$;

(15) $\frac{1}{2}x-\frac{1}{4}\sin 2x+C$;　(16) $\arctan e^x+C$;

(17) $-\ln|\cos\sqrt{1+x^2}|+C$;　(18) $-\frac{1}{2}\left(\arctan\frac{1}{x}\right)^2+C$;

(19) $2\arcsin\sqrt{x}+C$;　(20) $\frac{1}{\sin x+\cos x}+C$.

2. (1) $2\sqrt{1+x}+\frac{2}{3}(1+x)^{\frac{3}{2}}+C$;　(2) $\frac{2}{3}\arctan x^{\frac{3}{2}}+C$;

(3) $-2\arctan\sqrt{1-x}+C$;　(4) $2\arctan\sqrt{1+x}+C$;

(5) $2e^{\sqrt{x}}(\sqrt{x}-1)+C$;　(6) xe^x+C;

(7) $x\arccos x-\sqrt{1-x^2}+C$;　(8) $(x+1)\arctan\sqrt{x}-\sqrt{x}+C$;

(9) $[\ln(\ln x)-1]\ln x+C$;　(10) $\frac{1}{2}x[\sin(\ln x)-\cos(\ln x)]+C$.

3. (1) $f(x)=\frac{3}{4}x^{\frac{4}{3}}$;　(2) $f(x)=-\frac{1}{2}x^2-\ln|1-x|$;

(3) $f(x)=x\ln x$.

4. (1) $\frac{1}{7}x^7+C$;　(2) $x\sec^2 x-\tan x+C$.

5. 略.

6. (1) $\frac{196}{3}$;　(2) $-\frac{1}{2}+\ln\frac{3}{2}$;　(3) $3(e-1)$;　(4) 0;

(5) $\frac{1}{2}\ln 2$;　(6) $e-\sqrt{e}$;　(7) $\frac{\pi}{2}$;　(8) 2;

(9) $2(2-\arctan 2)$;　(10) $\frac{\pi}{6}$;　(11) $\frac{\pi}{6}$;　(12) $\frac{1}{2}+\frac{\sqrt{3}}{12}\pi$;

(13) $\left(\frac{\sqrt{3}}{3}-\frac{1}{4}\right)\pi-\frac{1}{2}\ln 2$;　(14) $\frac{1}{4}(e^2-1)$.

7. (1) 2;　(2) $\frac{1}{2}$.

8. (1) $\frac{10}{3}$； (2) $\frac{9}{2}$； (3) $\frac{\pi}{2}-1$； (4) $\frac{3}{2}-\ln 2$.

9. (1) $V_x=\frac{\pi^2}{4}, V_y=2\pi$； (2) $V_x=\frac{128\pi}{7}, V_y=\frac{64}{5}\pi$.

10. (1) $\int_1^{+\infty}\frac{dx}{x^4}=\frac{1}{3}$,收敛； (2) $\int_1^{+\infty}\frac{dx}{\sqrt[3]{x}}$ 发散；

(3) $\int_1^{+\infty}\frac{dx}{1+x^2}=\frac{\pi}{4}$,收敛； (4) $\int_1^{e}\frac{dx}{x\sqrt{1-(\ln x)^2}}=\frac{\pi}{2}$,收敛；

(5) $\int_0^2\frac{x}{\sqrt{4-x^2}}dx=2$,收敛； (6) $\int_1^2\frac{x}{\sqrt{x-1}}dx=\frac{8}{3}$,收敛.

11.～12. 略.

13. $f(x)=-(x+1)e^x$.

14. $f(x)=\ln|x|+1$.

15. $\int_0^1 f(x)dx=e^{-2}-1$.

16. 最大值为 $F(0)=0$,最小值为 $F(4)=-\frac{32}{3}$.

17. (1) 成本函数为 $C(x)=\frac{1}{8}x^2+4x+1$,

收益函数为 $R(x)=9x-\frac{1}{2}x^2$,

利润函数为 $L(x)=5x-\frac{5}{8}x^2-1$；

(2) 获得最大利润时的产量为 $x=4$ 万台.

18. 略.

(B)

1. (1) D;[提示：

$$I_2-I_1=\int_\pi^{2\pi}e^{x^2}\sin x dx<0,\text{即 } I_1>I_2,$$

$$I_3-I_2=\int_{2\pi}^{3\pi}e^{x^2}\sin x dx>0,\text{即 } I_3>I_2,$$

$$\begin{aligned}I_3-I_1&=\int_\pi^{3\pi}e^{x^2}\sin x dx=\int_\pi^{2\pi}e^{x^2}\sin x dx+\int_{2\pi}^{3\pi}e^{x^2}\sin x dx\\&=\int_\pi^{2\pi}e^{x^2}\sin x dx-\int_\pi^{2\pi}e^{(x+\pi)^2}\sin x dx\\&=\int_\pi^{2\pi}\left[e^{x^2}-e^{(x+\pi)^2}\right]\sin x dx>0,\end{aligned}$$

即 $I_3>I_1$.]

(2) D; (3) D;

(4) C;[提示：$\int_0^{+\infty}\frac{1}{x^a(1+x)^b}dx=\int_0^1\frac{1}{x^a(1+x)^b}dx+\int_1^{+\infty}\frac{1}{x^a(1+x)^b}dx$,而

$$\lim_{x\to0^+}x^a\cdot\frac{1}{x^a(1+x)^b}=1,\quad \lim_{x\to+\infty}x^{a+b}\cdot\frac{1}{x^a(1+x)^b}=1,$$

又 $\int_0^1\frac{1}{x^a(1+x)^b}dx$ 与 $\int_1^{+\infty}\frac{1}{x^a(1+x)^b}dx$ 都收敛,故由§5.8中的定理1和定理2知,$a<1$ 且 $a+b>1$.]

(5) B.

2. (1) $\frac{\pi}{4}$；$\left(\text{提示：}\int_0^1 \frac{1}{1+x^2}\mathrm{d}x.\right)$ (2) $4\ln 2$； (3) $\frac{\pi}{2}$；

(4) $\frac{1}{\sqrt{1-\mathrm{e}^{-1}}}$； (5) $\frac{1}{2}$； (6) $\frac{3}{8}\pi$； (7) $\frac{3}{2}-\ln 2$；

(8) $\frac{\pi^2}{4}$； (9) 2； (10) $\frac{1}{2}$.

3. (1) e^2-1； (2) $\frac{2}{3}\pi(\mathrm{e}^2+3)$.

4. $7\sqrt{7}$.

5. $\frac{1}{2}$.

$$\left[\text{提示：原式}=\lim_{x\to\infty}\frac{\int_1^x\left[t^2(\mathrm{e}^{\frac{1}{t}}-1)-t\right]\mathrm{d}t}{x}=\lim_{x\to\infty}\frac{x^2(\mathrm{e}^{\frac{1}{x}}-1)-x}{1}=\lim_{x\to\infty}\frac{(\mathrm{e}^{\frac{1}{x}}-1)-\frac{1}{x}}{\frac{1}{x^2}}\right.$$

$$\left.=\lim_{y\to 0}\frac{\mathrm{e}^y-1-y}{y^2}=\lim_{y\to 0}\frac{\mathrm{e}^y-1}{2y}=\lim_{y\to 0}\frac{\mathrm{e}^y}{2}=\frac{1}{2}.\right]$$

6. (1) 由于 $0\leqslant g(x)\leqslant 1$，因此对任意 $x\in[a,b]$，有

$$0\leqslant\int_a^x g(t)\mathrm{d}t\leqslant\int_a^x \mathrm{d}t=x-a.$$

(2) 令 $F(u)=\int_a^{a+\int_a^u g(t)\mathrm{d}t}f(x)\mathrm{d}x-\int_a^u f(x)g(x)\mathrm{d}x\,(a\leqslant u\leqslant b)$，因为由(1)的结果及 $f(x)$ 单调增加的性质，得

$$\begin{aligned}F'(u)&=f\left(a+\int_a^u g(t)\mathrm{d}t\right)g(u)-f(u)g(u)\\&\leqslant f(a+(u-a))g(u)-f(u)g(u)=0,\end{aligned}$$

所以 $F(u)$ 在$[a,b]$上单调减少. 显然 $F(a)=0$，故 $F(b)\leqslant 0$，从而

$$\int_a^{a+\int_a^b g(t)\mathrm{d}t}f(x)\mathrm{d}x\leqslant\int_a^b f(x)g(x)\mathrm{d}x.$$

7. 1. [提示：因为

$$f_1(x)=f(x)=\frac{x}{1+x},$$

$$f_2(x)=f(f_1(x))=\frac{\frac{x}{1+x}}{1+\frac{x}{1+x}}=\frac{x}{1+2x},$$

……

$$f_n(x)=f(f_{n-1}(x))=\frac{\frac{x}{1+(n-1)x}}{1+\frac{x}{1+(n-1)x}}=\frac{x}{1+nx},$$

所以

$$\begin{aligned}S_n&=\int_0^1\frac{x}{1+nx}\mathrm{d}x=\frac{1}{n}\int_0^1\left(1-\frac{1}{1+nx}\right)\mathrm{d}x=\frac{1}{n}\left(x-\frac{\ln(1+nx)}{n}\Big|_0^1\right)\\&=\frac{1}{n}\left(1-\frac{\ln(1+n)}{n}\right)\quad(n=1,2,\cdots).\end{aligned}$$

于是 $\lim_{n\to\infty}nS_n=\lim_{n\to\infty}\left(1-\frac{\ln(1+n)}{n}\right)=1.$]

8. $\frac{8}{\pi}$.

9. $\frac{1}{4}$.

练习 6.1

1. (1) 三阶；(2) 二阶；(3) 一阶；(4) 一阶.

2. (1) 是；(2) 是；(3) 是；(4) 不是；(5) 是.

3. 满足初始条件的特解为 $y=(2+x)e^x$.

4. $y'=\frac{y}{2x}$.

5. $f(x)=\cos x-x\sin x$.

练习 6.2

1. (1) $y=-\frac{1}{x^2+C}$；(2) $y=x^3+3x^2+C$；

(3) $y=e^{Cx}$；(4) $\arcsin y=\arcsin x+C$；

(5) $2^{-y}+2^x=C$；(6) $\tan x\tan y=C$.

2. (1) $y+\sqrt{y^2-x^2}=Cx^2$；(2) $y=xe^{Cx+1}$；

(3) $e^{\frac{y}{x}}=\ln|x|+C$；(4) $x^2+y^2=Cx^4$.

3. (1) $y=e^{-x}(x+C)$；(2) $y=\frac{1}{3}x^2+\frac{3}{2}x+2+\frac{C}{x}$；

(3) $y=(x+C)e^{-\sin x}$；(4) $y=2+Ce^{-x^2}$；

(5) $y=x^3+Cx$；(6) $x=\frac{1}{y}(y-1+Ce^{-y})$.

4. (1) $\arctan y=-\frac{1}{2(x^2+1)}+\frac{1}{2}$；(2) $y=\frac{2}{3}(4-e^{-3x})$.

5. $y=2(e^x-x-1)$.

练习 6.3

1. (1) $y=\frac{1}{6}x^3-\cos x+C_1x+C_2$；(2) $y=(x-3)e^x+C_1x^2+C_2x+C_3$；

(3) $y=C_1e^x+C_2$；(4) $y=\frac{C_1}{4}(x+C_2)^2+\frac{1}{C_1}$.

2. (1) $y=-\ln(x+1)$；(2) $y=\sqrt{2x-x^2}$.

3. $y=\frac{x^3}{6}+\frac{x}{2}+1$.

练习 6.4

1. (1) $y=C_1e^{-x}+C_2e^{3x}$；(2) $y=C_1e^{-2x}+C_2e^{4x}$；

(3) $y=(C_1+C_2x)e^{-2x}$；(4) $y=e^{-x}(C_1\cos 2x+C_2\sin 2x)$；

(5) $y=C_1\cos 2x+C_2\sin 2x$；(6) $y=C_1\cos x+C_2\sin x+\frac{1}{2}(x+1)e^{-x}$.

2. (1) $y = 4e^x + 2e^{3x}$；　(2) $y = (2+x)e^{-\frac{x}{2}}$；

(3) $y = 2\cos 5x + \sin 5x$.

3. (1) $y^* = -x + \frac{1}{3}$；　(2) $y^* = -\frac{1}{2}x(x+2)e^{2x}$；

(3) $y^* = \frac{1}{8}\cos x$.

练习 6.5

1. (1) $\Delta y_t = 2, \Delta^2 y_t = 0$；　(2) $\Delta y_t = -4t-2, \Delta^2 y_t = -4$；

(3) $\Delta y_t = \dfrac{-2t-1}{t^2(t+1)^2}, \Delta^2 y_t = \dfrac{6t^2+12t+4}{t^2(t+1)^2(t+2)^2}$；

(4) $\Delta y_t = e^{3t}(e^3-1), \Delta^2 y_t = e^{3t}(e^3-1)^2$.

2. $y_{t+2} - y_t = 3 \cdot 2^t$.

3. (1) 是差分方程，六阶；

(2) 是差分方程，二阶；

(3) 是差分方程，二阶；

(4) 原等式可以化为 $0=0$，所以不是差分方程.

4. 略.

练习 6.6

1. (1) $y_t = A2^t$；　(2) $y_t = A(-2)^t$；

(3) $y_t = A\left(\frac{3}{2}\right)^t$.

2. (1) $y_t = 5 \cdot 2^t$；　(2) $y_t = 3(-1)^{t+1}$.

3. (1) $y_t = A(-2)^t + 1$；　(2) $y_t = A2^t + 3t^2$；

(3) $y_t = \frac{1}{2}t(t+1) + A$；　(4) $y_t = \left(\frac{3}{2}\right)^t + A\left(\frac{1}{2}\right)^t$.

4. (1) $y_t = 4 + \frac{3}{2}\left(\frac{1}{2}\right)^t + \frac{1}{2}\left(-\frac{7}{2}\right)^t$；　(2) $y_t = (\sqrt{2})^t 2\cos\frac{\pi}{4}t$；

(3) $y_t = 4t + \frac{4}{3}(-2)^t - \frac{4}{3}$.

5. $y_t = A_1 + A_2(-4)^t - \frac{7}{50}t + \frac{1}{10}t^2$.

习　题　6

(A)

1. (1) $1 + y^2 = C(x^2-1)$；　(2) $(e^x+1)(1-e^y) = C$；

(3) $ye^{\frac{y}{x}} = C$；　(4) $\sin\frac{y}{x} = Cx$.

2. $\dfrac{1+e^x}{\cos y} = 2\sqrt{2}$.

3. (1) $y = x(e^x + C)$；　(2) $y = \dfrac{4x^3+3C}{3(x^2+1)}$；

(3) $y=-\frac{1}{4}e^{-x^2}+Ce^{x^2}$；　(4) $x=Cy-\frac{1}{2}y^3$.

4. $y=x^2(e^x-e)$.

5. (1) $y=\frac{1}{9}e^{3x}+C_1x+C_2$；　(2) $y=-\frac{1}{2}x^2-x+C_1e^x+C_2$；

(3) $y=C_1\ln x+C_2$.

6. (1) $2y^{\frac{1}{4}}=x+2$；　(2) $y=\tan\left(x+\frac{\pi}{4}\right)$.

7. (1) $y=(C_1+C_2x)e^{2x}$；　(2) $y=C_1e^{3x}+C_2e^{-x}-\frac{2}{3}x+\frac{1}{9}$；

(3) $y=C_1e^{-x}+C_2e^{2x}+\frac{x}{3}e^{2x}$；　(4) $y=C_1\cos 2x+C_2\sin 2x-2x\cos 2x$.

8. $y=(1+x^2)[\ln(1+x^2)-1]$.

9. $u(x)=\frac{x^2}{2}+x+C$.

10. (1) $f'(x)-2f(x)=4e^{2x}$；　(2) $f(x)=e^{2x}-e^{-2x}$.

11. (1) $y=ax^2-ax$；　(2) $a=3$.

12. (1) $y_t=A(-3)^t+\left(\frac{1}{5}t-\frac{2}{25}\right)2^t$；　(2) $y_t=A_1(-3)^t+A_2$；

(3) $y_t=A_13^t+A_2(-2)^t+\left(\frac{1}{15}-\frac{2}{25}t\right)3^tt$.

(B)

1. (1) A；　(2) A；　(3) C.

2. (1) $x=y^2$；　(2) $e^{3x}-e^x-xe^{2x}$；

(3) $y=xe^{2x+1}$；　(4) $e^{-2x}+2e^x$；

(5) $y=e^{-x}(C_1\cos\sqrt{2}x+C_2\sin\sqrt{2}x)$.

3. (1) $f(x)=e^x$；

(2) $(0,0)$ 是曲线 $y=f(x^2)\int_0^x f(-t^2)\mathrm{d}t$ 的唯一拐点.

4. $f(x)=\frac{8}{4-x}$. [提示：易知曲线 $y=f(x)$ 在点 $(x_0,f(x_0))$ 处的切线方程为

$$y-f(x_0)=f'(x_0)(x-x_0).$$

令 $y=0$，得到 $x=-\frac{f(x_0)}{f'(x_0)}+x_0$，故由题意知，$\frac{1}{2}f(x_0)\cdot\frac{f(x_0)}{f'(x_0)}=4$. 于是，根据点 x_0 的任意性，此等式可以转化为一阶微分方程，即 $y'=\frac{y^2}{8}$. 分离变量并积分，可得其通解为 $-\frac{1}{y}=\frac{1}{8}x+C$. 已知 $y(0)=2$，得到 $C=-\frac{1}{2}$，因此 $\frac{1}{y}=-\frac{1}{8}x+\frac{1}{2}$，即 $f(x)=\frac{8}{4-x}$.]

5. 30 min. [提示：设 t 时刻物体的温度为 $x(t)$，比例常数为 $k(>0)$，则 $\frac{\mathrm{d}x}{\mathrm{d}t}=-k(x-20)$，解得其通解为 $x(t)=Ce^{-kt}+20$. 由 $x(0)=120$，得 $C=100$，即 $x(t)=100e^{-kt}+20$. 又由 $x(30)=30$，得 $k=\frac{\ln 10}{30}$，故

$$x(t)=100\cdot 10^{-\frac{t}{30}}+20.$$

于是，当 $x=21$ 时，$t=60$，即还需要冷却 60 min－30 min＝30 min.]

6. (1) 略；　(2) $\frac{3}{k}$.

[提示:(1) 由于题设微分方程的特征方程为 $r^2+2r+k=0$,且由 $0<k<1$ 可知,该特征方程有两个不同的实根,即

$$r_{1,2}=\frac{-2\pm\sqrt{4-4k}}{2}=-1\pm\sqrt{1-k}<0,$$

因此题设微分方程的通解为 $y(x)=C_1\mathrm{e}^{r_1x}+C_2\mathrm{e}^{r_2x}$,故可得

$$\begin{aligned}\int_0^{+\infty}y(x)\mathrm{d}x&=\int_0^{+\infty}(C_1\mathrm{e}^{r_1x}+C_2\mathrm{e}^{r_2x})\mathrm{d}x=\frac{C_1}{r_1}\mathrm{e}^{r_1x}\Big|_0^{+\infty}+\frac{C_2}{r_2}\mathrm{e}^{r_2x}\Big|_0^{+\infty}\\&=\frac{C_1}{r_1}(0-1)+\frac{C_2}{r_2}(0-1)=-\frac{C_1}{r_1}-\frac{C_2}{r_2},\end{aligned}$$

即 $\int_0^{+\infty}y(x)\mathrm{d}x$ 收敛.

(2) 由 $y(x)=C_1\mathrm{e}^{r_1x}+C_2\mathrm{e}^{r_2x}$,$y(0)=1$,$y'(0)=1$,得

$$\begin{cases}C_1+C_2=1,\\C_1r_1+C_2r_2=1,\end{cases}$$

而由(1) 已知 $r_1=-1+\sqrt{1-k}$,$r_2=-1-\sqrt{1-k}$,故解得

$$C_1=\frac{2+\sqrt{1-k}}{2\sqrt{1-k}},\quad C_2=\frac{-2+\sqrt{1-k}}{2\sqrt{1-k}}.$$

由此可得

$$\frac{C_1}{r_1}+\frac{C_2}{r_2}=\frac{2+\sqrt{1-k}}{2\sqrt{1-k}(-1+\sqrt{1-k})}+\frac{-2+\sqrt{1-k}}{2\sqrt{1-k}(-1-\sqrt{1-k})}=-\frac{3}{k},$$

于是由(1) 知 $\int_0^{+\infty}y(x)\mathrm{d}x=-\frac{C_1}{r_1}-\frac{C_2}{r_2}=\frac{3}{k}$.]

参 考 文 献

[1] 同济大学数学系. 高等数学[M]. 7 版. 北京:高等教育出版社,2014.
[2] 赵树嫄. 微积分[M]. 4 版. 北京:中国人民大学出版社,2016.
[3] 萧树铁,扈志明. 微积分[M]. 北京:清华大学出版社,2008.
[4] 黄立宏. 高等数学[M]. 北京:北京大学出版社,2018.
[5] 林伟初,郭安学. 高等数学:经管类[M]. 北京:北京大学出版社,2018.
[6] 吴赣昌. 微积分:经管类[M]. 5 版. 北京:中国人民大学出版社,2017.
[7] 郭运瑞. 高等数学[M]. 成都:西南交通大学出版社,2010.
[8] 朱来义. 微积分[M]. 3 版. 北京:高等教育出版社,2009.

图书在版编目(CIP)数据

高等数学. 上/赵立军，宋杰，黄端山主编. —北京：北京大学出版社，2019.7
ISBN 978-7-301-30158-6

Ⅰ. ①高… Ⅱ. ①赵…②宋…③黄… Ⅲ. ①高等数学—高等学校—教材 Ⅳ. ①O13

中国版本图书馆 CIP 数据核字(2018)第 291337 号

书　　名　高等数学（上）
GAODENG SHUXUE (SHANG)
著作责任者　赵立军　宋　杰　黄端山　主编
责任编辑　曾琬婷
标准书号　ISBN 978-7-301-30158-6
出版发行　北京大学出版社
地　　址　北京市海淀区成府路 205 号　100871
网　　址　http://www.pup.cn
电子信箱　zpup@pup.cn
新浪微博　@北京大学出版社
电　　话　邮购部 010-62752015　发行部 010-62750672　编辑部 010-62754819
印 刷 者　湖南省众鑫印务有限公司
经 销 者　新华书店
787 毫米×1092 毫米　16 开本　15.5 印张　387 千字
2019 年 7 月第 1 版　2020 年 9 月第 3 次印刷
定　　价　48.00 元

未经许可，不得以任何方式复制或抄袭本书之部分或全部内容。

版权所有，侵权必究

举报电话：010-62752024　电子信箱：fd@pup.pku.edu.cn

图书如有印装质量问题，请与出版部联系，电话：010-62756370